高等职业教育航空装备类专业新形态教材

U0711046

航空概论

主　编　凡进军　龙建洪

副主编　李雨林　龚素霞　郑　敏
　　　　丁镜之

参　编　张万昭　马　闯　李宇豪
　　　　陈　旻　张爱民

主　审　刘让贤

北京理工大学出版社
BEIJING INSTITUTE OF TECHNOLOGY PRESS

内容简介

本书围绕飞行器飞行原理、航空发动机等核心知识，共设计7个模块，分别为形形色色的飞机，飞机飞行的原理，发动机，飞机的基本构造，机载设备、机场和空中交通管理，飞行器的发展概况和飞行器有关技术概述。各模块后均附有思考题与习题，方便教学和自学。

本书可作为航空、航天职业技术学院、职工大学的飞行器数字化制造技术、航空发动机装配调试技术、飞机机电设备维修、飞机电子设备维修、导弹维修等相关专业的教材及非航空类专业基础教材，也可供关心航空、航天事业，热爱航空、航天事业的广大读者阅读参考，还可作为有关航空、航天工厂及科研院所员工的自学教材。

图书在版编目（CIP）数据

航空概论 / 凡进军，龙建洪主编. -- 北京：北京理工大学出版社，2025.6（2025.7重印）.

ISBN 978-7-5763-4984-9

Ⅰ．V2

中国国家版本馆CIP数据核字第2025M1F786号

责任编辑：阎少华		文案编辑：阎少华	
责任校对：周瑞红		责任印制：王美丽	

出版发行 / 北京理工大学出版社有限责任公司

社　　址 / 北京市丰台区四合庄路 6 号

邮　　编 / 100070

电　　话 / （010）68914026（教材售后服务热线）

　　　　　（010）63726648（课件资源服务热线）

网　　址 / http://www.bitpress.com.cn

版 印 次 / 2025 年 7 月第 1 版第 2 次印刷

印　　刷 / 河北鑫彩博图印刷有限公司

开　　本 / 787 mm×1092 mm　1/16

印　　张 / 20

字　　数 / 441 千字

定　　价 / 49.00 元

前　言

从 1903 年 12 月 17 日莱特兄弟制造的世界上第一架有动力、可操纵、重于空气的载人飞行器试飞成功至今，飞机的发明与发展已跨越一百多年。这一伟大发明极大地提高了人们的出行速度，缩短了地理距离，使地球仿佛"变小"。飞机为人类的进步与发展插上了翅膀，将人类的活动范围从陆地、海洋扩展到天空，并不断向更高、更快、更远的方向发展，创造了人类历史上的诸多辉煌成就，对社会生活的各个方面产生了极其深远的影响。

如今，航空动力技术呈现加速发展态势，推动人类进入更加经济、安全、快速、便捷的高超声速及大气层、外层空间天地往返航行时代，不断开辟航空史上的新纪元。人类对航空技术的探索仍在继续，对未知的求知欲与现实需求紧密结合，推动着飞机不断向前发展。未来，更大、更快、更好的飞机将在新的百年中不断飞上蓝天，为人类造福。

作为国家强力支持的战略性产业，近年来，我国航空产业进入了高速发展期。根据《中国民航四型机场建设行动纲要 (2020—2035 年)》，到 2035 年实现标杆机场引领世界机场发展，全面建成安全高效、绿色环保、智慧便捷、和谐美好的四型机场，为全方位建设民航强国提供重要支撑。

随着我国航空事业的快速发展，高等职业教育在航空类专业人才培养中扮演着重要角色。然而，目前高职院校航空类专业教材在内容更新、实践应用和思政教育融合等方面仍存在不足，难以满足行业对高素质技术技能人才的需求。为此，编写一本适应高职教育特点的《航空概论》教材显得尤为迫切。

本教材旨在解决现有教材内容与行业实际脱节、理论与实践相结合不紧密、思政元素融入不足等问题。通过校企合作、产教融合的方式，将最新的航空技术、行业规范和职业素养融入教材，确保内容的实用性和前瞻性。教材的培养目标是使学生掌握航空领域的基本知识，培养学生的创新思维和实践能力，同时强化职业道德、安全意识和航空报国精神。通过系统学习，学生能够适应航空行业的发展需求，成为德技并修的高素质技术技能人才，为我国航空事业的发展贡献力量。

本书对标航空类专业标准，依据"航空概论"课程标准编写，内容浅显易懂、图文并茂。通过翔实的史料、丰富的图片和深入浅出的文字描述，系统介绍了飞行器的起源、发展现状及发展前景，具有较强的知识性、科学性、趣味性和可读性。本书既可作为航空类专业的基础教材，也适合关心、热爱航空事业的广大读者阅读参考。

全书共设计 7 个模块，包括形形色色的飞机，飞机飞行的原理，发动机，飞机的基本构造，机载设备、机场和空中交通管理，飞行器的发展概况以及飞行器有关技术概述等内容。各模块后均配有思考题与习题，便于教学和自学。

本教材具有以下鲜明特色：

1. 突出"立德树人"宗旨，有机融入思政元素

本教材以习近平新时代中国特色社会主义思想为指导，全面贯彻党的教育方针，落实立德树人根本任务，坚持正确政治方向和价值导向。以党的二十大报告中提出的制造强国、质量强国、航天强国、交通强国、网络强国、数字中国建设目标为引领，将社会主义核心价值观、工匠精神、职业道德、安全意识、责任意识、航空报国精神等思政元素有机融入教材各个部分，实现全过程全方位育人。

2. 校企合作共同编写，体现"产教融合、双元育人"理念

本教材编写团队由企业专家和一线教师组成，企业人员深度参与教材编写，校企合作产教融合特征显著。融入航空领域的新发展、新技术、新理念等，注重学生综合能力的培养，保持学科知识的系统性和完整性，充分体现职业教育的产教融合、双元育人理念。

3. 以学生为中心，体现职业教育类型特征

本教材充分考虑学生成长及认知规律，融入经典案例或场景，采用模块单元式编写，注重目标导向。通过典型案例导入单元内容，穿插"拓展阅读"等栏目，配有思考题与习题，实现理论学习与能力训练的有机结合。

4. 配套学习资源，满足学生多样化学习需求

学生可通过扫码在线观看微课及相关视频，实现课堂内外拓展学习及延伸学习。本教材将数字化与纸质化相结合，为教学提供丰富支持。

本教材由张家界航空工业职业技术学院凡进军教授、中航贵州飞机有限责任公司研究员级高级工程师龙建洪担任主编，山东交通学院的李雨林讲师、张家界航空工业职业技术学院的龚素霞教授、鄂州职业大学的郑敏副教授、张家界航空工业职业技术学院的丁镜之讲师担任副主编。日照职业技术学院、张家界航空工业职业技术学院、福州职业技术学院、中国航发中传机械有限公司、成都和鸿科技股份有限公司的张万昭讲师、马闯讲师、李宇豪讲师、陈旻工程师、张爱民高级工程师参与了编写。罗伟超、刘通、魏凯、吕昊、李亚松老师参与了资源录制，全书由凡进军、龙建洪负责统稿和定稿工作。

本教材由张家界航空工业职业技术学院航空维修学院院长、第二届全国职业技能大赛"飞机维修"项目裁判刘让贤教授担任主审，他对全书提出了许多宝贵建议和修改意见。衷心感谢湖南省芙蓉学者、湖南省培育高职思想政治教学团队负责人、张家界航空工业职业技术学院刘於清教授给予的课程思政指导，中国航发南方工业有限公司杨志利研究员级高级工程师给予的技术指导，张家界航空工业职业技术学院主管教学副院长倪士勇副教授、教务处处长宋斌教授对教材给予的大力支持。感谢张家界航空工业职业技术学院飞机机电设备维修专业和航空发动机装配调试技术专业教研室的同事们。最后，向所有为本书提供大量参考资料、各种型号常用飞机介绍的航空企事业单位一线领导及工作人员表示诚挚感谢。

由于编者水平有限、经验不足，书中可能存在欠妥之处，恳请读者批评指正。

编　者

目 录 Contents

绪　论

📋【学习目标】

1．了解航空航天发展历史和飞机诞生过程。
2．了解飞行环境，熟悉飞行器分类。
3．培养航空航天兴趣，加深对航空航天的理解。
4．培育民族自信心，树立航空报国理想。

📖【案例导入】

2023年5月30日上午，搭载"神舟十六号"载人飞船的长征二号F遥十六运载火箭在酒泉卫星发射中心发射成功。"神舟十六号"载人飞船如期进入预定轨道并按照预定程序与空间站组合体进行自主快速交会对接，景海鹏、朱杨柱、桂海潮3名航天员状态良好，他们在空间站进行出舱活动，开展空间科学实（试）验，完成舱内外设备安装、调试、维护维修等各项任务。

案例分析：

"神舟十六号"载人飞船发射任务的圆满成功，标志着我国载人航天工程进入空间站应用与发展阶段，开启了中国建设航天强国的伟大梦想的新篇章。

从无人飞行到载人飞行，从舱内实验到出舱活动，一次次的重大跨越离不开勇于攀登和敢于超越的拼搏精神及进取意识。只有坚定探索求知的脚步，不断攀登科技高峰，才能实现中国航空航天梦。

■ 一、人类的飞天之梦

飞向天空是人类亘古以来的梦想，是古往今来最经久不衰的话题。看到小鸟在天空中自由翱翔，人们都渴望像鸟儿一样飞翔。在世界各民族绚丽多彩的神话中，都能找出许多人与鸟比翼齐飞的传说。如图0-1所示，嫦娥奔月这个故事反映出人们幻想升空飞行的强烈愿望。还有牛郎织女、列子驾风飞行、萧史和弄玉乘龙骑凤上天、孙悟空腾云驾雾一个跟斗十万八千里等神话故事，这充分反映出人们对飞行的遐想和渴望。在古代关于舜帝的传说中，说到舜帝在受其继母迫害、

图0-1　嫦娥奔月

快被烧死在谷仓顶上时，手持斗笠（另一种说法是天女赠送的披风）从空中跳下，逃离了熊熊大火，这被认为是人类使用降落伞的雏形，如图 0-2 所示。《封神演义》里的雷震子是姜太公手下的一员大将，他肋下生翅，能在空中自由飞翔。

在西方的神话中，许多神都长有翅膀，或拥有飞鹰作为坐骑，长着一对小小肉翅的可爱的小天使，至今还被人们当作吉祥物。在古希腊，人们广泛传诵着伊卡洛斯与他父亲一起用羽毛和蜡做了一对翅膀，竟成功地从克里特岛上的监狱里逃出来的故事，勇敢的伊卡洛斯不听父亲忠告，执意高飞，想接近太阳，结果因他的翅膀熔化，掉进大海，如图 0-3 所示。在阿拉伯的著名童话小说《一千零一夜》中，有名的"飞毯"就是对直升机飞行器的一种向往，"神灯"中的可飞行数百里的巨人，实际上是人们对能在空中自由翱翔的飞机的渴望。

图 0-2 舜帝的斗笠被认为是现代降落伞的雏形   图 0-3 伊卡洛斯掉进大海

人类为了实现腾空飞行的梦想，从探索鸟类飞行的奥秘到驾驶飞机在空中飞行，经历了一个漫长而又曲折的过程。第一架带动力、可操纵的载人飞机是美国莱特兄弟设计和制造的。1903 年 12 月 17 日是一个值得永远纪念的日子，美国莱特兄弟自己动手设计、由弟弟奥维尔·莱特驾驶的第一架"飞行者"1 号，在北卡罗来纳州的基蒂霍克沙洲上实现了第一次有动力、稳定、可操纵的持续（12 s）飞行；当天由哥哥威尔伯·莱特驾驶的第四次飞行，在空中也只持续了短短的 59 s，飞行距离也只有微不足道的 260 m，但它使人类渴望了几千年飞向天空的梦想变为现实，开创了人类现代航空的新纪元。

如图 0-4 所示，"飞行者"1 号是一架普通双翼飞机。飞机长为 6.5 m，翼展为 12.3 m，机翼面积为 47.4 m^2，起飞质量为 340 kg。它采用了鸭式布局，一副前翼和一副主机翼都是双翼结构，前翼兼作升降舵，两个方向舵安装在机身后面。一台 12 hp（1 hp = 0.735 kW）的活塞式汽油发动机安装在下机翼中间偏右的部位，用链条带动两副推进式螺旋桨，螺旋桨直径为 2.59 m，分别安装在驾驶员位置的两侧。机身骨架和机翼用枞木和布制成，上、下机翼之间用支撑柱加强。最初人是趴在下部机翼上驾驶，1908 年才改成坐式，1912 年才将滑橇改成带机轮的起落架。

在美国莱特兄弟实现首次动力飞行后的第 6 年，即 1909 年 9 月 21 日，在美国加利福尼亚州奥克兰市郊外派得蒙特山附近，被孙中山称为"不可多得之奇才"的旅美华人冯如亲自驾驶自己设计制造的有动力的飞机，成功地首次飞上蓝天，被誉为中国第一个飞行家，如图 0-5 所示。

图 0-4　莱特兄弟和"飞行者"1 号

图 0-5　冯如和冯如设计制造的飞机

一年后，冯如再接再厉，又制造出一架双翼机，并于 1910 年 10—12 月在奥克兰进行多次飞行表演，均获得成功，受到孙中山先生和旅美华侨的赞许，并获得美国国际航空学会颁发的甲等飞行员证书。1911 年 2 月，冯如怀着报效祖国的心愿，与助手朱竹泉等人带着两架自制的飞机回国。当时冯如带回国内的两架飞机中，其中一架翼展为 8.9 m，弦长为 1.37 m，采用一台功率为 30 hp 的活塞式发动机，螺旋桨转速为 1 200 r/min；另一架为双翼鸭式布局飞机，发动机功率为 75 hp，采用推进式螺旋桨。

知识拓展：机翼
按数量分类

二、航空与航天的基本内涵

航空航天技术是 20 世纪人类在认识自然和改造自然的过程中最活跃、发展最迅速、对人类社会生活最有影响的科学技术领域，也是衡量一个国家科学技术先进性的重要标志。

航空是指在地球周围稠密的大气层内的航行活动；航天是指在大气层之外的近地空间、行星际空间、行星附近及恒星际空间的航行活动。但是，在地面发射航天飞行器或者当航天飞行器返回地面时，都要经过大气层；特别是水平起降的航天飞机，虽然主要活动在大气层之外的空间，但是其起飞和降落过程与飞机极为相似。如图 0-6 所示的"哥伦比亚"号航天飞机就兼有航空和航天的特点。从科学技术上看，航空与航天不仅是紧密联系

3

的，有时甚至是难以区别的。航空航天一词，既指进行航空航天活动所涉及的科学技术，又指研制航空航天飞行器所涉及的科学技术。

图 0-6 "哥伦比亚"号航天飞机

课堂讨论：航天飞机为什么被淘汰？

航空航天技术是高度综合的现代科学技术，它们综合运用了基础科学和应用科学的最新成就，应用了工程技术的最新成果。力学、热力学、材料学、电子技术、自动控制理论和技术、计算机技术、喷气推进技术及制造工艺等科学技术的进步，都对航空航天技术的进步和发展起到重要的推进作用。现代科学技术在航空航天领域的应用中相互交叉、渗透，产生了一些新的学科；航空航天技术既在发展中提出新要求，又促进了这些学科的发展。

航空航天技术的发展与军事应用密切相关，其巨大的进展对国民经济和社会生活都产生了重大的影响。航空航天技术用于军事，使军事装备和军事技术发生了根本性的变化，从而使战争从平面向立体转化，战争的格局发生了巨大的变化。在战争中，飞机执行拦击、侦察、轰炸、攻击、预警、反潜、电子干扰，以及运输、空降等任务。同时，民用航空的发展也改变了交通运输的结构，为人们提供了一种快速、方便、舒适、安全的交通运输工具。飞机和直升机还广泛应用于农业作业、森林防火、大地测绘、地质勘探，以及在高空中进行各种科学技术的研究工作。

航空航天技术与其他的科学技术相结合，开拓了许多崭新的技术领域。卫星通信已成为现代传递信息的重要手段，卫星广播可以对广大地区的公众直接进行电视广播；卫星导航引起了导航技术的重大变化，实现了全球、全天候、高精度的导航定位；气象卫星、地球资源卫星给人类带来的利益更是显著的。环绕地球运行的航天站（空间站）、航天飞机、行星际和行星探测器等，是人类认识自然、改造自然的先进工具。

三、飞行器的分类

在地球大气层内或大气层之外的空间（含环地球空间、行星和行星际空间）飞行的器械，统称为飞行器。飞行器一般可分为三大类，即航空器、航天器、火箭和导弹。其中，

4

火箭和导弹属于一类。在大气层内飞行的飞行器，称为航空器；在大气层外的空间飞行的飞行器，称为航天器；依靠制导系统控制其飞行轨迹的飞行器，称为导弹；依靠火箭发动机提供推进力的飞行器，称为火箭。

1．航空器

任何航空器都需要产生升力而克服自身的重力，才能升空飞行。按照产生升力的基本原理，航空器可分为两大类：一类是靠空气静浮力升空飞行的航空器（习惯上称为轻于空气的航空器）；另一类是靠航空器与空气相对运动而产生空气动力升空飞行的航空器（习惯上称为重于空气的航空器），如图 0-7 所示。

图 0-7　航空器的分类

（1）轻于空气的航空器。轻于空气的航空器包括气球和飞艇。其主体是一个气囊，其中充以密度小于外界空气密度的气体（如热空气、氢或氦），由于气球所排开的空气质量大于气球本身的质量，故静浮力使气球升空。气球没有动力装置，升空后只能随风飘动或被系留在固定位置上。飞艇装有发动机和螺旋桨、安定面和操纵面及装载人或物的吊舱，飞行路线可以控制。

（2）重于空气的航空器。重于空气的航空器主要有固定翼航空器和旋翼航空器两类。固定翼航空器包括飞机和滑翔机；旋翼航空器包括直升机和旋翼机。除这两种航空器外，还有一种为许多工程师和航空爱好者在探索研究而至今尚未成功的、模拟鸟类飞行的扑翼机。

滑翔机在飞行原理与构造形式上与飞机基本相同，只是它没有动力装置和推进装置，一般由弹射或拖拽升空，再靠有利的气流（如上升气流）或降低高度（位能转变为动能）继续飞行。旋翼机与直升机的区别是旋翼机的旋翼没有动力直接驱动，而靠自身前进时（前进的动力由动力装置提供）的相对气流吹动旋翼转动而产生升力。

2．航天器

航天器是在稠密大气层之外环绕地球或在行星际空间、恒星际空间，基本上按照天体力学规律运行的各种飞行器，又称为空间飞行器。与自然天体不同的是，航天器可以按照人的意志，改变其运行轨道。如图 0-8 所示，航天器可分为无人航天器和载人航天器。无人航天器可以按照是否环绕地球运行分为人造地球卫星和空间探测器；载人航天器又可分为载人飞船、航天站（又称为空间站）和航天飞机。

图 0-8 航天器的分类

（1）无人航天器。无人航天器包括人造地球卫星和空间探测器。

1）人造地球卫星简称人造卫星，是由运载火箭发射到一定高度，获得必要的速度，沿一定轨道环绕地球，基本上按天体力学规律运行的一种航天器。人造卫星按其用途又可分为用于科学研究的科学卫星、直接为国民经济和军事服务的应用卫星，以及进行航天技术试验的技术试验卫星等。它们又可按用途再加以细分，如应用卫星可分为通信卫星、气象卫星、侦察卫星等。

2）空间探测器又称为深空探测器，是对月球、行星和行星际空间进行探测的航天器。目前，已发展到了探测太阳系之外的宇宙空间的探测器。

（2）载人航天器。载人航天器按照飞行和工作情况，可分为载人飞船、航天站（空间站）和航天飞机。

1）载人飞船有卫星式载人飞船和登月式载人飞船。它们提供航天员在外层空间生活和工作的条件，并能安全返回地面。载人飞船可以独立进行航天活动，也可以作为往返于地面和航天站（或月球）之间的"渡船"。

2）航天站是可供多名航天员长期生活的航天器。它的运行原理与环绕地球的卫星式载人飞船类似。其主要区别是卫星式载人飞船运行的时间很短，一般仅能一次使用后返回地面。

3）航天飞机是可以重复使用、往返于地面和近地轨道之间运送有效载荷或在轨道上完成规定活动的航天器。一般可以设计成飞机形式，由运载火箭送入轨道，返回地面时可像飞机那样着陆。目前，正在探索像飞机那样水平起飞、水平着陆的航天飞机（又称空天飞机）。

3．火箭和导弹

在许多文献中，"火箭"一词有时既指火箭发动机，又指以火箭发动机为动力的飞行器。如指火箭发动机，可按能源分为化学火箭、核火箭、电火箭；如指以火箭发动机为动力的飞行器，可按用途分为无控火箭弹、探空火箭、运载火箭等。

导弹是由制导系统控制其飞行轨迹的飞行武器。其特点是带有战斗部。导弹按其飞行特点可分为弹道导弹、巡航导弹和可做高机动飞行的导弹（如地空导弹、空空导弹等）三大类。导弹的动力装置可以是火箭发动机，也可以是涡轮喷气发动机或冲压发动机。每类导弹还可以按用途或射程大小再予以细分。

知识拓展："空中的士"eVTOL

6

四、航空航天发展简史

碧空万里，浩瀚无垠，神秘莫测，令人神往。自古以来，人类就怀有飞行的愿望，从许多关于腾云驾雾的神话和传说中就可以体现。但是在社会生产力低下的年代，这种愿望是难以实现的。但是，许多先驱人物的勇敢探索，为人类实现飞行提供了有益的经验和教训。特别是18世纪的产业革命，推动了科学技术的发展，为人类实现飞行提供了条件。

1. 航空发展简史

（1）轻于空气的航空器。利用空气静浮力升空，在技术上是比较容易实现的。中国在10世纪初期，出现了类似热气球的"孔明灯"，升入空中用于战争中联络信号。18世纪末，法国的埃蒂拉·蒙哥尔费兄弟制成的热气球，搭载一些动物完成了升空表演。1783年11月21日，罗奇埃和达尔朗德又乘热气球在巴黎上空实现了升空飞行，这是人类乘航空器首次飞行。随后，法国的物理学家查理制成了以丝绸做气囊充以氢气的气球，顺利实现了升空飞行；之后他又制造了一只更大的气球，下系可以载人的吊篮。

气球的出现激起了人们对乘气球飞行的热情，并有人致力于飞艇的研究。经过多年的探索和试验，制成了带动力、可操纵的飞艇，并升空飞行。1900年，德国的齐柏林制成了硬式飞艇，并于1910年开辟了载客的定期航线。图0-9所示为齐柏林制造的世界上第一个实用的"齐柏林"LZ-1飞艇。

图0-9　世界上第一个实用的"齐柏林"LZ-1飞艇

第一次世界大战期间，德国曾用这种飞艇轰炸伦敦。第一次世界大战后，齐柏林又制造了两艘巨型飞艇，在欧洲到南美和美国的商业航线上飞行。1937年，在一次从德国到美国的飞行中，飞艇突然起火爆炸，旅客全部遇难，从此结束了飞艇的商业飞行。20世纪70年代以后，许多国家又应用新材料、新技术研制新的飞艇，用以巡逻和吊装大型设备。

（2）重于空气的航空器。人类关于飞行的许多探索和试验是从模仿鸟类的飞行开始的，中外历史文献中都记载着用羽毛制成翅膀尝试飞行的记录，但这些尝试都没有获得成功。19世纪初，英国的乔治·凯利提出了重于空气的航空器的理论，阐明了利用固定机翼产生升力及利用不同翼面控制飞机的设计理念。他制造了第一架滑翔机进行试飞，以验证其理论的有效性，确立了现代飞机的基本构型。他的重要著作《论空中航行》，为后来航空器的研制提供了重要的理论基础和经验。如图0-10所示为乔治·凯利于1847年设计制作的载人滑翔机，可以说乔治·凯利是世界上成功地把载人滑翔机飞上蓝天的第一人。

图 0-10　乔治·凯利于 1847 年设计制作的载人滑翔机

　　为了使飞机能够成功地飞行，必须解决升力、动力、稳定飞行和操纵的问题。有些人利用蒸汽机作为动力装置进行了探索。1896 年，美国科学家兰利制造了一个用蒸汽机做动力的飞机模型，飞行高度达到 20 m，飞行距离达到 760 m，如图 0-11 所示。1893 年，汽油内燃机（活塞式发动机）问世；20 世纪初，美国科学家塞缪尔·皮尔庞特·兰利又制造了安装活塞式发动机的飞机，1903 年的两次试飞均未成功，主要原因是未能解决飞机稳定飞行和操纵的问题。

图 0-11　美国科学家兰利制造的蒸汽机飞机模型

　　当时，有一些人沿着另一条道路对飞行进行探索，用滑翔机进行试验飞行，解决滑翔机的飞行稳定和操纵问题。然后，加上动力，做动力飞行。德国的奥托·李林塔尔是先驱者，他仔细研究了鸟类的飞行，制成弓形翼剖面的滑翔机，于 1891 年至 1896 年进行了 2 000 多次滑翔飞行试验，解决了滑翔机的飞行稳定和操纵问题，积累了大量的数据。他准备在滑翔机上安装发动机做动力飞行试验，但不幸在一次滑翔飞行中失事牺牲，这一愿望未能实现。美国的莱特兄弟在李林塔尔滑翔飞行活动的鼓舞下，对航空产生了浓厚的兴趣，他们制造了滑翔机进行飞行操纵试验，又自己设计制造了风洞，在风洞中试验不同的机翼模型，测定空气动力数据，根据试验结果，改进了滑翔机。1902 年秋季，他们进行了近千次滑翔飞行，取得了成功。1903 年，他们制造了"飞行者"1 号飞机，安装上 8.8 km 长的水冷 4 缸活塞式发动机和螺旋桨。1903 年 12 月 17 日，莱特兄弟驾驶"飞行者"1 号飞机飞行，实现了人类最早的持续动力飞行。

　　20 世纪初，欧洲也有人从事飞机的研究工作。法国的桑托·杜蒙于 1906 年、法国的布莱里奥于 1909 年都驾驶他们自己设计的飞机成功试飞。而且，布莱里奥驾驶"布莱里奥"Ⅺ号单翼机于 1909 年首次飞越了英吉利海峡，全程长 40 km，飞行时间为 37 min。

　　1914 年，欧洲爆发了第一次世界大战，飞机开始用于军事目的，各国拥有的飞机已达数百架。飞机最初主要用于侦察和照相，后来由于战争的需要，又出现了带武器的"驱逐机"，其目的是"控制天空"，接下来又出现了轰炸机和强击机。

　　第一次世界大战肯定了飞机在战争中的作用，促进了航空科学技术和航空工业的发展。第一次世界大战后，许多国家开办了民用航空运输业，以继续发展航空工业。1919 年开始，已有了几条定期国际航线。为了改进飞机的性能，空气动力学理论获得了飞速发展，飞机结构、航空发动机都取得了重大的进展。这些科学技术成果很快反映到飞机的设计上，20 世纪 20 年代初，双翼机逐渐向单翼机过渡，到 20 世纪 30 年代初期，双翼机已趋于被淘汰的态势。同时，出现了起落架可以收放、驾驶舱封闭、发动机加整流罩等一系列提高空气动力效率的构造形式；飞机材料也由木材、层板、亚麻布等逐渐改用铝合金，提高了结构强度，降低了飞行阻力。科学技术新成就大量应用于飞机设计，使飞机的性能得到了提高。1937 年，苏联的"安特 25"从莫斯科直飞美国，1938 年飞机的升限纪录为 17 094 m，1939 年创造了 755.09 km/h 的飞行速度纪录。

> 小提示 为什么单翼飞机一成功，双翼飞机就很快被取代了呢？这是因为双翼飞机有一个明显的缺点，就是阻力大。相较单翼飞机而言，双翼飞机的升力只提升了 20%，但阻力大幅增加了，这是因为上、下两个机翼之间的支撑结构大大增加了飞机阻力面积，这使双翼飞机的飞行效率要远低于单翼飞机，所以双翼飞机的谢幕是必然的。

　　在第二次世界大战中，飞机得到了广泛的应用，飞机的性能迅速提高，参战飞机的数量大、种类多，出现了中型轰炸机和亚声速的战斗机。1944 年，在盟军对德国的轰炸中，曾一天出动过数百架轰炸机和护航战斗机。当时所用的飞机，绝大多数是用活塞式发动机和螺旋桨推进的亚声速飞机，可以说是已接近活塞式发动机飞机的速度极限。当飞机速度接近声速时，气动阻力急剧增大，活塞式发动机和螺旋桨已难以提供足够的推力（或拉力）。同时，由于机翼上气动压力中心的变化，引起飞机稳定性和操纵性方面的一些新问题，从而为进一步提高飞行速度带来了障碍，当时人们称为"声障"。突破"声障"，首先需要发动机提供足够的推进力以克服急剧增加的阻力，活塞式发动机和螺旋桨对此已无能为力。涡轮喷气发动机的出现，解决了这一问题。1939 年，第一架装有涡轮喷气发动机的飞机试飞成功，这便是德国人亨克尔设计的 He-178 飞机，如图 0-12 所示。

图 0-12　世界上第一架涡轮喷气式飞机 He-178

随后，美国、英国和苏联都先后发展了装有涡轮喷气发动机的战斗机和轰炸机，第二次世界大战后，军用飞机的发动机基本采用喷气化。通过空气动力学对跨声速、超声速流动特点的研究和对气动弹性力学的研究，解决了超声速飞机设计的一系列问题。在20世纪50年代初期，出现了超声速的军用飞机，到20世纪60年代，有些战斗机的最大速度已达声速的3倍左右。这时，又遇到了所谓的"热障"问题，即由于长时间高速飞行产生的气动加热而导致结构材料性能下降的问题，解决问题的途径主要是研制质量轻、耐高温的新材料和新型结构。

民航飞机使用涡轮喷气发动机较晚。1952年，第一架安装涡轮喷气发动机的民航飞机"慧星"号投入航线运行，但由于在结构设计时未考虑疲劳断裂问题，在1953年至1954年连续三次失事。吸取了"慧星"号失事的教训，改进了结构设计之后，20世纪50年代末期出现了多种型号的喷气式旅客机。1968年年底，苏联首先试飞了超声速旅客机——图-144；1969年年初，英、法合作研制的"协和"号旅客机试飞，并在1976年用于航线飞行。这两种超声速飞机的最大速度略大于声速的2倍，但是超声速旅客机噪声大、耗油率高，超声速飞行时产生的"声爆"对地面有不利影响，限制了它的应用和发展。

> 小提示 简单来说，"声爆"就是飞机的速度超过声速之后产生了强大的冲击波，这个冲击波叠加，发出了巨大的声响。详细原理，请参照模块二飞行原理中激波相关介绍。

直升机的飞行稳定问题和操纵问题比较复杂，直到1936年才成功地试飞了第一架载人直升机。直升机具有灵活、方便和不需要固定机场设施等优点，在民用航空运输、军事和救护等方面得到广泛的应用，在第二次世界大战后得到了较快的发展。20世纪50年代，直升机的速度为100～200 km/h，目前已提高到400～500 km/h。

2．火箭、导弹发展简史

火箭是中国发明的。在10世纪，中国的文献中已有火药用于火箭的记载；12世纪，已出现了以火药为能源利用反作用推进的火箭雏形。

近代火箭和导弹是在第二次世界大战后期才出现的。1942年，纳粹德国研制成功V-2火箭，发射了世界上第一个以火箭发动机为动力的弹道导弹，其弹头（战斗部）质量为1 t，导弹总质量约13 t，最大射程为320 km。战后火箭（发动机）技术得到了飞速发展，成为各类导弹的主要动力源（也有一些导弹以其他发动机，如涡轮喷气发动机、涡轮风扇发动机为动力源）。火箭也是科学研究的有力工具。1945年，美国研制了专门用于大气探测的探空火箭。美国和苏联还利用V-2火箭，发射了一批探空火箭。1957—1958年国际地球物理年活动，推动了探空火箭的发展，许多国家都研制了自己的探空火箭。我国从1958年开始，也成功地发射了几种探空火箭。

20世纪50年代初，世界上兴起了一股发展弹道导弹的热潮。当时有人认为远程弹道导弹最终将会代替远程轰炸机，美国和苏联都发展了不同型号的中程、远程或洲际弹道导弹。根据当时的技术水平，远程或洲际弹道导弹都采用了多级火箭的形式，并且以液体火箭为主。我国从20世纪50年代中期开始，也发展了自己的弹道导弹和用于发射航天器的运载火箭。

带有核弹头的弹道导弹是一种破坏力巨大的进攻性武器。为了提高其在战争中反应的灵活性、机动性、突防能力和命中精度，并对付反导弹系统的拦击，20 世纪 60 年代以后，各国发展了可储存液体推进剂、固体推进剂的弹道导弹；发展了多弹头分导、地下井发射、机动发射等技术。

能做大过载、高机动飞行的有翼战术导弹，如地空导弹、空空导弹等，是从 20 世纪 50 年代初开始发展的，20 世纪 60 年代至 70 年代是大发展时期。它们大约经历了三个阶段：20 世纪 50 年代发展的第一代地空导弹，主要是针对高空远程轰炸机，一般比较笨重。随着空袭方式的转变（由高空转向中空、低空），中空、低空或超低空的地空导弹得到发展，并采用雷达、红外、激光等多种制导体制，导弹趋于固体化、小型化。20 世纪 70 年代中期以后的地空导弹则向多用途、多层次防空和提高制导精度的方向发展。第一代空空导弹多为近距、中空、尾后攻击型；第二代是中距拦射和全天候型；第三代则为远距拦射和近距格斗型，向提高制导系统精度、有多目标攻击能力和上射下射能力的方向发展。巡航导弹是一种飞行轨迹类似飞机的导弹。最早的巡航导弹是德国研制的装脉冲发动机的 V-1 导弹，第二次世界大战后，各国发展了许多舰载和机载巡航导弹，但都比较笨重，制导精度也不高。20 世纪 70 年代以后，由于高效率小型涡轮风扇发动机的出现，中制导、末制导技术及核弹头小型化等方面的进展，一批空中发射、潜艇发射、陆地发射的巡航导弹相继问世。由于这类导弹具有低空、超低空突防能力和较高的命中精度，近年来得到了较快的发展。

知识拓展：导弹分类

3．航天发展简史

19 世纪末到 20 世纪初，涌现出许多富有探索精神的航天先驱者。俄国的齐奥尔科夫斯基从理论上证明了利用多级火箭可以克服地球引力而进入太空。他建立了火箭运动的基本数学方程，并肯定了液体火箭发动机是航天器最适宜的动力装置。美国的戈达德提出了火箭飞行的飞行原理，并导出了脱离地球引力所需要的 7.9 km/s 的第一宇宙速度。他以很大的精力研制液体火箭发动机，并于 1926 年做了首次飞行试验。德国的奥伯特研究了火箭飞行的数学理论，提出了许多关于火箭的构造和飞行的新概念。这些先驱者所做的工作为航天技术的发展奠定了基础。

第二次世界大战结束后，苏联和美国都通过仿制 V-2 火箭积累了研制现代火箭系统的经验，并预见在这个基础上有可能发射人造地球卫星。他们在研制大型远程弹道导弹的同时，解决了发射人造地球卫星的一系列技术问题。1957 年 10 月 4 日，苏联把世界上第一颗人造地球卫星送上太空，开创了人类航天的新纪元。随后，美国于 1958 年 1 月 31 日发射了一颗只有 4.8 kg 的人造地球卫星。此外，法国、日本、中国、英国等也先后用自己研制的运载火箭，成功地发射了自己的第一颗人造地球卫星。

卫星发射成功之后，人类转向了对空间更广泛的探测。月球，这个地球的天然卫星，便是第一个探测的目标。从 1959 年开始，苏联和美国发射了许多月球探测器，并以绕月飞行、硬着陆、软着陆等方式对月球进行了科学考察。1969 年 7 月 16 日，美国航天员首次登上月球，随后又进行了多次登月活动。对太阳系内行星的探测是 20 世纪 60 年代初期开始的，苏联和美国都发射了许多空间探测器，分别对金星、火星、水星、木星、土星及行星际空间和彗星进行了探测。其中，美国发射的"先驱者" 10 号于 1973 年 12 月飞近木星，行程数亿千米，向地球发回数百幅木星和木星卫星的照片。它利用木星引力场加速飞向土星，又借助土星引力场加速，于1986年6月飞越冥王星平均轨道，成为第一个飞出太阳系的航天器。

第一个载人航天站是苏联于1971年4月发射的"礼炮号"。1973年美国发射近地轨道的"天空实验室"。可以重复使用的航天飞机于1981年试飞成功，1982年11月开始商业性飞行。1984年，航天飞机成功地施放了两颗卫星，并回收了两颗失效的通信卫星，航天飞机成为人类可以往返近地空间的工具。

中国空间技术研究院成立于20世纪60年代末，在"东方红"一号之后，中国空间技术研究院先后自主研制并成功发射了80多颗人造地球卫星、10多艘"神舟"飞船和中国第一个月球探测器"嫦娥一号"。在人造卫星、载人航天和深空探测三个航天技术领域实现了新跨越，多项技术跨入世界先进行列。"天宫一号"是我国于2011年9月29日发射的第一个目标飞行器，飞行器全长为10 m，最大直径超过3 m，由实验舱和资源舱构成。2011年11月3日，"天宫一号"顺利实现了与"神舟八号"飞船的对接任务，如图0-13所示。"神舟九号"飞船于2012年6月16日成功发射，顺利实现了与"天宫一号"载人自动和手动交会对接，向太空筑巢之梦迈出了关键的一步，为中国航天史掀开了极具突破性的一章，标志着我国全面掌握了空间交会对接技术，以及载人航天技术的进一步成熟。2016年10月17日，"神舟十一号"飞船成功发射，它是中国载人航天工程三步走中从第二步到第三步的一个过渡，为中国建造载人空间站做准备。2022年年底，中国空间站全面建成，转入应用与发展新阶段。2023年，中国空间站圆满完成了1次货运飞船任务、2次载人飞船发射任务和2次飞船返回任务；航天员乘组在中国空间站两度太空会师，实现常态化在轨轮换交接。航天人天地一心，让中国人的"太空家园"遨游苍穹。

知识拓展：中国
空间站（天宫
空间站）

图0-13 "天宫一号"飞行器与"神舟八号"飞船顺利完成了对接任务

■ 五、飞行环境

1．大气飞行环境

包围地球的空气层（大气）是航空器唯一的飞行活动环境，也是导弹和航天器的飞行活动环境。大气层没有明显的上限，它的各种特性沿铅垂方向上的差异非常显著，如空气密度和压强都随高度增加而减小。在 10 km 高度，空气密度只相当于海平面空气密度的 1/3，压强约为海平面压强的 1/4；在 100 km 高度，空气密度只是地面密度的 $4×10^{-5}$%（百万分之四），压强约为 $3.2×10^{-2}$ Pa，只是地面压强的 $3×10^{-5}$%（百万分之三）。

以大气中温度随高度的分布为主要依据，大气层可划分为对流层、平流层、中间层、热层和散逸层五个层次，而航空器的飞行环境是对流层和平流层。

（1）对流层。大气中最低的一层为对流层，其中气温随高度增加而降低，空气对流运动极为明显。对流层的厚度随纬度和季节而变化，低纬度地区平均厚度为 16 ～ 18 km，中纬度地区平均厚度为 10 ～ 12 km，高纬度地区平均厚度为 8 ～ 9 km。对流层集中了全部大气质量的约 3/4 和绝大多数的水汽，是天气变化最复杂的层次，飞行中所遇到的各种重要天气变化绝大多数出现在这一层中。

（2）平流层。平流层位于对流层之上，顶界扩展到 50 ～ 55 km。在平流层内，随着高度的增加，起初气温保持不变（190 K）或者略有升高；到 20 km 以上，气温升高很快；到了平流层顶，气温升至 270 ～ 290 K。平流层的这种气温分布特征与它受地面影响较小和存在大量臭氧有关。过去常称这一层为"同温层"，实际上指的是平流层的下部。平流层中的空气沿铅垂方向的运动较弱，因而气流比较平稳，能见度较好。

（3）中间层。中间层从 50 ～ 55 km 的高度伸展到 80 ～ 85 km 的高度。这一层的特点是随着高度的增加，气温下降，空气有相当强烈的沿铅垂方向的运动，这一层顶部的气温可低至 160 ～ 190 K。

（4）热层。热层从中间层顶延伸到 800 km 高空，这一层的空气密度极小，声波已难以传播。热层的一个特征是气温随高度的增加而上升，另一个特征是空气处于高度的电离状态。

（5）散逸层。散逸层又称为外大气层，位于热层之上，是地球大气的最外层。该处的空气极其稀薄，又远离地面，受地球引力较小，因而，大气分子不断地向星际空间逃逸。

课堂讨论：飞机主要在大气层的哪层进行飞行活动？大气环境对飞行员有何影响？

2. 空间飞行环境

空间飞行环境包括自然环境和诱导环境。自然环境包括真空、电磁辐射、高能粒子辐射、等离子体、微流星体等；诱导环境是指航天器或其某些系统工作时诱发的环境，如失重、振动、冲击及感应磁场等。根据空间存在的物质、辐射和力场的时空分布特性，飞行器飞行活动的空间环境大致可分为地球空间环境和行星际空间环境。

（1）地球空间环境。地球空间环境包括地球高层大气、电离层和磁层。地球高层大气密度和压强随着高度的增加而按指数规律下降，在 1 000 km 处的大气压强为 10^{-11} ～ 10^{-10} Pa，在 10 000 km 处约为 10^{-11} Pa。此外，大气密度与压强还随季节和太阳活动程度等因素而变化，因而是极复杂多变的结构。电离层绝大多数为电子和正离子，电子的浓度不仅随高度变化，还随昼夜、季节、纬度和太阳的活动而变化。从距离地球表面 600 ～ 1 000 km 处开始向远处空间延伸，有一个磁层，其顶层与地面距离为地球半径的 8 ～ 11 倍。磁层中存在着密集的高能带电粒子辐射带，又称为"范艾伦辐射带"，可能引起航天器材料、器件和人体辐射损伤。

（2）行星际空间环境。行星际空间环境是一个广阔的极高真空度的环境，存在着太阳连续发射的电磁辐射、爆发性的高能粒子辐射和稳定的等离子体流（太阳风）。这里的环境主要受太阳活动的影响，还受来自银河系的宇宙线和微流星等的影响。

3. 标准大气

航空器的飞行性能与大气状态的主要参数（温度、密度、压强等）有着密切的关系，而大气的物理性质（温度、密度、压强等）是随所在地理位置、季节和高度而变化的。为了在进行航空器设计、试验和分析时，所用的大气物理参数不因地而异，必须建立一个统一的标准，即所谓的标准大气。它是由权威机构颁布的一种"模式大气"，依据实测资料，用简化方程近似地表示大气温度、密度、压强、声压等参数的平均铅垂分布。按照这个公式计算出来的大气参数沿高度的变化，排列成表，即标准大气表。例如，国际标准规定，以海平面的高度为零。在海平面，大气的标准状态：气压是 760 mmHg，气温是 15 ℃，声速是 341 m/s，空气密度是 $1.225\ kg/m^3$。

由国际性组织（如国际民用航空组织、国际标准化组织）颁布的标准大气称为国际标准大气，国家机构颁布的标准大气称为国家标准大气。中国国家标准总局（现国家市场监督管理总局）于 1980 年颁布了"中华人民共和国标准大气"（30 km 以下部分）。应当注意，各地的实际大气参数与标准大气之间是存在差别的。

叩问苍穹　筑梦天宫 大国飞天梦永不失重	实景三维　可视化仿真 看"神舟十七"飞天之路	"神舟十七号"航天员汤洪波： 再度飞天　永远相信持续努力的力量
我国首次载人飞行任务 成功 20 周年—聂海胜： 三次飞天　见证载人航天稳步推进	"枭龙"飞天	高燃时刻！60 秒视频 回顾第十四届中国航展 首日震撼场面
张扬对话杨利伟：从一 人一天到"天宫时代"	《中国脊梁》："铸剑"者 钱学森	奠基——冯如

思考题与习题

拓展阅读：李宝焌、刘佐成：中国国内第一架飞机制造者

一、选择题

1. 莱特兄弟是（　　）人。

A. 中国 　　　　　　　　　　　B. 德国

C. 美国 　　　　　　　　　　　D. 英国

2. 冯如是（　　）的第一个飞行家。

A. 中国 　　　　B. 英国 　　　　C. 法国 　　　　D. 美国

3. 被许多工程师和航空爱好者在探索研究而至今尚未成功的、模拟鸟类飞行的航空器是（　　）。

A. 滑翔机 　　　　B. 直升机 　　　　C. 旋翼机 　　　　D. 扑翼机

4. 重于空气的航空器有（　　）等。

A. 固定翼航空器 　　B. 扑翼机 　　C. 旋翼航空器 　　D. 旋翼机

5. 载人航天器有（　　）三种。

A. 载人飞船 　　B. 航天站 　　C. 航天飞机 　　D. 空间探测器

二、填空题

1. 在地球周围稠密大气层内的航行活动称为_____。_____是指在大气层之外的近地空间、行星际空间、行星附近及恒星际空间的航行活动。

2. 通常，飞行器可以分为_____、_____、_____三大类。

3. 任何航空器都需要产生_____克服_____才能升空飞行。

4. 中国在 10 世纪初期，就有类似热气球的_____出现，升入空中而作为战争中的联络信号。

5. 英国乔治·凯利的重要著作_____为后来航空器的研制提供了重要的理论基础和经验。

6. _____年，第一架装有涡轮喷气发动机的飞机——德国的 He-178 试飞成功。

7. 1968 年年底，_____首先试飞了超声速旅客飞机——图 -114；1969 年年初，英、法合作研制的_____号客机试飞，并于_____年用于航线飞行。

8. 火箭是_____发明的。在 10 世纪，_____的文献中已有火药用于火箭的记载；12 世纪，已出现了以火药为能源利用反作用推进的火箭雏形。

9. 1957 年 10 月 4 日，_____把世界上第一颗人造地球卫星送上太空，开创了人类航天的新纪元。

10. 美国于 1958 年 1 月 31 日发射了一颗只有_____的人造卫星。

11. _____是中国于 2011 年 9 月 29 日发射的第一个目标飞行器，且于 2011 年 11 月 3 日顺利实现了与_____的对接任务。

12. "神舟九号"飞船于_____成功发射，顺利实现了与_____载人自动和手动交会对接，向太空筑巢之梦迈出了关键的一步，为中国航天史掀开了极具突破性的一章，标志着中国全面掌握了空间交会对接技术，以及载人航天技术的进一步成熟。

13. _____年，中国空间站全面建成，转入应用与发展新阶段。_____年国际空间站将退役，中国空间站将成为世界唯一空间站。

14. 以大气中_____随高度的分布为主要依据，可将大气层划分为_____、_____、_____、_____、_____ 5 个层次，而航空器的飞行环境是_____和_____。

三、问答题

1. 为什么说航空与航天是难以区别的？

2. 为了使飞机能够成功地飞行，必须解决一些什么问题？

3. 涡轮喷气发动机是为了解决什么问题而出现的？

4. 解决"热障"问题的主要途径是什么？

5. 限制超声速旅客机应用和发展的原因是什么？

6. 19 世纪末到 20 世纪初，涌现出许多富有探索精神的航天先驱者，其中的代表人物有哪几位？他们的主要贡献是什么？

7. 为什么要建立一个统一的标准大气？什么是标准大气表？

8. 2024 年上半年"嫦娥六号"发射成功，试思考"嫦娥"探月工程难点和我国航空航天事业已取得的创新成就。

四、思考题

2007 年 10 月 24 日，中国第一个月球探测器——"嫦娥一号"顺利升空，迈出了"绕月"的第一步。随后，"嫦娥二号"进行了月球表面的巡视探测，"嫦娥三号"实现了月球巡视器与控制中心的实时交互传输，即实现中国首次月球软着陆，"嫦娥四号"完成了月球背面软着陆并进行了月背巡视和科学试验，"嫦娥五号"实现了中国首次月球无人采样返回。

思考：为什么说航空航天技术是表征一个国家科学技术先进性的重要标志？

形形色色的飞机

【学习目标】

1．了解常见军用飞机、民用飞机、直升机及无人机的种类。
2．具备辨识常见飞机类别型号的能力。
3．培养独立思考、发现问题和解决问题的能力。
4．培育和传承空天报国情怀，激发爱国热情，树立远大理想。

【案例导入】

　　飞机有多种类型，每种类型的飞机用途不一。发生大型自然灾害（如地震）的时候，直升机可以发挥不受地面地形限制的作用，快速到达救援现场；固定翼飞机可以向灾区投送物资，其配备的专业医疗设备也可以对伤员进行紧急救助；无人机可以搭建临时中继平台，提供图像，建立航空应急通信。

　　第十四届中国国际航空航天博览会（简称第十四届中国航展）展示了各类飞机及精彩表演，有歼–20、运–20、空警–500、直–20等军用飞机出场，空军"八一"飞行表演队和空军航空大学"红鹰"飞行表演队共舞珠海上空。国产大飞机"三兄弟"——运–20、C919、AG600也先后展翅蓝天进行飞行表演，展示了民航人百年奋进的成果。除此之外，翼龙家族无人机、通航飞机、民用无人机等也是本次航展的看点。众多的飞机给观众带来了一场视觉盛宴。

案例分析：

　　第十四届中国航展是中国航空航天人艰苦奋斗的成果，是中国力量、中国精神展示的窗口。展会上飞机种类繁多，用途广泛，从中能够认识国内外不同种类的飞机，拓宽视野，全面了解全球航空航天发展趋势。

单元一　军用航空器

■ 一、军用飞机

1．战斗机

战斗机又称为歼击机，是用于在空中消灭敌方飞机和巡航导弹的军用飞机，在第二次世界大战前曾经被称为驱逐机。战斗机飞行速度快、机动性好，是军用飞机中装备数量最多、应用最广、发展最快的机种，其研制水平往往代表了航空科学技术的发展水平。当代的战斗机多兼有空战和对地作战的能力，被称为多用途战斗机，这是战斗机发展的重要方向。

20世纪发生的两次世界大战对战斗机的快速发展起了重大的作用。在第二次世界大战结束之前，战斗机基本上是螺旋桨飞机一统天下，其动力装置是活塞式航空发动机。第二次世界大战之后，苏联和美国瓜分了德国大量喷气式战斗机的设计资料、研究设备和优秀设计人才，还先后引进、仿制了英国的涡轮喷气发动机，并加以改进改型，于1945—1947年相继研制成功世界上第一代喷气式战斗机，典型的机种有美国的F-80飞机和苏联的米格-15飞机，如图1-1所示。这种战斗机主要装有离心式涡轮喷气发动机，但飞行速度都没有超过声速（飞行马赫数接近0.9）。气动外形布局为中后掠机翼，机上武器主要是航炮，采用光学瞄准、尾追攻击的作战方式。

(a) (b)

图1-1　世界上第一代喷气式战斗机
(a) 美国的F-80飞机；(b) 苏联的米格-15飞机

第二代喷气式战斗机的种类繁多，而且绝大多数能实现超声速飞行。主要的战斗机有20世纪50—60年代投入使用的美国的F-104飞机和苏联的米格-21飞机，如图1-2所示。它们的特点是采用小展弦比机翼或三角翼，装有轴流式加力涡轮喷气发动机，飞行马赫数大于2，除光学瞄准外还带有平视显示和单脉冲雷达，机上装有航炮并外挂导弹或火箭弹，主要作战方式为尾追和部分全向攻击。

(a) (b)

图1-2　第二代喷气式战斗机
(a) 美国的F-104飞机；(b) 苏联的米格-21飞机

第三代喷气式战斗机于 20 世纪 70 年代中期开始装备部队，仍是目前各个航空强国的现役主力战斗机。这一代喷气式战斗机采用了大量的先进技术，如气动外形上的边条翼和鸭式布局，装用推重比为 8（一级）的涡轮风扇发动机，火控航电采用了总线综合、红外传感器和脉冲多普勒雷达。机上的武器除先进的航炮外，还装备了红外导弹和雷达精准制导的中距空空导弹，可以实现超视距多目标的全方位攻击，具备全天候和多用途的能力，自动化程度高，亚声速、跨声速机动能力强，其攻防能力和生存能力也有了显著的提高。在第三代喷气式战斗机使用的过程中，人们还利用所取得的先进技术不断地对其进行改进改型。最具代表性的第三代喷气式战斗机有美国的 F-15 飞机和 F-16 飞机、俄罗斯的苏-27 飞机、法国的"幻影" 2000 飞机，如图 1-3 所示。

（a）

（b）

（c）

（d）

图 1-3　第三代喷气式战斗机
（a）美国的 F-15 飞机；（b）美国的 F-16 飞机；
（c）俄罗斯的苏-27 飞机；（d）法国的"幻影" 2000 飞机

第四代喷气式战斗机具有隐身、过失速机动、不加力超声速巡航、短距起降、超视距多目标攻击和装备了更先进的航空电子与武器系统等许多特点，较第三代喷气式战斗机具有全面的优势。据报道，美国的 F-22 飞机与美国的 F-15 飞机相比，每飞行小时的维修工时降低了约 70%，其综合作战效能提高了近 10 倍。

目前，世界上主要的第四代喷气式战斗机有美国的 F-22 "猛禽"飞机［图 1-4（a）］、F-35（JSF）飞机［图 1-4（b）］，我国歼-20 飞机等，俄罗斯的 1.44 验证机和 S-37 验证机［图 1-4（c）、（d）］。俄罗斯对第四代喷气式战斗机（在俄罗斯称为第五代）的研制工作从未停止，2000 年 2 月 29 日，新一代重型战斗机 1.44 验证机进行了首飞，而 S-37 验证机早在 1997 年 9 月 25 日就进行了第一次飞行。

(a)　　　　　　　　　　　　　　　　　(b)

（c）　　　　　　　　　　　　　　　　　（d）

图 1-4　第四代喷气式战斗机
（a）美国的 F-22 "猛禽" 飞机；（b）美国的 F-35（JSF）飞机；
（c）俄罗斯的 1.44 验证机；（d）俄罗斯的 S-37 验证机

　　中国人民解放军空军于 1949 年 11 月 11 日正式成立。经过半个多世纪的光辉历程，中国已经拥有一支强大的人民空军，已有数千架各型战斗机，并逐步实现向高新技术水平的跨越。1969 年 7 月 15 日，我国自行设计、研制的第一种高空高速全天候歼-8 I 飞机首飞成功，后来又逐步研制出歼-8 II、歼-8 II M、歼-8 III 系列飞机，走出了自行研发的第一步，缩短了与先进国家间的技术差距。图 1-5 所示是我国自行研制的歼-8 I 和歼-8 II 战斗机。

（a）　　　　　　　　　　　　　　　　　（b）

图 1-5　我国自行研制的歼-8 I 和歼-8 II 战斗机
（a）歼-8 I 战斗机；（b）歼-8 II 战斗机

　　1970 年 12 月 26 日，我国自行研制的歼-12 飞机首飞上天。在米格-21 的基础上，还发展了歼-7、歼-7 I、歼-7 II、歼-7 III、歼-7FS、歼-7MG、歼-7E 系列飞机。我国自行研制的轻型歼击机——超-7 "枭龙" 于 2003 年 9 月 3 日首飞成功，如图 1-6 所示。

　　2007 年 1 月 5 日，歼-10 单座型战斗机揭幕亮相，如图 1-7 所示。它是我国自行研制的具有完全自主知识产权的第三代战斗机，作为新一代多用途的战斗机，分为单座、双座两种机型，性能先进，用途广泛，实现了我国军用飞机从第二代向第三代的历史性跨越。

歼-10战斗机具有很强的超视距空战、近距格斗、空对地攻击和空中对接加油能力，在国际上被定位成"三代半"战斗机，已得到一致的公认。

图 1-6 超-7"枭龙"战斗机

图 1-7 我国具有完全自主知识产权的歼-10战斗机

歼-20是我国研制的第四代隐身重型战斗机，如图1-8所示。该机采用两台国产涡扇10B发动机、DSI两侧进气道、全动垂尾、鸭式布局等，可以说融合了全球多种优秀战斗机的精彩设计，于2010年10月14日完成组装，2010年11月4日进行了首次滑跑试验，2011年1月11日首飞成功，标志着我国隐身战斗机的研制工作掀开了新的一页。

歼-31是我国研制的第四代中型单座双发隐身战斗机，如图1-9所示。该机是针对国际市场需求研发的隐身多用途战斗机，综合作战效能优异，具有自主知识产权。该机采用单座、双发、外倾双垂尾、全动平尾的常规气动布局，两侧布置大S弯进气道，设有内置弹舱。歼-31于2012年10月31日首飞成功，标志着中国成为世界上第二个同时试飞两种四代战斗机原型机的国家。此外，歼-31还有发展成为新一代隐身舰载战斗机的潜力。

图 1-8 歼-20战斗机

图 1-9 歼-31战斗机

课堂讨论：世界上常用战斗机的划代标准是什么？

2．截击机

截击机是专门用于在空中截击入侵的敌方轰炸机、侦察机或巡航导弹的战斗机，其任务是保卫重要城镇、战略要地、交通枢纽等不被空袭。截击机通常由地面雷达站或预警机引导至目标区，再用机载雷达截获并跟踪目标，当它处于有效攻击位置时对目标实施攻击。截击机应具有快速反应能力，无论何时，在接到警报后，都能迅速起飞并到达指定空域。第二次世界大战后期，美国研制了专门用于夜间截击轰炸机的"黑寡妇"——P-61截击机。20世纪50年代以后，美国和苏联相继研制了F-102、F-106、米格-19Ⅱ、雅克-25等截击机。到20世纪70年代中期，由于机载雷达小型化且性能大幅提高，美国在新研制的战斗机上都装有先进的雷达和导航装置，如F-15、F-16战斗机。这些战斗机除具备空战格斗能力外，还能很好地执行截击任务，因而从那时起，美国就不再继续发展专用的截击机了。但是，苏联于20世纪70年代后期研制出了新型截击机——米格-31，并于1980年装备苏联空军，总共生产了200余架，如图1-10所示。

图1-10　苏联研制的米格-31截击机

3．强击机

强击机是专门执行战役战术攻击任务，从低空、超低空攻击地面或水面目标的军用飞机，故又称攻击机。战役战术攻击任务：其一是纵深遮断，主要目的是切断或减弱敌人后方对前线人员的补充和物资供应，削弱敌方前线的作战能力，所以又称孤立战场；其二是近距空中支援，是指直接支援地面部队作战，从低空、超低空攻击地面目标，摧毁敌方战役战术纵深内的防御工事、坦克、地面雷达站、炮兵阵地、前线机场和交通枢纽等重要军事目标，所以又称战场攻击。

在第二次世界大战中，苏联先后研制并广泛使用的著名强击机有伊尔-2、伊尔-10，美国于20世纪50年代研制出喷气式舰载强击机A-4。20世纪60年代末和20世纪70年代初，苏联研制了苏-25、雅克-38强击机，美国研制了A-10攻击机。20世纪80年代初，美国研制出先进的具有隐身性能的F-117A攻击机（又称隐身战斗轰炸机），如图1-11所示。它主要用于压制敌方防空系统，摧毁严密设防的指挥所、战略要地、核生化中心、重要工业目标等。

20世纪60年代，我国自行研制出单座双发超声速强5型攻击机，如图1-12所示。其主要任务是近距空中支援和对地攻击，也可用于完成对空作战任务。该机为两侧进气、大后掠中单翼，机身为全金属半硬壳结构，以铝合金及高强度合金钢为主要材料，在座舱周围布置有防弹装甲，采用两套相互独立的液压助力操纵系统。其飞行性能优良，操纵灵敏，座舱舒适，视野宽阔，火力强，可靠性及安全性好，完成任务的能力强。

图1-11　美国研制的F-117A隐身攻击机

图1-12　我国研制的强5型攻击机

课堂讨论：从作战任务等方面讨论歼击机、截击机和强击机的区别。

4．轰炸机

轰炸机是用炸弹、鱼雷或空地导弹杀伤破坏地面或海上目标的军用飞机。按起飞质量、载弹量和航程的不同大致可分为轻型轰炸机、中型（中程）轰炸机和重型（远程）轰炸机。轻型轰炸机又称战术轰炸机，起飞质量一般为 20 ～ 30 t，航程可达 3 000 km，载弹量为 3 ～ 5 t，主要用于配合地面部队，对敌方供应线、前沿阵地和各种活动目标进行战术轰炸；中型轰炸机起飞质量为 40 ～ 90 t，航程为 3 000 ～ 6 000 km，载弹量为 5 ～ 10 t；重型轰炸机又称战略轰炸机，主要用于远程奔袭，深入敌后，对敌方战略目标如军事基地、交通枢纽、经济和政治中心进行战略轰炸，起飞质量在 100 t 以上，航程在 7 000 km 以上，载弹量一般超过 10 t。

美国空军现有 1955 年开始服役的最新改型 B-52H 亚声速远程战略轰炸机和 1986 年 6 月投入使用的具有与机身融合在一起的变后掠翼超声速远程多用途战略轰炸机 B-1B "枪骑兵"各 90 余架。20 世纪 80 年代后期，美国又研制了隐身战略轰炸机 B-2A "幽灵"飞机，它能从高空或低空突破敌方的防空系统，对战略目标实施核打击或常规轰炸。图 1-13 所示为美国投入使用的三种战略轰炸机。

图 1-13　美国投入使用的三种战略轰炸机
（a）B-52H 亚声速远程战略轰炸机；（b）B-1B "枪骑兵"超声速远程战略轰炸机；
（c）B-2A "幽灵"隐身战略轰炸机

俄罗斯空军现有战略轰炸机 200 余架，其中包括超声速远程战略轰炸机图-160 "海盗旗"、变后掠翼超声速轰炸机图-22M "逆火"和图-95M "熊"远程战略轰炸机。目前，俄罗斯正在抓紧对它们进行改进，增强系统配置，配挂新型精确制导武器，提高作战能力，并延长其使用寿命。图 1-14 所示是俄罗斯的图-22M "逆火"超声速轰炸机。

我国目前生产的主要轰炸机是轰-6 飞机，它是一种高亚声速中程轰炸机，于 1968 年 12 月 24 日首飞。1976 年 10 月 16 日飞行员徐克勤驾驶轰-6 飞机投放氢弹，成功地完成了我国第一次空中氢弹投放试验。轰-6 飞机的改进型有轰-6 甲、轰-6 乙、轰-6 丁、轰 -6K、油轰-6、电轰-6 等，除可以挂载航空炸弹外，还可以挂载反舰导弹、水雷、鱼雷和核弹。图 1-15 所示是我国生产的轰-6K 亚声速中远程轰炸机。

图 1-14　俄罗斯的图-22M "逆火"超声速轰炸机　　图 1-15　我国生产的轰-6K 亚声速中远程轰炸机

5．战斗轰炸机

战斗轰炸机是一种以攻击战役战术纵深内的地面目标为主，投掷外挂荷载后也具备一定空战能力的军用飞机，又称歼击轰炸机。战斗轰炸机除直接支援地面战斗外，有时还可配合战役深入敌后，对战线附近的重要军事目标进行轰炸。在20世纪60—70年代，苏联发展了米格-27、苏-17、苏-20、苏-22、苏-24等战斗轰炸机，均采用了变后掠的机翼结构。一般来说，将战斗机稍微做改装或不改装也可当作战斗轰炸机使用，如F-4、F-16、米格-23等战斗机均有战斗轰炸机的改型。图1-16所示是我国自行研制的全天候多用途歼轰-7"飞豹"战斗轰炸机。在1998年珠海航展上，歼轰-7"飞豹"战斗轰炸机做了令人耳目一新的精彩飞行表演，给国内、外观众留下了深刻的印象。

6．反潜机

反潜机是一种载有搜索和攻击潜艇用装备和武器的军用飞机，如图1-17所示。反潜机分为岸基和舰载两类。岸基反潜机一般总质量在50 t以上，可在几百米高空上以300～400 km/h的速度巡航搜索，续航时间在10 h以上；舰载反潜机质量在20 t左右，以航空母舰为基地，承担舰队区域的反潜任务，飞行速度为高亚声速，以便能在短时间内对宽阔的水域进行反潜作战。

图1-16　我国自行研制的歼轰-7"飞豹"战斗轰炸机　　图1-17　美国的P-3C反潜巡逻机

20世纪50年代以后，美国和苏联开始使用反潜直升机和吊放声呐系统进行反潜作战。由于现代先进的核潜艇具有噪声低、深潜能力强和潜伏时间长的特点，对反潜系统提出了更高的要求。现代机载搜索潜艇的设备和武器有声呐浮标、吊放声呐、磁探仪、反潜雷达、红外探测仪、废气探测仪、核辐射探测仪、微光电视、侧视雷达、反潜鱼雷和深水炸弹等。通常，反潜机可用现有军用飞机或直升机改装。

7．侦察机

侦察机是专门用于收集对方军事情报的军用飞机，所使用的机载侦察设备主要有航空照相机、图像雷达、红外和电子侦察设备等。侦察机按用途不同可分为战术侦察机和战略侦察机。

战术侦察机主要为前线指挥员提供战术纵深内的敌军部署、行动、火力配置、地形，以及其他重要目标和轰炸攻击效果等信息。由于战术侦察机主要部署在战区，容易被敌方发现，所以要求它的机动性好、噪声小和生存能力强。这种侦察机一般用现役战斗机改装而成，如美国的RF-4C、中国的歼侦-6、苏联的雅克-25P等均是这类侦察机。机上不带军械，但加装了航空照相机和图像雷达等，能对战线的对方一侧300～500 km纵深范围实施侦察。

战略侦察机用于执行战略侦察任务，其特点是飞行高度高、航程远，除配有复杂的高分辨率航空照相机外，还有多种电子侦察设备，以及能窥视对方纵深达数百千米的侧视雷达，能从高空深入对方国土，对军事和工业中心、核设施、导弹试验和发射基地、防空系统等战略目标实施侦察。

就侦察机的种类、数量和技术水平而言，美国居世界领先地位，俄罗斯居第二位。典型的战略侦察机有美国的 U-2 高空侦察机、SR-71 高空高速侦察机，如图 1-18 所示。俄罗斯则将米格 -25 战斗机、图 -16 和图 -95 轰炸机改型为电子侦察机。中国的战略侦察机包括歼 -8 战斗机转型的歼 -8FR、高新 -2/ 运 -8JB、高新 -8/ 运 -9JB、轰 -6 带无侦 -8、无侦 -10 等，如图 1-19 所示。高新 -8/ 运 -9JB 海军综合电子战机，是高新 2 号的后续型号，也是海军远海电子侦察任务的主力型号。该机可用于探测跟踪雷达、无线电及其他电子通信信号，并对信号进行截获、监听、收集和破译，为我军提供战场态势分析所需的情报。

（a）　　　　　　　　　　　　　　　（b）

图 1-18　美国的战略侦察机

（a）U-2 高空侦察机；（b）SR-71 高空高速侦察机

（a）　　　　　　　　　　　　　　　（b）

（c）　　　　　　　　　　　　　　　（d）

（e）

图 1-19　中国的战略侦察机

（a）歼 -8FR；（b）高新 -2/ 运 -8JB；（c）高新 -8/ 运 -9JB；（d）轰 -6 带无侦 -8；（e）无侦 -10

8．预警机

预警机是装有远程搜索雷达用以搜索或监视空中、地面或海上目标，并指挥、引导己方飞机遂行作战任务的军用飞机。其作用相当于将雷达站放在高空，可以克服地面雷达站难以发现低空、超低空目标的缺陷，大大增加了雷达搜索的范围和距离，并具有机动性强和生存能力高等优点。如果在预警机上装有用于目标探测跟踪、敌我识别、情报处理、指挥控制、通信导航、电子对抗等电子系统后，就成为集侦察、指挥、通信与控制于一体的空中预警信息中心。

预警机多用续航能力强、载重量大的亚声速旅客机或运输机改装而成。例如，美国E-3A 预警机是由波音 707 旅客机改装而成，如图 1-20 所示。苏联的 A-50 预警指挥机是由伊尔 -76 运输机改装而成。美国正在将波音 737、波音 767 旅客机改装成预警机，美国和俄罗斯还将直升机改装成轻型预警直升机。

图 1-20　美国的 E-3A 预警机

我国通过对预警机进行不断研究、发展，已成为世界上装备预警机数量第二多的国家，仅次于美国，现有"空警 200""空警 2000""空警 500""ZDK-03"和"空警 600"等多种预警机。

"空警 200"预警机是"运 -8AEW"的改进型，是一种小型预警机，如图 1-21 所示。2005 年 1 月 14 日，"空警 200"预警机完成了第一次试飞。在 2009 年的 60 周年国庆阅兵中，"空警 200"预警机梯队首次亮相，两架预警机引导两个梯队。

2007 年，我国自主生产的最新预警机"空警 2000"投入使用，如图 1-22 所示。"空警 2000"预警机采用了比美国和俄罗斯领先一代的固态有源相控阵雷达，采用的软件、砷化镓微波单片集成电路、高速数据处理计算机、数据总线和接口装置等国产高新技术，也处于世界领先水平。

图 1-21　"空警 200"预警机

图 1-22　"空警 2000"预警机

实际上在 20 世纪 60 年代末，出于国土防空的需要，我国就已经用图 -4 轰炸机的机身改装过一架预警机，并命名为"空警 1 号"，性能与 20 世纪 50 年代早期的预警机相当。由于种种原因，"空警 1 号"并没有设计定型，唯一的一架至今仍保存在北京小汤山航空博物馆。

"空警500"是我国自主研制的第三代中型预警机，机载平台为运-9运输机，如图1-23所示。它实现了"小平台、大预警、高性能、新一代"的研制目标，这款预警机由于采用了"数字阵列雷达"技术，其整体水平是国际同体型预警机中先进的型号之一。

"ZDK-03"预警机是21世纪初期中国中航工业陕西飞机工业（集团）有限公司和中国电子科技集团公司联合研制并出口巴基斯坦等多个国家的一种中型预警机。该机型与"空警500"的区别在于其机载平台为运-8运输机，其雷达罩内有两块相控阵雷达天线，以背靠背的形式安装在飞机背部的圆盘中，如图1-24所示。工作时要像传统的机械雷达一样旋转以避免盲区，但它装备的不是传统的机械扫描雷达，而是标准的第二代有源相控阵雷达，这样的配置是为了节约成本，性能上确实会有降低，但它的综合性能不低于美制E-2D预警机。

图1-23 "空警500"预警机

图1-24 "ZDK-03"预警机

（小提示）

侦察机和预警机的区别

（1）用处不同。电子侦察机是收集情报的，而预警机是一个战时的指挥平台，预警机可以引导几十架战机和导弹对敌人进行攻击。

（2）作用不同。预警机主要是对空，而且兼有指挥作用，侦察机主要是对地，没有指挥作用。预警机比侦察机多了数据分析，并通过数据链传给其他飞机和地面指挥中心，能够起到指挥协调的作用。

（3）优点与缺点不同。预警机具有监视范围大、指挥自动化程度高、目标处理容量大、抗干扰能力强，通常远离战线、纵深部署、执勤时有歼击机掩护，工作效率高等优点。缺点是活动区域和飞行诸元相对稳定；活动高度一般在8 000 ～ 10 000 m，有一定规律；飞机体型较大，雷达反射面积大，有利于雷达发现和跟踪，行迹容易暴露；机动幅度小，机载雷达只有在飞机转弯坡度小于10°的条件下，才能保证对空的正常搜索。侦察机飞行高度高、航程远，能从高空深入敌方领土或者沿海飞行，装有复杂的航摄仪和电子侦察设备，可以对目标进行持续性跟踪监视和干扰。相对于预警机来说，侦察机只有收集情报能力没有指挥作战能力。

9．电子干扰飞机

电子干扰飞机是一种携带电子干扰设备对敌方雷达和通信系统进行干扰的军用飞机。它的任务是使敌方空防体系失效，掩护己方战机顺利执行攻击任务。当雷达在第二次世界大战中出现后，轰炸机就已开始用抛撒金属丝的方法迷惑对方雷达，这是一种简单无源干扰手段。目前，大多数电子干扰飞机是用其他军用飞机改装的，如美国在2009年开始装备部队的EA-18G电子干扰飞机，就是在F/A-18E/F"大黄蜂"战斗机的基础上发展研制而成的，如图1-25所示。同样，我国解放军历史上第一款电子干扰飞机歼-16D也是由歼-16改进而来的，如图1-26所示。

图 1-25 美国的 EA-18G 电子干扰飞机

图 1-26 中国歼-16D 电子干扰飞机

10．军用运输机

军用运输机是用于空运兵员、武器装备、给养物资，并能空投伞兵和大型军事装备的军用飞机。在现代化战争中，它是提高部队机动性、加强应变能力的重要运输工具。其主要特点是机翼一般做成上单翼；机身宽大，具有大容积货舱；货舱地板承载能力强；舱内带有装卸大型货物的起重机、地板滚棒（轮）等专用装卸设施；机身尾部开有大尺寸货舱门并且可兼作装卸跳板，便于车辆的直接驶入和大型货物的装卸及空投；采用多轮起落架和低压轮胎，便于飞机在未铺设的跑道上起降。

按执行任务的性质，军用运输机可分为战略运输机和战术运输机。战略运输机的任务是远距离运输大量兵员和武器装备。其特点是运输量大、航程远、速度快，主要在远离作战地区的大、中型机场起降，起飞质量一般在 150 t 以上。而战术运输机主要是在前线地区从事近距离军事调动、后勤补给、空降伞兵、空投军用物资和撤退伤员等的中小型运输机。它的特点是载重量较小，主要在前线的中、小型野战机场起降，要求有较好的短距起降能力，起飞质量一般为 70 ~ 140 t，载重量为 20 ~ 50 t，航程为 3 000 ~ 8 000 km。在快速多变、远离本土作战和速战速决的现代化战争中，军用运输机的作用显得越来越突出和重要。

自 20 世纪 50 年代中期起，世界各国纷纷发展了以涡轮螺旋桨发动机为动力的军用运输机，20 世纪 60 年代发展了以涡轮风扇发动机为动力的军用运输机。20 世纪 70 年代初，美国发展了以高涵道比涡轮风扇发动机为动力的远程战略运输机 C-5A，而苏联于 1988 年年底推出了装有六台高涵道比涡轮风扇发动机的安-225 重型运输机，如图 1-27 所示。

(a)

(b)

图 1-27 军用运输机
（a）美国的 C-5A 远程战略运输机；（b）苏联的安-225 重型运输机

运 –20 是我国研究制造的新一代军用大型运输机，于 2013 年 1 月 26 日首飞成功，如图 1–28 所示。运 –20 采用常规布局，即悬臂式上单翼、前缘后掠、无翼梢小翼，最大起飞质量为 220 t，载重量超过 66 t，最大时速 ≥ 800 km/h，航程大于 7 800 km，实用升限为 13 000 m；拥有高延伸性、高可靠性和安全性。作为大型多用途运输机，运 –20 可以在复杂气象条件下，执行各种物资和人员的长距离航空运输任务。

图 1–28　运 –20 军用运输机

课堂讨论：为什么大多数军用运输机是上单翼结构布局？

11. 空中加油机

空中加油机简称加油机，是一种在空中对飞行中的飞机补充燃油的飞机。空中加油的目的是增加受油机（一般为战斗机、轰炸机）的航程和续航时间，提高作战飞机的快速机动作战能力，大大增强了航空兵的远程作战、快速反应和持续作战能力。空中加油技术分为硬管式和软管式两种空中加油技术，已成为现代军用飞机完成作战任务极为重要的手段。

图 1–29 所示为运油 –20 加油机同时对两架战斗机加油的情况。目前，全世界有 20 多个国家共拥有 1 200 架左右的空中加油机，大多数加油机用大型旅客机或大型运输机改装而成，也有用战斗机改装的同型伙伴加油机。中国的空中加油技术虽然起步晚，但起点高、进步快，在短时间内实现了重大技术突破，成为继美、英、俄、法之后第五个掌握空中加油技术的国家。

图 1–29　运油 –20 加油机同时对两架战斗机加油

小提示 空中加油技术分为两种，分别是软管式与硬管式。俄罗斯、中国等大多数国家采用的是软管式，美国则主要使用硬管式。其中，软管式空中加油技术通过加油吊舱收放加油管件，软管被完全释放展开后，受油机机头部位的受油接头与管件的接口连接，开始进行空中加油。软管式加油装置主要是加油吊舱，一架加油机通常会挂载 2 ～ 3 个加油吊舱，多个加油吊舱可以同时进行空中加油，在加油过程中需要受油机主动对准接口，因此，软管式空中加油技术对受油机的操作性要求较高。

12. 舰载飞机

舰载飞机是以航空母舰或其他舰船为起降基地的军用飞机，按用途可分为舰载战斗机、舰载强击机、舰载反潜机、舰载侦察机、舰载预警机和舰载直升机等。其主要任务是给以航空母舰为核心的舰队护航，夺取海上或海岸制空权、制海权，攻击敌方舰队和陆上目标，支援登陆和抗登陆作战等；而军用舰载直升机的主要任务是反潜、攻舰、两栖作战、侦察巡逻、空中预警、布雷扫雷、垂直补给、中继制导、搜索与救援等。

为了能在航空母舰的甲板上或机舱内多容纳一些飞机，通常舰载飞机的机翼设计成可折叠的。相对陆上机场而言，航空母舰供飞机起降的跑道较短，因此它设有以蒸汽或电磁做动力的飞机弹射器，能使飞机在很短的距离内加速到起飞速度。同时，还设有飞机拦阻装置或直升机着舰装置，以保证舰载飞机安全降落。拦阻装置由不多于六根钢索和同钢索两端相连的两个能量吸收器所组成，舰载飞机着陆时放下尾部的着陆钩，只要钩住其中一根钢索就能被拦阻住了。

1980 年 5 月，交付美国海军的 F/A-18 战斗 / 攻击机，目前已经成为美国海军的主力飞机，到 2001 年年底已生产了 1 500 多架，1999 年它的最新改进型 F/A-18E/F 投入使用。图 1-30 所示是美国海军的 F/A-18F 战斗 / 攻击机。

（a）   （b）

图 1-30　美国海军的 F/A-18F 战斗 / 攻击机
（a）着舰降落 ;（b）起飞离舰

歼 -15 是中国研制的第三代重型舰载战机，于 2009 年 8 月 31 日首飞成功，如图 1-31 所示。2012 年 11 月 23 日，歼 -15 在辽宁号航空母舰甲板上首降成功。歼 -15 是我国第一代多用途舰载战斗机，它具有作战半径大、机动性好、载弹量多等特点，可根据不同作

图 1-31　歼 -15 舰载战机

战任务携带多型反舰导弹、空空导弹、空地导弹，以及精确制导炸弹等精确打击武器，实现全海域、全空域打击作战能力，各项性能可与俄罗斯苏 -33、美国 F/A-18 等世界现役的主力舰载战斗机相媲美，因此被誉为凶猛强悍的空中"飞鲨"。

13. 教练机

教练机是用于训练飞行员的飞机，分为初级、中级、高级教练机和战斗教练机。初级教练机用于训练学员掌握初级飞行技术，均采用轻型活塞式发动机做动力，飞行速度较慢，起飞着陆的速度慢，操纵稳定性好，易于驾驶。中级、高级教练机均用涡轮喷气发动机或涡轮风扇发动机为动力，用于训练学员掌握喷气飞机的飞行技术，进行高级特技飞行、仪表飞行和基本战术飞行的训练。战斗教练机由现役实战飞机改型而成，用于使学员熟悉现役飞机的驾驶特点。民航飞机驾驶员的飞行训练是在专门设计的民用教练机上进行

的，不要求飞机做特技飞行。图 1-32 所示为美国的 T-38 高级教练机和中国的 L-15 高级教练机。

（a）   （b）

图 1-32　中、美高级教练机
（a）美国 T-38 高级教练机；（b）中国 L-15 高级教练机

■ 二、军用无人机

驾驶员或"控制员"不在飞机座舱内的飞机简称为无人机。无人机可以专门设计研制，也可以用已有的飞机或导弹改装而成。与有人驾驶飞机相比，无人机具有结构简单、体积小、质量轻、成本低、机动性好、飞行时间长、便于隐蔽等特点，还可多次回收使用，特别适用于执行危险性很大的任务。

现在无人机的种类和数量繁多，用途十分广泛。在军事上，无人机不但能用作靶机，还可用于侦察、监视、通信、反潜、导航、诱饵、炮兵校正和电子对抗等。目前，军用无人机大致可分为侦察无人机、战斗无人机、校靶无人机和微型无人机四类，而侦察无人机是应用较早且最广泛的军用无人机。

目前世界上参与研制和装备无人机的国家和地区达 30 多个，而且有进一步增多的趋势。大多数国家的无人机多用于侦察、监视、炮兵校正或用作靶机，但美国在其雄厚的经济实力和先进技术的支持下，已成功研制出用于战略侦察的高空长航时军用无人机，并正在研制战斗无人机、微型无人机和太阳能无人机。在无人机的装备数量和技术水平上，美国已遥遥领先，以色列在技术水平上居世界第二位。

1. 战略侦察无人机

美国研制的高空长航时战略侦察无人机"全球鹰"如图 1-33 所示。"全球鹰"无人机采用大展弦比下单翼和 V 形尾翼的正常式布局，机翼采用碳纤维复合材料，机身为铝合金材料。

美国另一种著名的无人机"捕食者"RQ-1B 如图 1-34 所示。这是一种可在中等高度长时间飞行的无人驾驶系统，主要用于战场侦察和监控。但是，"捕食者"RQ-1B 也有不少致命的缺点，如飞机体积较大而又无隐身措施，容易被对方发现；操作很复杂，对地面控制的依赖性大，使用成本高。

图 1-33　美国的高空长航时"全球鹰"无人机

图 1-34　"捕食者"RQ-1B 侦察 / 攻击无人机

无侦 -7 是我国立项研制的第一型高端大型无人机系统,主要强调高空持续侦察、监视和情报收集任务。其机翼采用了特殊的 Φ 形连接翼气动布局,也就是搭接翼的特殊设计,是世界上 Φ 形连接翼气动布局首次投入工程运用,有效提升了机翼的刚度和强度,有良好的飞行可控性、转弯时的稳定性,能够防止失速尾旋情况的产生,如图 1-35 所示。

图 1-35　无侦 -7 高空侦察无人机

2. 战斗无人机

战斗无人机是未来发展的重要方向,也是当今各国航空界的热门话题,有些人甚至认为军用飞机无人化,将会导致武器装备的第三次"革命"。西方一些军事专家推出所谓"零伤亡"的战争理论,就是以战斗无人机为代表、以各种无人作战武器平台为前提策划的。在该背景下,自 20 世纪 90 年代以来,在世界范围内掀起了一股以美国为首的研制战斗无人机的新热潮。2002 年 5 月 22 日,美国波音公司的 X-45A 战斗无人机(UCAV)进行了首飞;美国诺恩罗普·格鲁曼公司也在为美国海军发展攻击无人机 X-47A"飞马";美国陆军推出了"长弓阿帕奇"武装直升机与"猎人"无人机配套的作战武器系统计划。图 1-36 所示为美国的 X-45A 战斗无人机和 X-47A"飞马"攻击无人机。

（a）

（b）

图 1-36　美国研制的战斗无人机
（a）X-45A 战斗无人机；（b）X-47A"飞马"攻击无人机

21 世纪以来，随着我国军事战略的调整和军事技术的进步，我国开始探索更多样化的军用无人机发展方向。我国不断完善和升级现有的型号，也开发了一些新颖和前沿的型号，如"彩虹-7""翼龙-2""暗剑"等，如图 1-37 所示。"彩虹-7"是一款隐身无人攻击机，采用了类似 B-2 轰炸机的飞翼构型，并配备了喷气发动机和隐身涂料；"翼龙-2"采用常规气动布局，复合材料制造，装备涡轮螺旋桨发动机，具有中高空、长航时、侦察打击一体化多用途功能，适用于军事任务、反恐维稳、边境巡逻等；"暗剑"是一款高超声速无人战斗机，采用了类似 X-47B 无人机的尾无构型，并配备了高超声速发动机和隐身涂料。

(a)   (b)

(c)

图 1-37　中国研制的战斗无人机
（a）"彩虹-7"无人机；（b）"翼龙-2"无人机；（c）"暗剑"无人机模型

> **小提示** 无人机的发射方式可归纳为手抛发射、零长发射、弹射发射、起落架滑跑起飞、母机空中发射、容器式发射装置发射和垂直起飞等类型。在地面发射时，无人机使用较为广泛的发射方式是零长发射与弹射发射。零长发射是将无人机安装在零长发射装置上，在一台或多台助飞火箭发动机推力作用下飞离发射装置，无人机起飞后，抛掉助飞火箭，由机上主发动机完成飞行任务。弹射发射是将无人机安装在轨道式发射装置上，在压缩空气、橡皮筋或液压等弹射装置作用下起飞，无人机飞离发射装置后，在主发动机作用下完成飞行任务。

■ 三、军用直升机

目前，世界上军用直升机的数量和种类繁多，加上各种改进、改型更是不计其数，难以一一列举，这里只能举出其中几种典型的直升机作为例子。

1. 直-20 战术通用性直升机

如图 1-38 所示，直-20 战术通用性直升机代号为"入云龙"，是我国自主研制的中型双发多用途直升机，采用单旋翼尾桨、低位后置平尾构型，低阻气动外形、高性能旋翼气动布局总体设计，配装两台国产的先进涡轴发动机，应用了电传飞控、旋翼防/除冰等新技术，能在昼、夜复杂气象条件下，执行机降和运输等多样化任务，具有全域、全时出动能力。该型机兼具良好的平原和高原使用性能，具有良好的扩展兼容性，基本运输型平台可快捷拓展为其他任务状态。直-20武装版可以执行运输、携带导弹和后勤支援等任务，负责警戒、侦察和补给，也可在驱逐舰执行巡逻、反潜、救援等任务。

2．武直-10武装直升机

武直-10武装直升机是中国自主开发研制的第一款专用型武装直升机，如图1-39所示。它以反坦克作战为主要任务，具有优异的作战性能，技术含量高，火力强大，航电系统先进，其总体性能已达到国际先进水平。它采用国际流行的纵列式座舱布局、窄机身和后三点式防冲撞起落架。主桨由五片全复合材料桨叶构成，直径约12 mm，尾桨为四片弹性玻璃纤维宽叶。它不具备雷达隐身的气动结构，而是通过大量采用吸收雷达波长的复合材料和涂装来缩短被敌方发现的距离。

图1-38　直-20战术通用性直升机　　　　图1-39　中国研制生产的武直-10武装直升机

3．武直-19武装侦察机

武直-19（WZ-19）武装侦察机是由中航工业哈尔滨飞机制造公司及某直升机研究所开发、研制、制造的武装直升机兼侦察直升机，如图1-40所示。其设计源自直-9W，具有串列式座舱布局、四叶复合材料旋翼、涵道式尾桨、外置4个武器外挂点和后三点式起落架等武装直升机的典型特色。武直-19原型机于2010年7月成功首飞。

图1-40　武直-19武装侦察机

小提示　大部分单旋翼直升机尾部都有一个尾桨，其主要作用是平衡主旋翼在旋转时产生的扭矩。当主旋翼旋转时，它会产生一个使直升机机身旋转的力，这个力就是扭矩。为了抵消这个扭矩，防止直升机自旋，就需要尾桨来产生一个相反的力来保持平衡。

4．AH-64"阿帕奇"攻击直升机

图1-41所示为AH-64"阿帕奇"攻击直升机。该机安装两台T700-GE-710涡轮轴发动机，两台发动机并列安装在机身的两个肩部，中间由机身隔开，避免一发炮弹击毁两台发动机。这种直升机能在恶劣气候条件下昼、夜执行反坦克任务，具有很强的战斗、

救生和生存能力，代表了美国20世纪80年代的技术水平。1992年4月后，该机有了AH-64D"长弓阿帕奇"改进型，在旋翼轴上方加装AN/APG-78"长弓"毫米波雷达和马丁－玛丽埃塔公司的带射频导引头的"海尔法"导弹，能在雨天、烟、雾等条件下跟踪飞行目标，并能在短距离内发射"海尔法"导弹，大大提高了作战性能。

5．CH-47"支奴干"运输直升机

CH-47"支奴干"双旋翼纵列式全天候中型运输直升机如图1-42所示。该直升机由美国波音公司研制，采用两台标准额定功率为2 237 kW、联信公司的T55-L-712涡轮轴发动机，可在恶劣的高原、高温条件下完成运输任务。1989年8月4日与美空军KC-130加油机进行了空中加油试验，第一架有空中加油装置的CH-47D已交付美陆军使用。

图 1-41 美国的 AH-64"阿帕奇"攻击直升机　　图 1-42 美国的 CH-47"支奴干"运输直升机

6．S-80/H-53E 重型直升机

图1-43所示为由美国西科斯基公司研制的S-80/H-53E三发重型多用途直升机。该机安装三台通用电气公司的T64-GE-416/419发动机，单台最大连续功率为2 756 kW，这是目前西方尺寸最大、功率最大的直升机。

7．俄罗斯研制的直升机

米里莫斯科直升机厂股份公司（苏联米里设计局）和卡莫夫直升机科学技术联

图 1-43 美国的 S-80/H-53E 重型直升机

合体（苏联卡莫夫设计局）是俄罗斯两个大的直升机研制单位，实力很强，水平很高。米里莫斯科直升机厂股份公司从苏联时期就开始设计研制米-8直升机、米-14水陆两用直升机、米-17/-171/-172中型多用途直升机、米-24/-25/-35专用武装直升机、米-26双发多用途重型运输直升机、米-28全天候专用武装直升机、米-34轻型多用途直升机及米-38中型多用途运输直升机。卡莫夫直升机科学技术联合体也从苏联时期就开始设计研制卡-27/-28"蜗牛"反潜直升机，卡-29/-31电子战直升机，卡-32双发共轴反转旋翼通用直升机，卡-50双发共轴反转旋翼武装直升机，卡-52、卡-60/-62、卡-115、

卡 -118、卡 -126、卡 -226 等各种类型的直升机。由于俄罗斯投入严重不足，十几年来虽然有很多好的直升机设计方案，但真正投入使用、形成产能的不多。图 1-44 所示为俄罗斯设计研制的直升机。

（a）

（b）

（c）

（d）

（e）

图 1-44　俄罗斯设计研制的直升机
（a）米 -24/-25/-35 武装直升机；（b）米 -26 重型运输直升机；（c）米 -28 武装直升机；
（d）卡 -27/-28 "蜗牛" 反潜直升机；（e）卡 -50 武装直升机

8. NH-90 多用途军用直升机

如图 1-45 所示，NH-90 多用途军用直升机由法国、德国、意大利、荷兰四国联合设计制造。1992 年开始设计，1995 年 12 月 18 日首飞，2003 年开始交付。设计上采用减少雷达反射信号技术，桨叶和尾桨叶均用复合材料制成，海军型 NFH 的旋翼桨叶和尾斜梁可自动折叠，具有维护简单、易损性低的特点，安装两台涡轮轴发动机，分别选用英国、法国合作研发的 RTM322-01/9 发动机或美国的 T700-T6E 发动机。

9．EH-101 三发多用途直升机

图 1-46 所示为 EH-101 三发多用途直升机。该机由英国、意大利联合研制，同时发展海军型、民用运输型和军用型三种类型。选用 RTM322-01/8 涡轮轴发动机，有较大的剩余功率；机体采用损伤容限设计技术，提高了安全性和可靠性。其零部件分别在两国的两家公司制造，最后在两国分别进行组装。

图 1-45　NH-90 多用途军用直升机

图 1-46　EH-101 三发多用途直升机

10．V-22 "鱼鹰" 倾转旋翼直升机

V-22 "鱼鹰" 倾转旋翼直升机由美国达信贝尔直升机公司和波音直升机公司联合研制，如图 1-47 所示。它采用了倾转旋翼这一新概念，既保留了直升机垂直起降和空中悬停的优点，又使速度和航程比传统直升机高得多，最大巡航速度可达 509 km/h。尽管在研制初期曾多次发生过机毁人亡的事故，但仍是一种很有前途的新概念飞行器。

知识拓展：航空武器系统

图 1-47　V-22 "鱼鹰" 倾转旋翼直升机

单元二 民用航空器

■ 一、民用飞机

1. 旅客机

旅客机是用于运输旅客的民用飞机，简称客机。旅客机按航程可分为远程旅客机、中程旅客机、短程旅客机；按最大起飞质量分为重型旅客机、中/轻型旅客机；按服务的航线性质分为干线旅客机、支线旅客机；按机身直径和座位布置，大型旅客机又可分为窄机身和宽机身两种，窄机身每排在 6 座以下，中间设一个通道，而宽机身每排在 7 座以上，中间设两个通道。

1950 年，英国的第一架涡轮螺旋桨客机"子爵"号投入航线，飞行速度为 550 km/h；1952 年 5 月，世界上第一架采用涡轮喷气发动机为动力的旅客机——英国的 DH.106 "彗星"号开办了由伦敦到南非的旅客营运业务，开创了喷气客机的新时代，如图 1-48 所示。

(a) (b)

图 1-48 20 世纪 50 年代英国的旅客机
(a)"子爵"号旅客机；(b)DH.106 "彗星"号旅客机

20 世纪 70 年代初，高涵道比涡轮风扇发动机研制成功后，便相继出现了美国的波音 747、DC-10、L-1011，苏联的伊尔 -86，欧洲的 A300 "空中客车"等大型宽体机身远程旅客机，增加了客运量，提高了营运经济性，使载客数百人的越洋商业飞行成为现实。20 世纪 80 年代，在美国的波音 757、波音 767，苏联的图 -204，欧洲空客的 A310、A320 等先进客机上，广泛采用超临界翼型、加大机翼展弦比、增大机翼相对厚度、减轻结构质量等多项技术措施，降低使用成本，提高飞机的营运效率。图 1-49 所示为美国的波音 747 宽体旅客机。

图 1-49 美国的波音 747 宽体旅客机

20 世纪 90 年代美国的波音 777，欧洲空客的 A330、A340，俄罗斯的伊尔 -96 等干线旅客机，进一步增大发动机涵道比，增大推力并减小噪声，大量使用复合材料以减轻质量；大大降低了飞机每座千米油耗和每座的直接使用成本。图 1-50 所示为美国和欧洲的干线旅客机。

图 1-50　美国和欧洲的干线旅客机
（a）美国波音 777 旅客机；（b）欧洲空客 A340 旅客机

（1）干线旅客机。干线旅客机一般是指 100 座以上、航程大于 3 000 km 的民航班机。目前世界上有 1 200 多家能提供定期航班的航空公司，拥有 3 万多架干线旅客机，大多是涡扇喷气式飞机，预计到 2042 年干线旅客机将达到 4 万多架。经过激烈竞争，当今世界的干线旅客机市场基本上被美国波音公司和欧洲空中客车公司两家所垄断，其中波音公司约占 60% 的总销售份额。俄罗斯图波列夫和伊留申两家设计局所设计的大型干线旅客机，其市场主要局限于俄罗斯和独联体范围内。干线旅客机的主要代表机型有美国波音公司的波音 737、波音 747、波音 757、波音 767、波音 777 旅客机，欧洲空中客车公司的 A300、A310、A320、A330、A340 旅客机，俄罗斯的图 -154、图 -204 旅客机和伊尔 -86、伊尔 -96 旅客机等。实际上，在 1970 年 8 月我国就开始自行研制运 -10 客机，曾 7 次飞越世界屋脊，后因种种原因而中断了发展，如图 1-51 所示。

图 1-51　我国自行设计的运 -10 客机

民用干线旅客机未来的发展趋势，一是进一步系列化；二是更大、更快和更舒适。一方面，波音和空客两大公司已形成从 100 多座到 400 多座各自的系列旅客机，并还在持续不断改进、改型；另一方面，欧洲空客公司研制的 A380 这种目前世界上最大的旅客机于 2006 年已交付使用，载客 550 人，其每座千米营运成本比目前的波音 747 旅客机减少 15%～20%，如图 1-52 所示。而波音公司正在研究采用飞翼布局、翼身融合、能载 1 000 人的超大型旅客机方案，如图 1-53 所示。

图 1-52　空客公司研制的世界上最大的 A380 旅客机　　图 1-53　波音公司载客 1 000 人的超大型旅客机方案

　　C919 是中国自行研制、具有自主知识产权的大型干线民用旅客机，如图 1-54 所示。其座级为 158～168 座，航程为 4 075～5 555 km，于 2023 年 5 月 28 日顺利完成首次商业载客飞行。C919 的成功标志着中国民航将不再依赖国外进口中层干线旅客机，打破了欧美航空的垄断。另外，它体现了中国民用航空工业水平的提升，为以后国产大飞机的研发和制造夯实了基础。

图 1-54　我国自主研制的 C919 大型旅客机

知识拓展：C919
设计总师——
吴光辉

　　20 世纪 60 年代，英国、法国联合研制成功了两倍声速的"协和"号超声速旅客机，由于油耗大、载客量少、经济性差，加上噪声大、对环境污染大，很多国家都限制它降落，因而仅生产了 15 架，只开通几条航线，营运 30 年未出现重大飞行事故，取得了骄人业绩，如图 1-55 所示。

　　俄罗斯的超声速旅客机图 -144 的总体气动布局非常类似于"协和"号旅客机，他们曾相互指责对方"剽窃"自己的技术。图 -144 飞机于 1978 年因一起机毁人亡的事故而致使生产计划中断，前后总共生产了 17 架，如图 1-56 所示。

图 1-55 英、法联合研制的"协和"号超声速旅客机

图 1-56 俄罗斯的图-144 超声速旅客机

（2）支线旅客机。支线旅客机一般是指 100 座以下的民航旅客机，用于旅客流量较小的航线，航行于小城市之间，或把旅客从小城市运往连接干线的大城市。早期的支线旅客机多以涡轮螺旋桨发动机为动力，20 世纪 90 年代以来，一些支线旅客机也采用了高涵道比涡轮风扇发动机。

世界支线旅客机有两大发展趋势：一是大型化，50 ~ 90 座级将占主导地位；二是涡轮风扇化，由于涡轮风扇支线飞机速度快、噪声低、航程远、舒适性好，加上其售价与涡轮螺旋桨旅客机相差无几，涡轮风扇支线旅客机将逐步取代涡轮螺旋桨旅客机而独领风骚。

我国自行研制的支线旅客机主要有运 -7 旅客机和"新舟 60"旅客机。运 -7 旅客机有 52 座，采用两台国产的 WJ5A 涡轮螺旋桨发动机；"新舟 60"旅客机为 56 ~ 60 座，采用普惠加拿大公司的 PW127J 低油耗涡轮螺旋桨发动机。进入 21 世纪以来，我国自行研制成功了 ARJ21 支线旅客机，如图 1-57 所示。ARJ21 支线旅客机是 70 ~ 90 座级的中短程涡轮风扇支线旅客机，拥有支线旅客机中显著的宽、静机身，达到了与干线旅客机同等客舱的舒适性，今后可延伸到 100 座级支线旅客机。

我国与巴西合资生产的 30 ~ 50 座级 ERJ145 支线旅客机如图 1-58 所示。该机采用两台英国罗尔斯 - 罗伊斯公司（以下简称罗 - 罗公司）的 AE3007A 系列高涵道比涡轮风扇发动机，客舱每排 3 个座位，航程可达 2 000 ~ 4 000 km。其特点是高性能、低运营成本，具有延程、远程和超远程几种机型。

图 1-57 我国自行研制的 ARJ21 支线旅客机

图 1-58 中、巴合资生产的 30 ~ 50 座级 ERJ145 支线旅客机

小提示 机场也称飞机场、空港，较正式的名称是航空站。机场有不同的大小，除跑道外，机场通常还设有塔台、停机坪、航空客运站、维修厂等设施，并提供机场管制和空中交通管制等其他服务。机场可分为军用机场和民用机场。其中，民用机场主要可分为运输机场和通用航空机场。此外，还有供飞行培训、飞机研制试飞、航空俱乐部等使用的机场。

2．货机

货机是用于载运货物的运输飞机，多由旅客机改装而成，有的旅客机还作为客货混用机，机身的前部作为客舱，后部作为货舱。例如，波音747旅客机就有专门用于运货的货运型波音747-200F飞机及波音747-400F飞机，也有客货混用型的波音747-200M飞机及波音747-400C飞机。

3．通用飞机

通用飞机是指除用于客、货运输的定期航线和包机飞行之外的所有民用飞机。这种飞机用途广泛，种类繁杂，数量最多。目前，全世界有通用飞机（不含直升机）约30万架，其中美国就有21多万架。

通用飞机以小型飞机为主，质量大多在5 700 kg以下。通用飞机主要包括航测飞机、摄影飞机、警用飞机、农业飞机、游览飞机、勘探飞机、救护飞机、灭火飞机、运动飞机、公务飞机和私人飞机等。由于这类飞机常由非职业驾驶员驾驶，因此不要求技术先进，主要着眼于构造简单、安全可靠、便于驾驶和维护修理。

目前，通用飞机的发动机是活塞型、涡轮螺旋桨型和涡轮风扇型并存。其中，涡轮风扇型主要用于公务机，性能先进，安全舒适，价格较高，已生产的机型有30多种，在研发中的有10多种。在未来的10年中，全球将交付约8 000架涡轮风扇型公务机。通用飞机的发展方向是降低采购和使用成本，提高安全性，减小噪声和污染。

4．公务机

公务机是一种在商务活动和行政事务中用作交通工具的小型飞机，是通用飞机的一种，又称为商务飞机或行政机。公务机一般采用两台发动机，以提高飞行的安全性，通常可乘坐4～10人。公务机所用的发动机以前多为涡轮螺旋桨发动机，现在多用涡轮风扇发动机。"安全第一、效率至上"已成为大公司老板和高级管理人员的信念，1999年世界500强企业中，有339家公司拥有自己的豪华型公务机，飞机总数达1 428架，如图1-59所示。

图1-59　各种型号的豪华型公务机

（a）豪客800XP飞机；（b）利尔喷气60飞机；（c）奖状CJ2+飞机；（d）神秘隼900飞机；（e）庞巴迪环球快车XRS飞机

小提示 民用航空是指使用航空器从事除国防、警察和海关等国家航空活动外的航空活动。目前把民用航空分为两大类，分别是商业航空和通用航空。商业航空是指以航空器进行经营性的客货运输的航空活动，即常见的航空公司运营模式；通用航空是除去商业航空后民用航空的其他所有部分。

二、无人飞艇

飞艇是一种很古老的轻于空气的航空器，由于其飞行速度低、容易燃烧爆炸，自飞机诞生后，很快就被淘汰了，并从战场上销声匿迹。但它也具有许多优点，如费效比低、运载货物多、续航时间长、维修简单等。特别是飞艇能使雷达波绝大部分穿透，红外线辐射也比较低，因此其隐身特性好，在现代高耗费战争中仍具有特殊的重要作用。随着高性能等离子体加速器的发展和新材料、新型合成气体的问世，新的大型无人飞艇平台将迎来一个历史性发展的新机遇。

（1）美国重新开始重视无人飞艇的发展。2001 年"9.11"事件之后，为加强对边境和港口城市的保护，防止恐怖分子的突然袭击，美国陆军、海军和导弹防御局欣然同意研制新型飞艇，使其作为一种续航时间长、荷载能力大的无人飞行平台。同时，美欧还正在就合作发展同温层高空先进飞艇进行谈判，届时现代无人飞艇技术将进入一个崭新的发展阶段。

（2）日本提出将无人飞艇用作一种伪卫星系统。2002 年 1 月，日本航空宇航技术研究所提出利用同温层无人飞艇平台作为一种伪卫星系统，以代替 GPS 承担卫星导航和定位的功能。日本专家认为，飞艇平台网络可以覆盖整个日本国土，将大大改善 GPS 卫星定位系统的精度、可用性和完整性。

（3）加拿大已经试飞一种同温层飞艇。2002 年 7 月 2 日，加拿大 21 世纪飞艇公司试飞了一种高空试验飞艇，升空高度达到 5 486 m，留空时间为 16 h，它属于同温层飞艇计划的一部分。加拿大同温层飞艇计划是要研制一个飞行高度为 18 300 ～ 20 700 m 的飞艇，用于通信和环境监测。

（4）俄罗斯飞艇技术有了新的突破。俄罗斯浮空气飞行学会正在研制一种大型新飞艇。其特点是采用多个等离子体加速器作为加热上升气体的装置，它可以控制热值，体积小，效率高，调节范围宽，从而使飞艇的飞行技术性能和使用性能得到显著提高。

三、民用直升机

当今世界和平与发展是时代的主流，经济全球化正在加快，而直升机工业总体上供过于求，市场竞争日趋激烈，加之直升机是高科技、高投入、高风险产业，除美国、俄罗斯外，包括一些发达国家在内的许多国家，都难以独自承担其资金和技术上的风险。于是，两国或多国组建跨国公司、共同出资合作研制直升机已成为未来发展的必然趋势。例如，EC-120"蜂鸟"单发 5 座轻型直升机，就是由欧洲直升机法国公司、中国哈尔滨飞机公司和新加坡科技宇航公司合作设计和生产的。目前，世界上民用直升机的数量和种类繁多，加上各种改进、改型更是不计其数，这里只列举其中几种。

1. 贝尔－波音 609 民用倾转旋翼直升机

贝尔－波音 609 民用倾转旋翼直升机，主要采用了 V-22 军用型的设计技术，是军转民的一个成功之作，如图 1-60 所示。其有 6 ～ 22 座的系列机型，装有两台普惠加拿大公司的 PT6C-67A 涡轮轴发动机，单台功率为 1 378 kW，安装在翼尖倾斜短舱内，每台发动机驱动一个三桨叶倾转旋翼，设有发动机参数指示与机组告警系统。

2. "吉祥鸟" AC352 直升机

"吉祥鸟" AC352 直升机又称直 -15，是一款国产中型多用途民用直升机，如图 1-61 所示。它是国内首个以新修订《运输类旋翼航空器适航规定》（CCAR-29-R2）为审定基础并完成相应设计、试验、验证的直升机，配装由中国航发与法国赛峰直升机发动机公司联合研制的涡轴 16 发动机，采用常规气动布局，双发、宽机身、前三点可收放轮式起落架，最大起飞质量为 7.5 t，最大航程为 850 km，可搭载 16 名乘客。该型机采用了 4 轴数字自动飞行控制系统、玻璃座舱和高集成度航空电子设备、5 片旋翼的球柔性主桨毂，以及抗坠毁机身等多种成熟技术，旋翼系统和机身寿命可达 20 000 h，传动系统和发动机的大修间隔高达 5 000 h，损伤容限和防鸟撞等安全性指标远高于适航规范，噪声水平优于适航标准，整机性能达到国际同类直升机先进水平，油耗低于国外同类产品，具有安全性高、可靠性强、内部空间大、舒适性好、航程远、经济性能优等显著特点，可广泛应用于搜索救援、海油作业、人员运输、医疗救护、商务包机等领域。

图 1-60　贝尔－波音 609 民用倾转旋翼直升机　　　图 1-61　"吉祥鸟" AC352 直升机

3. 直升机加气囊式组合飞艇

直升机加气囊式组合飞艇是既利用空气静浮力，又利用气动升力的飞艇。它具有装卸荷载时不必调整压舱配重、载重量大、省油和机动性好等优点；但也存在体积庞大、系统复杂、使用维护不方便等缺点。美国皮亚斯基飞机公司曾试制一架"直升机飞艇"，如图 1-62 所示。这种飞行

图 1-62　直升机加气囊式组合飞艇

器的空重绝大多数由气囊的静升力支承，直升机旋翼的拉力则用于支承商载，提供推进力和绕各轴线转动的操纵力。

4. 复合式直升机

复合式直升机是除旋翼外还安装有固定机翼及推进装置的直升机，如苏联研制的

卡-22复合式直升机,如图1-63所示。它既能像直升机那样垂直起降,又能像飞机那样快速、灵活地飞行。在旋停、垂直飞行及起降时由旋翼提供升力,前飞时所需的前进力由推进装置提供,升力则由机翼和旋翼共同提供。相较一般的直升机,复合式直升机的速度更快及航程更远,但因结构复杂、效果不明显,至今尚未得到广泛应用,没有大的前途。

图1-63　苏联的卡-22复合式直升机

■ 四、气囊飞机

气囊飞机实际上是一种半软式飞艇、半飞机式的巨型飞行器,如图1-64所示。据报道,美国正在研制一种气囊飞机,整个机体就是一个大气囊,在纤维蒙皮内装有多个充满氦气的气包,它长达250 m、宽近100 m,安装四台可以旋转的旋翼、螺旋桨动力系统。这种气囊飞机具有很大的载运能力(可达500 t),其飞行速度达230 km/h,可在一天时间内横跨欧洲大陆,其运输成本比波音747要低得多。

图1-64　气囊飞机

国产L15战斗教练机涂装换新亮相迪拜

歼-7是中国首款两倍声速战斗机

海上"飞鲨"歼-15,带你快速了解海军舰载战斗机

歼-8:我国自主研制的第一型战斗机

"枭龙":目前国际市场上性价比最高的第三代战斗机

歼-10CE战斗机:中国自主研制的全天候单发单座多用途三代改进型战斗机

思考题与习题

一、选择题

1. 战斗机又称为（　　　），是用于在空中消灭敌方飞机和巡航导弹的军用飞机。

A. 歼击机
B. 驱逐机
C. 截击机
D. 强击机

拓展阅读：空军运 –20 启程赴韩接迎志愿军烈士遗骸回国

2. 美国和苏联于（　　　）年相继研制成功世界上第一代喷气式战斗机。

A. 1944　　　B. 1945　　　C. 1946　　　D. 1947

3. 我国自行研制的具有完全自主知识产权的第三代战斗机是（　　　）。

A. 超 –7 "枭龙"　　B. 歼 –10　　　C. 歼 –8I　　　D. 歼 –11

4. 旅客机按（　　　）分为干线旅客机、支线旅客机。

A. 航程
B. 最大起飞质量
C. 服务的航线性质
D. 机身直径和座位布置

5. 公务机是一种在商务活动和行政事务中用作交通工具的小型飞机，是（　　　）的一种，又称为商务飞机或行政机。

A. 旅客机　　　B. 通用飞机　　　C. 民用飞机　　　D. 支线飞机

6. 无人机按用途可分为（　　　）两大类。

A. 无线电遥控　　　B. 军用无人机　　　C. 自动程序控制　　　D. 民用无人机

7. 中国的无人机型号有（　　　）。

A. D 系列无人机
B. "长空" 1 号系列机
C. ASN–104、ASN–206 无人机
D. "长虹" 1 号无人机

二、填空题

1. 在 1998 年珠海航展上，_____战斗轰炸机做了令人耳目一新的精彩飞行表演，给国内、外观众留下了深刻的印象。

2. 2007 年我国自主生产的最新预警机_____投入使用，_____预警机采用了比美国和俄罗斯领先一代的固态有源相控阵雷达，采用的软件、砷化镓微波单片集成电路、高速数据处理计算机、数据总线和接口装置等国产高新技术，也处于世界领先水平。

3. 军用运输机是用于空运兵员、武器装备、给养物资，并能空投伞兵和大型军事装备的_____。按执行任务的性质，军用运输机可分为_____和_____。

4. 1952年5月，世界上第一架采用涡轮喷气发动机为动力的旅客机——英国的_____开办了由伦敦到南非的旅客营运业务，开创了喷气客机的新时代。

5. 通用飞机是指除用于客、货运输的_____和_____外的所有民用飞机。

6. _____是未来发展的重要方向，是当今各国航空界的热门话题，有些人甚至认为军用飞机无人化，将会导致武器装备的第三次"革命"。

7. _____是一种很古老的轻于空气的航空器，由于其飞行速度低、容易燃烧爆炸，自飞机诞生后，很快就被淘汰了，并从战场上销声匿迹。

8. EC-120"蜂鸟"单发5座轻型直升机，由_____、_____和_____合作设计和生产。

三、问答题

1. 什么是军用飞机？其包括哪些主要机种？

2. 第四代喷气式战斗机具有哪些特点和优势？

3. 什么是民用飞机？其包括哪些主要机种？

4. 什么是旅客机？什么是干线旅客机？什么是支线旅客机？

5. 什么是无人机？与有人驾驶的飞机相比，无人机有什么优越性？

6. 思考我们生活周边有哪些无人机的应用案例，这些给我们生活带来了哪些便利？未来无人机还有可能应用在工作、生活的哪些方面？

飞机飞行的原理

【学习目标】

1．了解流体流动的基本规律和飞机空气动力特性。
2．认识飞机平衡、稳定性和操纵性的概念与规律。
3．掌握飞机舵面操纵和机动飞行方法。
4．培养责任意识、忧患意识、情景意识。

【案例导入】

2018年5月14日，四川航空3U8633重庆至拉萨航班，在成都管制区域巡航高度9 800 m驾驶舱右风挡玻璃爆裂，导致飞机座舱失压，全体机组成员冷静处置，机长刘传健沉着、冷静地接管了飞机的控制，在近万米高空缺氧的环境中他暴露了19 min 54 s，最后成功将飞机安全迫降在成都双流机场，确保了119名乘客和9名机组人员的生命安全。

案例分析：

飞机风挡玻璃破裂导致的爆炸性减压给飞行员带来了极大的安全挑战，而刘机长沉着应对，面对突发状况，冷静研判当前飞机飞行高度、速度、方向等飞行参数，然后果断向塔台报告，并控制飞机稳定逐渐降低飞行高度，最后成功迫降。

了解飞机飞行原理、飞行参数和飞行控制不仅能够提高设计飞机的飞行性能，而且是保障安全飞行的重要基础。

单元一　流体流动的基本知识

■ 一、飞行相对运动原理

图2-1所示为飞行相对运动原理的示意。假设飞机是在静止的大气中（无风情况下）做水平等速直线飞行，一名观察者乘坐在高空气球（固定在空气中的某一位置）上来描述这一飞行状态，则飞机是以速度 v_∞ 向左飞行［图2-1（a）］，并将扰动周围的空气使之产生运动，而运动起来的空气同时将在飞机的外表面上产生空气动力。如果另一名观察者就

乘坐在飞机上，观察到的情景则是远前方空气（连同乘坐在气球上的观察者）以同样的速度 v_∞ 流向静止不动的飞机，但方向是向右 [图 2-1（b）]。远前方空气来流流过飞机外表面时，空气的流动速度、压力等都将发生变化而产生空气动力。作用在飞机上的空气动力不会因观察者乘坐的方位发生变化而变化，这被称为飞行相对运动原理。

图 2-1　飞行相对运动原理的示意
（a）空气静止，飞机运动；（b）飞机静止，空气运动

　　根据这一原理，飞机以速度 v_∞ 做水平直线飞行时，作用在飞机上的空气动力大小与远前方空气以速度 v_∞ 流向静止不动的飞机时所产生的空气动力应完全相等。这两种运动情况可以相互转换，也叫作"可逆性原理"。采用这种方法，在试验研究和理论研究上都会带来很大的方便，所以它广泛地被航空、航天及航海部门、交通运输部门等采用。

■ 二、流体的连续性假设和状态方程

　　流体是液体（如水）和气体（如空气）的总称。与固体不同，流体没有确定的几何形状，它们的形状仅仅取决于盛装它们的容器形状。流体的这种容易流动（或抗拒变形的能力很弱）的特性称为易流性。

　　在流体中，气体和液体又有所不同。一定量的液体虽无确定的几何形状，但有一定的体积，在容器中能够形成一定的自由表面。而气体不同，它

流体连续性

连体积也是不确定的，总是能够充满容纳它的整个容器。因而，在研究流体运动规律时，人们采用了"连续介质假设"这样一个简化模型（假说），即把流体看成内部没有任何空隙而连绵一片的、充满了它所占据的整个空间的连续介质。

　　由于采用了"连续介质假设"，因此分析流体运动时，在连续流体介质中，任意取出一小块微元流体（尺寸可以很小，直到缩小为一个质点）作为分析的对象，这块微元流体称为流体微团。根据"连续介质假设"，流体介质的作用特性（统计特性）就体现为微团的特性（如微团的密度、压力、温度等）。这样，就可以把流体介质的一切物理属性，如密度、温度、压力等都看作空间的连续函数，因而，在解决流体力学实际问题时，就可以应用数学分析这一有力工具来处理。

流体的状态参数是指密度 ρ、温度 T、压力 p（又称压强）这三个参数，它们是影响流体运动规律最重要的物理量。

流体的密度 ρ 是指流体所占空间内，单位体积中包含的质量。如流体的质量为 m，占有的体积为 V，则 $\rho = \dfrac{m}{V}$，单位是 kg/m³。

流体的温度 T 是流体分子运动剧烈程度的指标，热力学单位是 K。以 K 为单位的绝对温度 T 与以℃为单位的摄氏温度 t 的关系是 T（K）= 273.15+t（℃）。

流体的压力 p 是指作用在单位面积上且方向垂直于这个面积（沿内法线方向）的力，又称为压强，单位是 Pa 或 N/m²。就空气来说，空气的压力是众多空气分子在一面积上不断撞击产生作用的结果。在飞机上产生的空气动力，特别是升力，大多是来自飞机外表面上的空气压力的作用。

通过试验，在任何状态下，气体的压力、密度和温度之间都存在一定的函数关系，即

$$p = \rho RT \tag{2-1}$$

式（2-1）称为气体的状态方程，式中的 R 为气体常数，各种气体的气体常数是不相同的。当 p=1.013 2×10⁵ Pa，T=293.15 K 时，空气的气体常数 R 为 287.053 m²/（s²·K）。

从国际标准大气简表（表 2-1）可知，空气状态参数，特别是空气密度，随高度而变化，这种变化不仅对作用在飞机上的空气动力大小有影响，而且对飞机喷气发动机产生的推力大小有很大的影响。

表 2-1　国际标准大气简表

高度 H/km	温度 T/K	压力 $p \times 10^{-4}$/Pa	密度 ρ/（kg·m⁻³）	声速 α/（m·s⁻¹）
0	288.15	10.132 52	1.225 05	340.29
1	281.65	8.987 58	1.111 68	336.43
2	275.15	7.949 56	1.006 46	332.53
3	268.65	7.010 87	0.909 13	328.58
4	262.15	6.164 07	0.810 13	324.58
5	255.65	5.401 99	0.736 12	320.53
6	249.15	4.718 08	0.659 69	316.43
7	242.65	4.106 04	0.589 50	312.27
8	236.15	3.560 01	0.525 17	308.06
9	229.65	3.074 29	0.466 35	303.79
10	223.15	2.643 58	0.412 70	299.46
11	216.65	2.263 18	0.363 91	295.07
12	216.65	1.933 09	0.310 83	295.07
13	216.65	1.651 05	0.265 49	295.07
14	216.65	1.410 20	0.226 75	295.07
15	216.65	1.204 45	0.193 67	295.07
16	216.65	1.028 72	0.165 42	295.07

高度	温度	压力	密度	声速
H/km	T/K	$p \times 10^{-4}$/Pa	$\rho/$ (kg $\cdot$ m^{-3})	$\alpha/$ (m $\cdot$ s^{-1})
17	216.65	0.878 67	0.141 28	295.07
18	216.65	0.750 48	0.120 68	295.07

■ 三、流体的可压缩性、声速 c、黏性和传热性

1．流体的可压缩性

对流体施加压力，流体的体积会发生变化。在一定温度条件下，具有一定质量流体的体积或密度随压力变化而改变的特性，称为可压缩性（或称为弹性）。流体可压缩性的大小，通常可用体积弹性模量来度量，其定义为产生单位相对体积变化所需的压力增高，即

$$E = \dfrac{\mathrm{d}p}{\dfrac{\mathrm{d}V}{V}} = V\,\dfrac{\mathrm{d}p}{\mathrm{d}V} \tag{2-2}$$

式中，E 为体积弹性模量；p 为流体压力；V 为一定量流体的体积。

各种物质的体积弹性模量不同，因此，其可压缩性也各不同。由于液体的体积弹性模量都比较大，对于大多数工程问题来说，液体都可认为是不可压缩的，即液体是密度 ρ 为常数的流体。

在通常压力下，空气的体积弹性模量相当小，约为水的 1/20 000。因此，空气的密度很容易随压力改变而变化，也就是说，空气具有可压缩性。一般情况下，当空气流动速度较低时，压力变化引起的密度变化很小，可以不考虑空气的可压缩性对流动特性的影响。

2．流体的声速 c

声速（在航空界也俗称音速）c 是指声波在流体中传播的速度，单位是 m/s。声波是一个振动的声源（如振动的鼓膜）产生的疏密波（压缩与膨胀相间的波）。飞机或物体在空气中运动时，围绕它的空气中也将一直产生着疏密波（或称小扰动波），它的传播速度也是声速。小扰动波或声波在静止流体中，是以球面波的形式向所有方向传播的。

不同介质声速传播

试验表明，在水中的声速大约为 1 440 m/s（约 5 200 km/h），而在海平面的标准状态下，空气中的声速仅为 341 m/s（约 1 227 km/h）。由于水的可压缩性很小，而空气很容易被压缩，所以可以推论：流体的可压缩性越大，声速越小；流体的可压缩性越小，声速越大。在大气中，声速的计算公式为

$$c = 20\sqrt{T} \tag{2-3}$$

式中，T 是空气的热力学温度。

随着飞行高度的增加，空气的温度是变化的，因而声速也将变化，说明空气的可压缩性也是变化的。

3．流体的黏性

黏性是流体另一个重要的物理属性。一般情况下，摩擦有外摩擦和内摩擦两种。一个

固体在另一个固体上滑动时产生的摩擦称为外摩擦；同一种流体相邻流动层间相对滑动时产生的摩擦称为内摩擦，也称为流体的黏性。流体与固体接触时，壁面处就会有吸附力存在，在这些表面上流体分子会被吸住，形成"无滑移条件"，即流体与固体没有相对运动。因此，流体与固体之间的摩擦力，其实也是内摩擦力。

根据试验，内摩擦力 F（也称为流体黏性摩擦力）与相邻流动层的速度差 $\Delta v = v_1 - v_2$ 和接触面积 ΔS 成正比例，而与相邻两层的距离 Δy 成反比例，即

$$F = \mu \frac{\Delta v}{\Delta y} \Delta S \qquad (2\text{-}4)$$

式中，μ 是流体的内摩擦系数或称为流体的动力黏性系数，单位是 pa·s；比值 $\frac{\Delta v}{\Delta y}$ 表示在流动层的垂直方向（横向）上，每单位长度速度的变化量，也称为横向速度梯度。

应当提到，随着流体温度的升高，气体的 μ 值将增加，但液体的 μ 值反而减小。温度升高，分子间的这种横向动量交换也加剧，所以其值增大也就不难理解了。但是，液体产生黏性的物理原因主要来自相邻流动层分子间的内聚力，随着温度升高，液体分子热运动加剧，液体分子间距离变大，分子间的内聚力将随之减小，故 i 值减小。可见，采用管道来运输液体（如石油）时，对液体加温（特别是寒冷地区的冬季）可以产生减小流动损失、节省能耗的效果。

4．流体的传热性

传热性也是流体的一个重要物理属性。当流体中沿某一方向存在着温度梯度时，热量就会由温度高的地方传向温度低的地方，这种性质称为流体的传热性。流体的导热系数的数值随流体介质的不同而不同，空气的导热系数为 2.47×10^{-5} kJ/（m/K）。由于空气的导热系数很小，当温度梯度不大时，可以忽略空气的传热性对流动特性的影响。

■ 四、来流马赫数和来流雷诺数

研究航空、航天飞行器的飞行原理时，经常要提到"来流马赫数 Ma_∞"和"来流雷诺数 Re_∞"两个参数（或称为飞行马赫数和飞行雷诺数）。

来流马赫数 Ma_∞ 的定义为

$$Ma_\infty = \frac{v_\infty}{c_\infty} \qquad (2\text{-}5)$$

式中，v_∞ 是远前方来流的速度（飞行速度）；c_∞ 是飞行高度上大气中的声速；Ma_∞ 是两个速度之比，为一个无量纲量。Ma_∞ 的大小，可以作为判断空气受到压缩程度的指标。Ma_∞ 越大，飞行引起的空气受到压缩的程度就越大；反之，则越小。

从飞行实践中可知，当 $Ma_\infty \leqslant 0.3$ 时，这时空气受到压缩的程度很小，称为低速飞行，可以不考虑空气的可压缩性影响，即把空气当作不可压缩的流体进行分析。不同飞行马赫数下飞行状态划分见表 2-2。

表 2-2　飞行状态划分

飞行马赫数范围	飞行状态
$Ma_\infty \leqslant 0.3$	低速飞行
$0.3 < Ma_\infty \leqslant 0.85$	亚声速飞行
$0.85 < Ma_\infty \leqslant 1.3$	跨声速飞行
$1.3 < Ma_\infty \leqslant 5.0$	超声速飞行
$Ma_\infty > 5.0$	高超声速飞行

除低速飞行外，研究飞机的空气动力大小都必须考虑空气的可压缩性影响。特别是进入跨声速飞行后，因为压缩性会产生一种称为激波的独特流动现象，将对飞机的空气动力和外形设计带来重大影响。

来流雷诺数 Re_∞ 的定义为

$$Re_\infty = \frac{\rho_\infty v_\infty l}{\mu_\infty} \tag{2-6}$$

式中，ρ_∞、μ_∞ 分别是飞行高度上大气的密度和动力黏性系数；v_∞ 是飞行速度；l 是飞机的一个特征尺寸，通常选取飞机机身的长度作为该特征尺寸；Re_∞ 是一个无量纲量。Re_∞ 是另一个非常重要的参数，对飞机的空气动力（升力和阻力）也有很大的影响。它代表的物理意义：Re_∞ 越小，空气黏性的作用越大；Re_∞ 越大，空气黏性的作用越小。

五、流体流动现象的观测和描述

1. 观察流动现象的作用

从一开始研究流体力学，人们就想方设法将流动现象显示出来，以供观察和研究。例如，利用轻质、颗粒很小的固体物或用染色液和白烟给流体微团着色来显示流体微团运动轨迹的方法，迄今仍在使用。

图 2-2 所示为历史上非常著名的雷诺试验示意。当一定直径的玻璃水管中的流体流速 v 比较小时，从色液管嘴流出的染色流在玻璃水管中一直清晰可见，保持着直线形状[图 2-2（a）]。这说明玻璃水管中流体的流动是层流，而在层流流动中，流体微团之间没有"杂乱的掺混"，使层流流动中机械能量的耗损很小。

但是，当玻璃水管中的流体流速 v 增加到一定大（确切地说，是玻璃水管内 Re_∞ 增加到一定大）后，发现染色流直线变形、折断，最后完全扩散在玻璃水管中而无法分辨[图 2-2（b）]。这就是说，流体在增速流动过程中，流体微团运动轨迹变得越来越不规则，不仅有轴向运动，而且有强烈的横向运动。也就是说，流体微团在各个方向上都有充分相互掺混作用的结果，这样的流动称为湍流（或称为紊流）。在湍流流动中，流体微团处在无规则的随机运动之中，相互掺混将引起剧烈的动量和热量的传递与交换，增加机械能量（如压力）的大量耗损。

图 2-2　雷诺试验

(a)流速 v 较小；(b)流速 v 较大

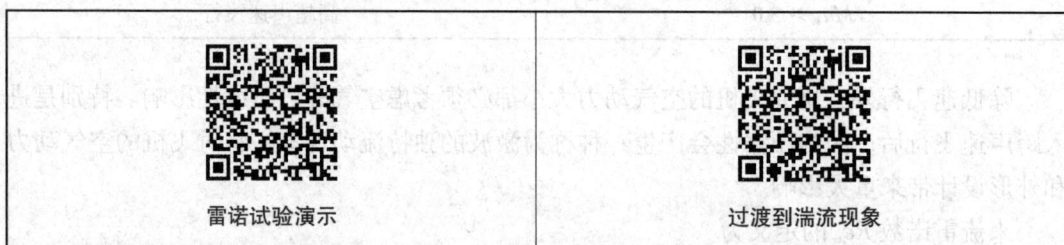

| 雷诺试验演示 | 过渡到湍流现象 |

图 2-3 所示为风吹过房屋的流动图画（用烟流显示）。离开房屋图画稍远一点，气流保持有序的曲线形状，线上的箭头表示流动方向。贴近屋顶看到的是气流卷成旋涡，并从屋顶上分离（气流不是紧贴着屋顶流过去的）；在房屋的背风面，全是分离的旋涡流动区。日常生活中，在房屋背风面看到地面上的纸屑和灰尘满天飞舞的景象，正是存在分离的旋涡流动区的写照。在图 2-3 中，还注明了沿着外墙面和屋顶用试验方法测得的压力系数 C_p 的数据。压力系数 C_p 的定义为

$$C_p = \frac{p - p_\infty}{\frac{1}{2}\rho_\infty v_\infty^2} = \frac{2(p - p_\infty)}{\rho_\infty v_\infty^2} \tag{2-7}$$

式中，下标为∞的是远前方来流（风）的参数；p 是测得的压力。压力 p 永远不会是负值，但压力系数 C_p 可以是正值，也可以是负值。换句话说，在这里是选择 p_∞ 作为计算基准。若 $p > p_\infty$，则 $C_p > 0$；若 $p < p_\infty$，则 $C_p < 0$。由图 2-3 上注明的 C_p 值可知，迎风墙面上是 $p > p_\infty$，而屋顶和背风墙面上是 $p < p_\infty$，所以，将产生掀开屋顶的空气动力。

图 2-3　风吹过房屋的流动图画

对于超声速气流的观察要比低速气流的观察困难得多，必须采用光、电各种测试方法来显示流动中产生的物理现象。图 2-4 所示为用阴影法做流动摄影试验的装置示意，表示了通过喷管出口流出的超声速气流（如出口的流动马赫数 $Ma=2.0$）流过尖头子弹，用阴影法（它利用流动中空气密度的变化对光线的折射率不同）在屏幕上显示出明暗相间的条纹现象。这种现象表明流动中产生了新的情况，出现了头部激波和尾部激波。

图 2-4　用阴影法做流动摄影试验的装置示意

2．流场、流线、流管和流量

充满流体流动的空间称为流场。流场是被用来表示流体运动特征的物理量（流动参数）如速度、密度和压力等的分布区域，因而，流场也是这些物理量的场。如果流场中任一点处流体微团的物理量随时间而变化，则称为非定常流；反之，称为定常流。图 2-5 所示为贮水池中的水通过管道向外排泄过程的示意。因为没有补给水源，贮水池中的水位不断下降，排水过程就是出水口流出的水柱形状不断发生改变 [图 2-5（a）]，所以其流动就是非定常流。如果补给水源，贮水池中始终保持池面的水位不变，排水过程就是出水口流出的水柱形状始终保持不变 [图 2-5（b）]，则流动就变成定常流。

（a）　　　　　　　　　　　　　　　　　　　　　（b）

图 2-5　水的排泄过程示意
（a）非定常流；（b）定常流

一般在流体流动的流场中，可以绘制出许多称为流线的线，在每条流线的各个点上，它的切线方向就是该点处流体微团的流动速度方向。对于定常流来说，流线的形状不会随

55

时间变化；对于非定常流来说，流线的形状随时间变化，不同的时间有不同的流线。

图 2-6 所示为流面和流管的示意。在流场中，取一条不封闭的、不是流线的曲线 OS。在同一瞬间通过曲线 OS 上所有点做流线，于是这些互相紧密靠近的流线就构成了一个流动表面，称为流面 [图 2-6（a）]。在流面上各个微体流团只沿其切线方向运动，因此，流面对于在其两侧流动的其他流体微团来说是不可穿透的，即流面可视为隔离流动的"固壁"。如果曲线 OS 是一条封闭的，但不在某一个流面上的曲线，在同一瞬间通过 OS 曲线上所有点做流线，则互相紧密靠近的流线集合构成的管状流面，称为流管 [图 2-6（b）]。在这个瞬间，除在流管的横断面上有流体流过外，不会有流体穿越流管管壁而流进来或流出去。

图 2-6　流面和流管的示意
（a）流面；（b）流管

图 2-7 所示为流过给定流管任一横截面面积上的流体质量流量的计算用图。流管的横截面面积为 A，流体的密度为 ρ，在横截面上的流速为 v，则单位时间流过流管横截面面积 A 的流体体积为 vA，称为流体的体积流量。那么单位时间流过流管横截面面积 A 的流体质量，称为流体的质量流量，用符号 q_{m} 表示。如果在横截面面积 A 上的速度是均匀分布的 [图 2-7（a）]，则有

$$q_{\mathrm{m}} = \rho v A \tag{2-8}$$

式中，q_{m} 的单位为 kg/s。

如果在横截面面积 A 上的速度不是均匀分布的 [图 2-7（b）]，这时用该横截面上的平均速度 v_{av} 替代式（2-8）中的 v 即可。流过流管任一横截面面积上的，不仅有流体的体积、质量，还有流体的动量、能量等。在一条流管的不同横截面上的这些物理量之间是有一定规律可循的。

图 2-7　计算流体质量流量用图
（a）流速 v 均匀分布；（b）流速 v 非均匀分布

3. 绕物体流动的图画

图 2-8 所示为低速气流绕机翼翼剖面（航空界称翼剖面为流线型物体或流线体，简称翼型）流动的图画。从图 2-8 中可以看出，空气贴近翼剖面平滑地流过去，没有分离。像翼剖面这样的物体，非常有利于减小黏性阻力，产生升力。

图 2-8　低速气流绕机翼翼剖面流动的图画

远前方的低速来流以速度 v_∞ 流过机翼翼型时，在流场的大部分地区可用流线组成的流动图画（简称流线谱）来描述，称为主流区。如果流动雷诺数比较大，流体的黏性作用相对来说就比较小，只在贴近物面很薄的一层流体中才有很大的横向速度梯度存在。这薄薄的一层流动区，称为附面层（或边界层）流动区。由于厚度很小，只能在低速大风洞试验中利用测量速度的仪器才可以测出这个流动区的存在。沿翼型的上、下翼面都有附面层流动区，而且从前向后，它的厚度 δ 一直在增加。沿上、下翼面向后流去的附面层流动区，在翼型的尾部（称为后缘）汇合形成尾迹区，再向后流走。

可见，在低速气流绕流过翼型（代表流线体）的流动图画中包括主流区、附面层流动区和尾迹区。在主流区中，流体的黏性作用很小，在理论研究中可把流体当作理想流体来处理。在附面层流动区和尾迹区中，流体的惯性力小，而流体的黏性力起着很大的作用。

高速气流绕流过物体的流动图画，观测起来要困难得多。但是，只要流动雷诺数足够大，流场也有主流区、附面层流动区和尾迹区之分。除此之外，因气体可压缩性的影响，特别是进入跨声速区域之后，还会产生激波等新的流动现象。

■ 六、流体的模型化

在研究某一具体的流体流动问题时，如果把流体的所有物理属性都考虑进去，必然使问题变得非常复杂，要进行分析并得出一定的结果就变得非常困难，而且也是不必要的。在实际应用中，对实际流体的物理属性的不同情况进行简化，可以得出各种流体模型。

1. 理想流体

理想流体是一种不考虑气体黏性的模型，忽略黏性的气体被称为理想气体。在这种模型中，流体微团不受黏性力的作用。在研究流动阻力问题时，用理想气体模型得出的结果往往与实际情况差别较大，这是因为黏性阻力和紧贴物体表面的边界层内气体的流动特性密切相关。

2. 不可压缩流体

不可压缩流体是一种不考虑气体压缩性或弹性的模型，可以认为它的体积弹性模量为无穷大或它的流体密度等于常数。在特定的条件下，气体也可按照不可压缩流体处理，而求解不可压缩流体的流动规律，只需要服从力学定律，便可使问题的求解和数学分析大大简化。对于流动速度较低的气体，更确切地说是对于来流马赫数较低的气体，在工程应用中是完全可以按照不可压缩流体来处理流动问题的。

只考虑气体的可压缩性的影响，而不考虑气体黏性的影响，就得到了可压缩理想流体模型。在这种情况下，认为气体的黏性系数等于零，而它的体积弹性模量不等于零。与此相对应，还可以有不可压缩黏性流体模型。对于不可压缩黏性流体模型来说，它的体积弹性模量为无穷大（流体密度为常数），而它的黏性系数不等于零。

3. 绝热流体

绝热流体是一种不考虑流体的热传导性的模型，即它把流体的导热系数认为是零。不考虑气体微团间热传导作用的气体模型，称为绝热气体。气体在高速流动中，在温度梯度不太大的地方，气体微团间的传热量也是微乎其微的，由于气体微团间传热量对流动特性的影响不大，因此也可以不考虑传热量的作用。

单元二　流体流动的基本规律

当流体绕物体流动时，它的各个物理量（如速度、压力和温度等）都会发生变化，但这些变化必须遵循基本的物理定律。这些物理定律有质量守恒定律、牛顿运动三定律、热力学第一定律（能量守恒与转换定律）和热力学第二定律等。用流体流动过程中的各个物理量描述的基本物理定律，就组成了空气动力学的基本方程组，它是理论分析和计算的出发点，也是解释用试验方法获得飞机空气动力特性与规律的基础，以及说明飞机外形发生变化的物理原理等。

■ 一、质量守恒与连续方程

在定常流流动中，远前方来流以速度 v_∞ 绕一个机翼翼型流过的流线谱（主流区），如图 2-9 所示。在这个流场中选定一条流管来分析，在图 2-9 上取三个横截面，分别位于远前方（截面 1）、靠近翼型头部（截面 2）和尾部（截面 3）。沿这个流管横截面的变化，是由在流场中放入翼型后产生的，体现了翼型对来流流体的作用，因而，流过截面 1、截面 2 和截面 3 三个横截面的质量流量分别为 $q_{m1} = \rho_1 v_1 A_1$、$q_{m2} = \rho_2 v_2 A_2$ 和 $q_{m3} = \rho_3 v_3 A_3$。根据质量守恒定律（质量不会自生也不会自灭），于是有 $q_{m1} = q_{m2} = q_{m3}$，即

$$\rho_1 v_1 A_1 = \rho_2 v_2 A_2 = \rho_3 v_3 A_3 \tag{2-9}$$

式（2-9）称为可压缩流体沿流管的连续方程，说明通过流管各横截面的质量流量必须相等。对于不可压缩流体，因为 $\rho_1 = \rho_2 = \rho_3 =$ 常数，所以式（2-9）变为

$$v_1 A_1 = v_2 A_2 = v_3 A_3 \tag{2-10}$$

由式（2-10）可知，对于不可压缩流体来说，通过流管各横截面的体积流量必须相等。它表明：流管横截面面积变小，平均流速必须增大；反之，流管横截面面积变大，平均流速必须减小。否则，将违背质量守恒定律。

因此可以说，凡是流线变得相对密集的地区，流速就增大；反之，凡是流线变得相对稀疏的地区，流速就减小。我们观察到的流线谱不仅可以显示出流场中的速度方向，还可以判断速度的变化大小。

图 2-9　绕翼型的流线谱

二、能量方程与伯努利方程

1. 能量方程

根据能量守恒与转换定律可知，能量不会消失，也不会无中生有。在任何与周围隔绝的物质系统中，无论发生什么变化或过程，能量的形态虽然可以发生转换，但是能量的总和保持恒定。例如，不可压缩、理想流体沿流管做定常流流动时的能量方程为

$$gz_1 + \frac{1}{2} v_1^2 + \frac{p_1}{\rho} = gz_2 + \frac{1}{2} v_2^2 + \frac{p_2}{\rho} \qquad (2\text{-}11)$$

式中，单位质量流体流入与流出所具有的重力势能 gz、动能 $\frac{1}{2} v^2$ 及流动功 $\frac{p}{\rho}$ 都是机械能量，它揭示的是流体机械能的守恒与转换规律。

2. 伯努利方程

当应用式（2-11）来分析低速气流绕流过翼型等流线物体时（图 2-9），重力势能一项的差是一个很小量，可以忽略。于是，式（2-11）就变为

$$\frac{1}{2} v_1^2 + \frac{p_1}{\rho} = \frac{1}{2} v_2^2 + \frac{p_2}{\rho}$$

方程的两边乘以 ρ，则

$$p_1 + \frac{1}{2} \rho v_1^2 = p_2 + \frac{1}{2} \rho v_2^2 \qquad (2\text{-}12)$$

式（2-12）称为不可压缩、理想流体沿流管做定常流流动时的伯努利方程。式中，p 称为静压；$\frac{1}{2} \rho v^2$ 称为动压。由伯努利方程可知，流体的流动速度增大，流体的静压将减

小；反之，流体的流动速度减小，流体的静压将增大。但是，流体的静压与动压之和（总压）始终保持不变。这就是瑞士物理学家丹尼尔·伯努利于1738年阐明的流体在流动中的压力与流速之间的关系，后来科学界称其为伯努利定理。伯努利定理就是能量守恒与转换定律在气体流动中的应用，它是研究气流特性和在飞行器上的空气动力之所以产生与变化的基本定理之一。

大气的流动速度（流速）与压力之间的关系，可以用图2-10所示的试验结果来说明。当大气静止时，在试验管道的各个截面上的大气压力一样，所以，各玻璃管中压力指示剂的液面高度都一样［图2-10（a）］。但当大气稳定地、连续地流过试验管道时，在试验管道各截面处的气流速度随截面面积的变化而变化［图2-10（b）］。截面面积大的地方流速小；截面面积小的地方流速大。这一事实表明，流速大的地方，气体的压力小；流速小的地方，气体的压力大。压力随流速而变化的这一关系，就是伯努利定理的基本内容。

图 2-10　流速和压力的关系
（a）大气静止时的情况；（b）大气流动时的情况

■ 三、低速、亚声速和超声速管内流体的流动

要驱动气体在管道中流动起来，并得到期望的流动参数，需要具备两个条件：首先要有一个压力差，在这个压力差的推动下，气体将在管道中做定常流流动；其次要有适当的管形（要求管道的横截面面积有变化），才能得到期望的气流速度。空速管测速原理如图2-11所示。

低速气流在变截面管道内的流动情况如图2-12所示。当管道收缩时，$A_2 < A_1$，由连续方程式（2-10）可知，$v_2 > v_1$［流速增大，如图2-12（a）所示］，又由伯努利方程式（2-12）可知，$p_2 < p_1$（静压减小）；反之，当管道扩张时，$A_2 > A_1$，$v_2 < v_1$［流速减小，如图2-12（b）所示］，$p_2 > p_1$（静压增大）。概括来讲，低速气流在管道内的流动特点：截面面积与气体流速的乘积为一常数，截面面积小的地方流速快，截面面积大的地方流速慢；流速快的地方压力低，流速慢的地方压力高，但动压力与静压力之和为一常值。

沿流动方向的流体静压是增大或是减小，对贴近管壁的附面层流动有很大的影响。当管道扩张过快时，会产生附面层从壁面分离的现象［图 2-12（c）］，它是沿流动方向上静压增大（称为逆压梯度）而产生的结果。在喷气飞机进气道的设计中，必须考虑到这一情况，不能把管道横截面面积增加得过快。

图 2-11　空速管测速原理

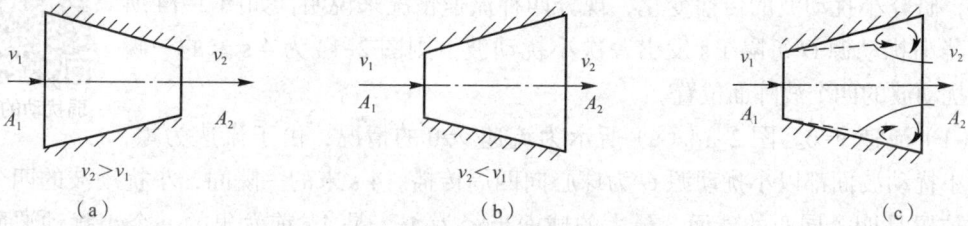

图 2-12　低速气流在变截面管道中的流动
（a）收缩管道；（b）扩张管道；（c）附面层与壁面分离现象

随着气流速度的增大，必须把气流当成可压缩流体。当气流速度接近或高于声速时，就会出现强烈的压缩和膨胀现象，压力、密度和温度都会发生显著的变化，气流特性也会出现不同于低速流动的质的差别。

在收缩管道中，亚声速气流仍是加速运动，即 $v_2 > v_1$；静压下降，即 $p_2 < p_1$；密度减小，即 $\rho_2 < \rho_1$；而且流体的温度也下降，即 $T_2 < T_1$；由式（2-3）可知，相应的声速也减小，即 $c_2 < c_1$，因而，横截面上的流动马赫数将增大，即 $Ma_2 > Ma_1$。

在扩张管道中，亚声速气流仍是减速运动，有 $v_2 < v_1 \rightarrow p_2 > p_1 \rightarrow \rho_2 > \rho_1 \rightarrow T_2 > T_1 \rightarrow c_2 > c_1$，且 $Ma_2 < Ma_1$。简而言之，收缩管道使亚声速气流增速、减压；扩张管道使亚声速气流减速、增压。在这两种情况下，亚声速气流与低速气流的流动没有本质的区别。

超声速气流在变截面管道中的流动情况如图 2-13 所示。试验的结论与低速、亚声速气流流动情况的结论完全相反，收缩管道将使超声速气流减速、增压；反之，扩张管道将使超声速气流增速、减压。这是由于横截面面积的变化引起密度变化，相对来说要比引起的速度变化快得多，密度变化的因素占了主导地位。对于超声速气流，在收缩管道中，

$A_2 < A_1$，有 $p_2 > p_1$，$v_2 < v_1$，$T_2 > T_1$，$c_2 > c_1$，$1 < Ma_2 < Ma_1$；反之，在扩张管道中，$A_2 > A_1$，有 $p_2 < p_1$，$v_2 > v_1$，$T_2 < T_1$，$c_2 < c_1$，而 $Ma_2 > Ma_1 > 1$。

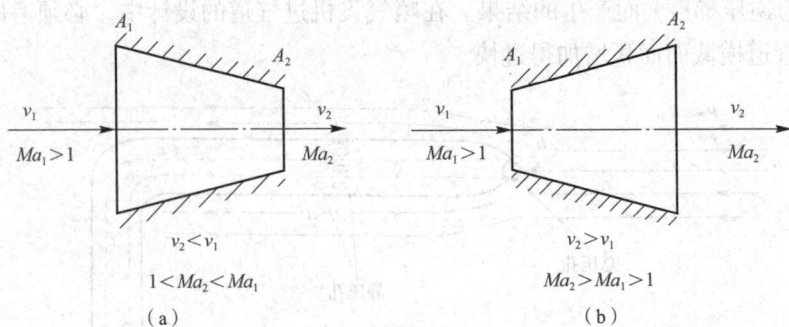

图 2-13　超声速气流在变截面管道中的流动
（a）收缩管道；（b）扩张管道

■ 四、小扰动波在气流中的传播

　　假设小扰动源 O 静止不动，而远前方空气以不同的流速 v 从左向右流来时，研究小扰动波的传播变化，现分四种流速情况来说明，如图 2-14 所示。若小扰动源 O 每隔 1 s 发出一次小扰动波，则图 2-14 为 4 s 末的一瞬间小扰动波的四个波阵面位置。

弱扰动的传播

　　（1）流速 $v=0$。图 2-14（a）所示为流速 $v=0$ 的情况，由于流速为零，每个小扰动波面都以小扰动源 O 为球心向四周传播。4 s 末的一瞬间，小扰动波的四个波阵面位置是四个同心的球面。最大的球面半径为 $4c$，是 4 s 前发出的一个小扰动波面经过 4 s 后到达的位置。最小的球面半径是 c，是 4 s 前发出的小扰动波面经过 1 s 后到达的位置。球面波内的空气都已受到扰动，而球面波外的空气尚未受到扰动。但是，只要时间足够，小扰动波是会波及全部空间的（这里是假定小扰动波在空间传播时没有任何衰减）。

　　（2）流速 v 小于声速 c，即来流马赫数 $Ma_\infty < 1.0$。图 2-14（b）所示为在亚声速气流中即 $0 < v < c$ 时，小扰动波传播的情况。这时，每次从小扰动源 O 发出的小扰动波仍以声速 c 进行传播，但扰动波本身还跟随气流以流速 v 向右流动。所以，小扰动波的运动速度是流速 v 和声速 c 两个运动速度的叠加。例如，在气流流动的方向上，小扰动波的运动速度要快一些（$v+c$），而在气流流动的反方向上，小扰动波的运动速度要慢一些（$v-c$）。但是，只要时间足够，小扰动波仍然会波及全流场。另外，小扰动波的传播对小扰动源 O 来说，就不再是球对称了。

　　（3）流速 v 等于声速 c，即来流马赫数 $Ma_\infty = 1.0$。图 2-14（c）所示为在声速气流中，小扰动波传播的情况。因为 $v=c$，在气流流动的反方向上小扰动波的运动速度等于零，所以每次从小扰动源 O 发出的小扰动波就不能波及全流场。它的分界面是由小扰动波阵面构成的公切平面 AOA（通过小扰动源 O，而垂直于来流方向），切平面右侧的半个空间是小扰动源的影响区，切平面左侧的半个空间是无扰区（或称禁讯区）。远前方来流流到公

切平面 AOA 之前，无法知晓小扰动源 O 的存在，显示出亚声速气流和声速气流之间的本质区别。

（4）流速 v 大于声速 c，即来流马赫数 $Ma_\infty > 1.0$。图 2-14（d）所示为在超声速气流中，小扰动波传播的情况。在第 4 s 末可以看到第 1 s 初发出的小扰动波阵面的球面半径已扩展为 $4c$，而球心随气流向右移动了 $4v$ 的距离，因为 $4v > 4c$，所以球面的左边界必然在小扰动源 O 的右侧。以此类推，若第 4 s 初发出的小扰动波阵面的球面半径是 c，而这个球心随气流向右移动的距离为 v，小扰动波阵球面也完全处在小扰动源 O 的右侧。这些球面的公切面是一个母线为直线 OA 的圆锥波面，将母线 OA 和来流速度方向的夹角记为 μ（这里不代表流体的黏性系数），则有

$$\sin\mu = \frac{c}{v} = \frac{1}{Ma}$$

或者

$$\mu = \arcsin\left(\frac{1}{Ma}\right) \tag{2-13}$$

式中，μ 称为马赫角，各小扰动波的公切圆锥面称为马赫锥面，母线 OA 称为马赫线。

图 2-14　小扰动波传播图形
（a）$v=0$；（b）$v<c$；（c）$v=c$；（d）$v>c$

五、马赫波、膨胀波和激波

超声速气流受到微小扰动而使气流方向产生微小变化，扰动所形成的界面称为马赫波，如图 2-15 所示。当超声速气流流过 AOB 壁面，在 O 点沿顺时针方向偏转一个微小的正 $d\theta$ 角时，随着流速增大，压力、密度和温度减小，气流发生膨胀，则这时的马赫波称为膨胀马赫波；当气流在 O 点沿逆时针方向偏转一个微小的负 $d\theta$ 角时，则伴随着流速减小，压力、密度增大和温度增高，气流发生压缩，这时的马赫波称为压缩马赫波。

超声速气流因通路扩张，如壁面相对气流外折一个角度，或因流动条件规定从高压区过渡到低压区，气流要加速、降压，将出现膨胀波。超声速气流因通路收缩，如壁面相对气流内折一个有限角度及气流绕流过物体时，或因流动条件规定从低压区过渡到高压区，气流要减速、增压，将出现与膨胀波性质完全不同的另一种波，即激波。

图 2-16 所示为斜激波前、后面的气流分速示意。激波与来流方向的夹角称为激波角，用 β 表示。当激波面与来流方向垂直，即 $\beta = \dfrac{\pi}{2}$ 时，称为正激波。气流通过正激波，压力、密度和温度突然升高，流速由超声速减小到亚声速，但气流方向不变。当激波面沿气流方向倾斜，即 $\beta < \dfrac{\pi}{2}$ 时，称为斜激波。空气流过斜激波，压力、密度和温度也突然升高，流速可能降为亚声速，也可能仍为超声速，但不像通过正激波那样强烈。

图 2-15 无限小的气流偏转所产生的马赫波

图 2-16 斜激波前、后面的气流分速示意

图 2-17 所示是 $Ma > 1$ 情况下的正激波和斜激波示意。激波的形状在飞行马赫数不变的情况下，主要取决于物体或飞机的形状，特别是头部的形状。如果物体的头部是方形的或圆钝形的，则在物体的前面形成的是正激波 [图 2-17（a）]，在这里便形成一个亚声速区；如果物体的头部尖削，像矛头或刀刃，则在物体的前面形成的是斜激波 [图 2-17（b）]。

图 2-17 $Ma > 1$ 情况下的正激波和斜激波示意
（a）正激波；（b）斜激波

小提示 早期在战斗机机头进气道中安装锥体，并使它凸出于进气道之外，目的是使气流在进气口附近形成一系列激波，并把正激波改变为斜激波，则气流能量损失可大大降低，保持发动机产生较大的推力。

单元三 作用在飞机上的空气动力

■ 一、飞机机翼的几何外形和参数

机翼是飞机产生升力和阻力的主要部件，一般用机翼的平面几何形状和翼剖面（简称翼型）几何形状来描述机翼的几何外形。所谓翼剖面，就是用平行于飞机机身对称平面的切平面切割机翼所得到的剖面，如图 2-18 所示。

图 2-19 所示是翼型几何形状的示意。一般将翼型的几何形状分为圆头尖尾翼型和尖头尖尾翼型两大类，飞机上采用的绝大多数为圆头尖尾翼型。每类翼型又可分为对称翼型和非对称翼型。最早的飞机所采用的翼型就是平板或弯板，后来经过很多次的飞行实践，才有了现在的流线型翼型。目前，世界各国的研究机构提供了数以千计的翼型，可供选择使用。

图 2-18　翼剖面
1—翼剖面；2—前缘；3—后缘；4—翼弦

图 2-19　翼型几何形状的示意

图 2-20 所示为机翼平面几何形状的示意。机翼平面几何形状中重要的几何尺寸有翼展长 b（表征机翼左右翼梢之间最大的横向距离）、外露根弦长 c_0、翼梢弦长 c_1 和前缘后掠角 A_0。

沿前缘线和后缘线作延长线与机身中心线相交时，所得到的长度称为毛机翼根弦长 c'_0（这是假想的弦长）。对于图 2-20 所示的直边形机翼，外露机翼的几何平均弦长 $c'_{av} = \dfrac{c_0 + c}{2}$，如果机身和外露机翼连接段的宽度为 D，则外露机翼的翼展长为 $b - D$，外露机翼（也称为净机翼）的平面面积为 $S_{W1} = c_{av}(b - D)$。因为毛机翼的几何平均弦长 $c'_{av} = \dfrac{c'_0 + c_1}{2}$，所以毛机翼的平面面积（包括阴影面积在内）为 $S = c'_{av} \cdot b$。

图 2-20 机翼平面几何形状的示意

（a）机翼；（b）外露机翼

外露（净）机翼是气流真实流过的、产生空气动力的机翼。毛机翼只是一个假想的机翼，但许多飞机说明书上所说的飞机机翼面积往往就是这个毛机翼面积 S，它是一个通用的参考面积。另外，还有两个重要的平面参数：一是机翼的展弦比，是指机翼展长与平均几何弦长之比。对于毛机翼而言，它的展弦比是 $A = \dfrac{b}{c'_{av}} = \dfrac{b_2}{S}$。二是机翼的梢根比（又称为梯形比），是指机翼的翼梢弦长与翼根弦长之比。若是毛机翼，则梢根比为 $\lambda = \dfrac{c_1}{c'_0}$。

■ 二、低速、亚声速时飞机上的空气动力

1. 翼型的升力

飞机翼型最前端的点叫作前缘，最后端的点叫作后缘，前缘与后缘的连线称为翼弦。当机翼与空气之间有相对运动时，在机翼上将产生空气动力。这个作用力与飞行姿态角（迎角）有关，所谓"迎角"，就是翼弦与相对流速 v 方向之间的夹角（常用符号 α 表示）。图 2-21 所示是小迎角 α 下翼型上的空气动力示意。

当给定飞机的外形、飞行高度和速度时，飞行马赫数 Ma_∞ 和飞行雷诺数 Re_∞ 均为常数，而作用在飞机上的升力、阻力和俯仰力矩就仅仅取决于飞行迎角 α 的大小。当翼型与来流有一个不大的迎角 α 时，从流线谱可知，气流流过上翼面时，流线收缩变密，速度增大，压力降低，低于前方气流的大气压力；气流流过下翼面时，由于前端上仰，气流受到阻拦，相反地，流线扩张变疏，速度减小，压力增高，高于前方气流的大气压力，因此产生上、下翼面的压力差。可以说，机翼上产生空气动力的实质就是由于翼型上、下所形成的压力差和摩擦力。而这又是由于环绕翼型的气流速度和压力发生了变化，这些变化同翼型的几何形状及翼型在气流中的位置（迎角 α）有关。

由伯努利方程可知，上翼面的压力将减小，下翼面的压力将增大，上、下翼面的压力差是翼型产生升力的直接原因。翼型上的压力分布（空气动力）情况如图 2-22 所示。

图 2-21 小迎角 α 下翼型上的空气动力示意
1—压力中心；2—前缘；3—后缘；4—翼弦

图 2-22 翼型上的压力分布（空气动力）情况

通过大量的试验和分析而得出的结论：流体的黏性和翼型的尖后缘是产生启动涡的物理原因，启动涡的大小决定绕翼型的环量，正是绕翼型的环量使翼型上、下翼面的流速产生了差异，而这一速度差异使上、下翼面产生了压力差，从而使翼型上产生了升力。

升力的产生

2. 影响飞机升力和阻力的有关因素

（1）机翼面积的影响。飞机上的升力（用符号 L 表示）主要是由机翼产生的，而升力的产生又主要是由于上、下翼面的压力差。因此，压力差所作用的"机翼面积"越大，升力也越大。"机翼面积"通常用符号 S 表示，它与机翼平面形状有关。因而，机翼的升力 L 应与机翼的面积 S 成正比，即 $L \propto S$。机翼的平面形状有几个参数在航空界经常使用，包括"翼展""展弦比""后掠角""前掠角""上反角""下反角"和"梯形比"等。

图 2-23 所示是飞机机翼"后掠角"和"前掠角"的示意。"后掠角"的定义是机翼前缘线与垂直于翼根对称平面（机身中心平面）的直线之间的夹角，用符号 A_0 表示。"前掠角"的定义与"后掠角"相似，但它的机翼前缘位于垂直于翼根对称平面（机身中心平面）的直线前面，用符号 A 表示；"后掠角"是高速飞机常用的机翼平面形状，采用"前掠角"的飞机很少。

图 2-23 飞机机翼"后掠角"和"前掠角"的示意
1—前缘；2—后缘；3—机身中心线；c—弦长；c_{av}—平均弦长

图 2-24 所示为飞机机翼"上反角"和"下反角"的示意。所谓机翼的"上反角"或"下反角",是指机翼的底面与垂直于飞机立轴的平面之间的夹角。从飞机的侧面看,如果翼尖上翘,那么夹角就是"上反角",用符号 ψ 表示;如果翼尖下垂,那么夹角是"下反角",用符号 $-\psi$ 表示。

图 2-24 飞机机翼"上反角"和"下反角"的示意

（2）相对速度的影响。从实际经验可知,速度越大,感受到的风力也就越大。升力 L 和相对速度 v 之间的关系也是一样的,即相对速度 v 越大,升力 L 也就越大。但升力 L 与相对速度 v 的平方成正比,则升力 L 又可写为 $L \propto Sv^2$。

（3）空气密度的影响。升力的大小也与空气的密度 ρ 成正比,即空气密度 ρ 越大,升力 L 也越大。由于升力 L 与空气密度成正比,于是升力 L 可写为 $L \propto S\rho v^2$。

（4）机翼剖面形状和飞行姿态的影响。不但机翼面积和平面形状对升力有影响,而且机翼的剖面形状和飞行姿态（迎角）的改变也会使升力发生变化。因为不同的剖面和不同的姿态,会使机翼周围的气流速度及压力发生变化,因而导致升力的改变。机翼剖面形状和迎角这两项因素的影响,通过一个系数 C_L 表现出来,C_L 称为"升力系数"。它的变化象征着在一定的机翼剖面情况下,迎角的变化。同时,也象征着不同的机翼剖面有不同的升力特性。考虑影响升力的因素,通过试验和理论的证明,可得出升力公式为

$$L = C_L \left(\frac{1}{2} \rho v^2 \right) S \qquad （2\text{-}14）$$

因为阻力同升力,也是总空气动力的一部分,C_D 便是阻力系数,所以同样可得出阻力公式为

$$D = C_D \left(\frac{1}{2} \rho v^2 \right) S \qquad （2\text{-}15）$$

在式（2-14）、式（2-15）中,L 为升力,单位为 N;D 为阻力,单位为 N;ρ 为空气密度,单位为 kg/m³;v 为飞机和气流的相对速度,单位为 m/s;S 为机翼面积,单位为 m²;C_L 和 C_D 都是不带单位的单纯数值,可通过风洞试验求得。

3.飞机的零升阻力和减阻措施

飞机在低速、亚声速飞行时,产生的摩擦阻力、压差阻力、干扰阻力同升力无关,统称为零升阻力。

（1）黏性摩擦阻力和黏性压差阻力。黏性是空气的物理特性之一，真实流体绕物体流动时，由于黏性将产生黏性摩擦阻力和黏性压差阻力。当气体流过物体表面时，由于黏性的作用，空气微团与物体表面发生摩擦，阻滞了气流的流动，由此而产生的阻力称为黏性摩擦阻力；凡是运动的物体，因前后压力差而形成的阻力称为黏性压差阻力。

在低速、亚声速飞行时，实用的对称翼型都有一定的厚度分布，在飞行中由于气流分离，作用在后翼型背风面的压力低于作用在翼型翼面前部上的压力，这样便产生了压差阻力。空气的旋转运动产生动能的摩擦损失，即使流速可以恢复到机翼前部的流速，压力也不能恢复到原来的大小，而要比机翼前部的压力小，这就是产生压差阻力的原因。压差阻力的大小一般只能由试验得出。试验结果表明，边界层的分离区越大，压差阻力也越大；反之，边界层的分离区越小，压差阻力也越小。

要减小压差阻力，就要减小气流分离区。将机翼制成圆头尖尾的形状，圆头的作用是为了适应不同方向的来流，尖尾的作用是使翼型后部边界层不容易出现分离，这样的机翼形状称为流线型机翼。

图 2-25 所示为低速理想流体和黏性流体绕物体流动的示意。黏性流体绕流过非流线体［图 2-25（a）所示为 $\alpha=90°$ 时的平板，图 2-25（b）所示为圆柱体］时，物体前部流动情况与理想流体的情况相近，但后部绕流流动中存在着巨大的逆压梯度作用，将产生分离，使压力下降，形成很大的压差阻力，因而后部流动与理想流体的情况完全不同。为了减小压差阻力，必须消除在后部产生的分离现象，需要"整流"，采用流线型外形。

图 2-26 所示为物体形状对压差阻力的影响示意。压差阻力与物体的形状有很大的关系，如果在平板的前面加上一个圆锥体［图 2-26（a）］，压差阻力可减小到原来平板所受阻力的 1/5；如果在平板的前、后面都加上圆锥体［图 2-26（b）］，则压差阻力可减小到原来平板所受阻力的 1/25 ～ 1/20。因此，这种水滴形状前钝后尖的流线型整流罩是减小阻力的有效措施。

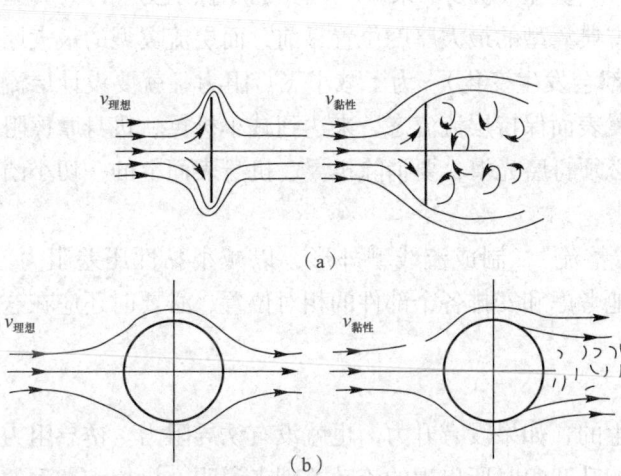

图 2-25　低速理想流体和黏性流体绕物体流动的示意
（a）$\alpha = 90°$ 时的平板；（b）圆柱体

图 2-26　物体形状对压差阻力的影响示意
（a）在平板的前面加一个圆锥体；
（b）在平板的前、后面都加上圆锥体
1—圆形平板剖面；2—前剖面圆锥体；
3—后部圆锥体

（2）干扰阻力。飞机的各个部件，如机翼、机身和尾翼等，单独放在气流中产生的阻力总和并不等于把它们组合成一架飞机时所产生的阻力，而一架飞机在气流中产生的阻力往往大于各个部件单独放在气流中所产生的阻力总和。所谓"干扰阻力"，指的就是飞机的阻力和单独各个部件阻力代数和的差值，是由于各个部件组合在一起时，流动相互干扰产生的额外阻力增量。飞机干扰阻力又包括机翼机身之间的干扰阻力、尾翼机身之间的干扰阻力，以及机翼尾翼之间的干扰阻力等，如图 2-27 所示。

压差阻力的产生

图 2-28 所示为机翼和机身连接部位采用整流片的示意。在机身和机翼的连接部位，为了消除干扰阻力这一不利因素，一般采用整流片来修改机翼机身连接部位的外形，"填平补齐"，消除分离。图 2-28 所示的飞机，在机翼机身处采用了整流片，其目的就在于此。

图 2-27　机翼和机身的连接部位形成的气流干扰　图 2-28　机翼和机身连接部位采用整流片的示意

整流片

（3）减小低速、亚声速飞行时飞机的零升阻力的措施如下。

1）采用层流翼型（机身）替代古典翼型（机身）来减小机翼的摩擦阻力（古典翼型和层流翼型都是圆头尖尾翼型，只是古典翼型的最大厚度位置靠前，而层流翼型的最大厚度位置向后移。自然，相应翼面外形都会发生变化）。为了减小飞行阻力，就要设计层流翼型和层流机身，使大部分机身、机翼表面保持层流流态，来达到减小机翼、机身摩擦阻力的目的。自然，机翼、机身表面也必须打磨光滑，要消除机翼、机身表面上的一切小凸起物。

2）对飞机的其他部件都应当"整流"，制成流线型外形，以减小黏性压差阻力。

3）要减小干扰阻力，必须妥善地考虑和安排各个部件的相对位置，必要时还应在这些部件之间加装整流片。

4．飞机的诱导阻力

诱导阻力是伴随升力的产生而产生的，如果没有升力，也就没有诱导阻力。诱导阻力的产生可通过机翼和翼型在迎角大于零升迎角时所出现的流动差别来说明，机翼和翼型的区别可用矩形机翼来说明，则机翼的翼展为有限值，而翼型的翼展为无限大。

图 2-29 所示为低速气流绕迎角 α 不等于零时机翼的流动示意。当机翼的迎角大于零升迎角时，低速气流沿展向每个翼剖面（翼型）的流动都相同，流动变化都发生在来流平

面内［图2-29（a）］。低速气流沿展向矩形机翼流动时，下翼面压力大，上翼面压力小，上、下翼面的压力差使气流从下翼面绕过两侧翼梢，向上翼面流动［图2-29（b）］。由于产生了绕翼梢的流动而出现了展向流速，沿上、下翼面流动的流线产生弯曲，离开后缘时有展向速度差存在，结果从机翼后缘将拖出后缘尾涡面来［图2-29（c）］。流出的尾涡面形状由于自身的相互诱导作用，将产生变形，以致破裂，在离开后缘一定距离后，往往卷成两个大且集中的尾涡［图2-29（c）］。

图2-29　低速气流绕迎角 α 不等于零时机翼的流动示意
（a）翼型情况；（b）矩形机翼情况；（c）后缘尾涡

　　尾涡面的出现将改变整个流场，给机翼的空气动力（升力和阻力）带来重大变化。首先，尾涡的出现将产生诱导速度场，从而产生一个与升力方向相反的下洗速度分量，作用在机翼上及机翼后面的区域，改变机翼上的空气动力；其次，产生尾涡及尾涡诱导产生的上、下洗流也必然耗费能量。与这些流动变化相关的是，将在机翼上产生一个被称为机翼诱导阻力 D_i 的量。机翼的诱导阻力系数用 C_{Di} 表示。按机翼理论分析有

$$C_{Di} = \frac{C_{L2}}{\pi A}(1 + \sigma) \qquad （2-16）$$

式中，σ 为机翼诱导阻力系数的平面形状修正参数，一般为大于零的小数。

　　机翼的诱导阻力是机翼特有的阻力，只有升力不等于零时，才会有诱导阻力。所以，诱导阻力是产生有用升力必须付出的代价，只能减小它，而无法绝对避免它。机翼诱导阻力系数 C_{Di} 与机翼的升力系数 C_L 的平方成比例，这意味着用大的 C_L 飞行时，机翼拖出的尾涡面强度及影响也较大。

　　对于现代重型或大型喷气式旅客机、运输机，在起飞、着陆的过程中，由于飞行速度 v_∞ 相对较小，飞机必须用大的 C_L（其中主要是机翼提供的 C_L）飞行，因而向后拖出的尾涡强度大，产生的下洗速度也相对较大。如果小型飞机飞入大型或重型飞机的尾涡区中，会受到很强的干扰，甚至造成飞行事故，如图2-30所示。因此，在机场附近的空域，必须进行交通管制，小型飞机和大型或重型飞机之间必须保持较大的飞行间距，才能确保飞行安全。

图 2-30　大型飞机的尾涡对小型飞机产生干扰作用的示意

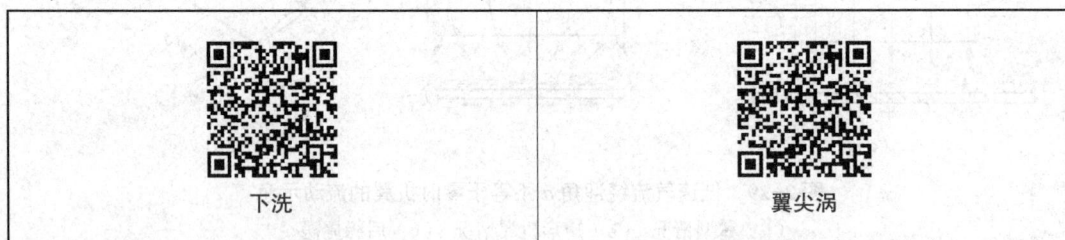

下洗　　　　　　　　　　　　　　　翼尖涡

在同样的迎角下，因为有尾涡的诱导下洗速度作用，机翼的有效迎角将减小，所以，机翼产生的升力要比翼型产生的升力小。按机翼理论分析有

$$C_L = \frac{a_0 \alpha}{1 + \dfrac{a_0}{\pi A}(1 + \tau)} \tag{2-17}$$

式中，a_0 代表翼型的升力线斜率；τ 为机翼升力系数的平面形状修正参数，一般也是一个大于零的小数；α 为机翼迎角。

在低速飞行中，飞机的总阻力系数 C_D 应当等于零升阻力系数 C_{D0} 和诱导阻力系数 C_{Di} 之和。因为低速飞行中升力系数 C_L 比较大，所以诱导阻力系数 C_{Di} 在总阻力系数 C_D 中占有较大的比例。减小机翼诱导阻力系数 C_{Di} 的主要措施如图 2-31 所示。

图 2-31　减小机翼诱导阻力系数 C_{Di} 的主要措施
（a）矩形直机翼；（b）椭圆形机翼平面形状；（c）梯形直机翼；（d）翼梢小翼

（1）增大机翼的展弦比 A 是首选的措施。

（2）选择适当的机翼平面形状。过去，低速飞机中常选用椭圆形的机翼平面形状。

（3）采用翼梢油箱布局来阻挡翼梢绕流，增加有效的展弦比以达到减小诱导阻力系数的目的。

（4）现代民航飞机常采用"翼梢小翼"的装置，也是一种减小诱导阻力的措施。

课堂讨论：减小飞机阻力的措施有哪些?

三、跨声速时飞机上的空气动力

1. 跨声速飞行与"声障"

提高飞机的最大平飞速度是航空科学界一直追求的目标之一。亚声速飞机的平飞速度一旦向声速逼近，便发现飞机很难增速，也很难操纵，有时甚至发生自动低头俯冲而失去控制，造成飞行事故的惨剧。过去把这种现象称为"声障"，是指飞机的平飞速度要超过声速遇到了不可逾越的障碍。

亚声速飞机的飞行速度一旦超过该飞机的临界马赫数，将出现复杂的局部激波系，除造成阻力迅速增加、出现推力不足难以继续增速外，还会产生许多其他特殊现象和问题，使亚声速飞机难以突破声速，实现安全飞行。这些特殊现象和问题如下所述。

（1）自动俯冲。自动俯冲是指飞行员并没有操纵升降舵，飞机就自动低头俯冲，这一现象与局部激波在飞机表面上向后移动有关。

（2）飞机抖振。局部激波与附面层之间的干扰，不仅引起附面层分离，而且引起局部激波前后跳动（实质上是一种非定常运动），从而引起机翼抖振；如果分离的气流撞击到尾面上，也会引起尾面抖振。

（3）飞机操纵面嗡鸣。飞机操纵面嗡鸣是指局部激波引起的附面层分离气流，作用在操纵面上引起的高频振动。

（4）飞机操纵面效率下降。它也与局部激波和附面层干扰有关。亚声速飞机的气动操纵面大多数是后缘式操纵面，如果局部激波正好处在操纵面转动轴处，局部激波将引起附面层分离，分离气流的流速下降，动压小，加上局部激波的阻隔，舵面偏转影响不了局部激波前的流动，从而使偏转操纵面产生的升力增量和操纵力矩大大下降。当飞机自动俯冲后，升降舵不能提供所需的抬头力矩，导致失事。

（5）飞机的自动滚转。如果左、右翼面上产生局部超声速区的时间有先后之别，就会产生滚转力矩，引起飞机滚转。

若要提高亚声速喷气飞机的平飞速度，但又不要产生局部超声速区和局部激波，除增加推力外，必须采用新的气动外形，使飞机的临界马赫数尽量增大，向 $Ma_{cr}=1.0$ 靠近。这种飞机称为高亚声速飞机，因为它们的外形与一般低亚声速飞机的外形有所不同。另外，要做超声速飞行的飞机，是一定要飞越跨声速，突破"声障"的，因此，要采用或部分采用提高飞机临界马赫数的外形，也会改善飞机在跨声速区中的空气动力特性，对飞机尽快飞越跨声速区是有利的，特别是对于那些需要在跨声速区进行空中格斗的超声速飞机。

2. 超临界翼型、后掠机翼、跨声速面积律

提高飞机的临界马赫数和改进飞机跨声速空气动力的特性，有下列一些方法。

（1）采用平均相对厚度较小的对称薄翼型。图 2-32 所示为 P-51、F-86 和 F-104 三种飞机机翼翼型平均相对厚度的变化示意。因为翼型的平均相对厚度 $\bar{t}$ 越小，翼面上的最大速度增量也越小，所以可增加翼型的临界马赫数，从而有利于增加飞机的临界马赫数和飞机的最大平飞速度。此外，在进入跨声速区后，因为翼型厚度产生的激波阻力系数与 $\bar{t}^{\frac{5}{3}}$ 成比例，所以减小 $\bar{t}$ 对于减小跨声速时的激波阻力也是有利的。

F-104G 飞机的机翼是非常薄的，如图 2-33 所示。从第二次世界大战期间有名的 P-51 战斗机（v_{max}=700 km/h）到朝鲜战争中的 F-86 战斗机（v_{max}=964 km/h），以及后来的 F-104G 超声速战斗机（$Ma_{\infty max}$=2.0），时间跨度达 30 多年，而它们翼型的平均相对厚度 $\bar{t}$ 在逐步减小。飞机采用薄翼型的缺点也很明显，主要是在低速飞行时飞机的 C_{Lmax} 比较小。以 F-104G 飞机来说，飞机着陆的速度非常高，训练不足的飞行员容易发生着陆的飞行事故。此外，也会对机翼的结构强度和刚度设计带来困难，因机翼的内部空间比较小，难以安排机翼油箱也是一个问题。

图 2-32 三种飞机机翼翼型平均相对厚度的变化示意

图 2-33 F-104G 飞机

（2）超临界翼型。图 2-34 所示为超临界翼型与古典翼型的比较示意。把低速翼型最大厚度位置从传统的 30% 弦长位置向后移动到 40% ~ 50% 处，确实获得了增大临界马赫数和减小阻力的效果。这类翼型称为 NACA 六系层流翼型（NACA 是美国航空咨询委员会的英文缩写，现已改名为 NASA，即美国航空航天局），目前仍广泛被采用 ［图 2-34（a）］，但它使翼型阻力迅速增加。超临界翼型就是为克服这一缺点而新设计出来的 ［图 2-34（b）］，它有比较平坦的上翼面和较大的前缘半径，且在下翼面后缘部位增加了弯度，从而使机翼产生更多的升力。采用超临界翼型的好处 ［图 2-34（c）］：与普通翼型相比，在同样的 $\bar{t}$ 下，可以提高平飞的最大马赫数；在同样的巡航 Ma_∞ 下，可以采用较大的 $\bar{t}$。这样，有利于改善机翼结构的受力情况、减轻结构质量和增加低速飞行时的 C_{Lmax}。

（3）后掠机翼。图 2-35 所示为后掠机翼的工作原理示意。从机翼平面形状上考虑，为改善机翼的跨声速空气动力特性和增加飞机的临界马赫数，最常用的方法是采用后掠机翼。来流绕直机翼与后掠机翼流动的最大不同在于后掠机翼将减小垂直于前缘有效速度的大小。从试验数据可知，在同样的展弦比情况下，直机翼的临界马赫数若为 Ma_{crz}，则后掠机翼的临界马赫数 Ma_{crA} 同 Ma_{crz} 的关系有

$$Ma_{crA} = \frac{Ma_{crz}}{\sqrt{\cos A_0}} \qquad (2\text{-}18)$$

后掠机翼不仅可以增大临界马赫数，而且可以改善跨声速空气动力特性。图 2-36 所示为各种后掠机翼的零升阻力系数的变化情况。不同后掠机翼的零升阻力系数 C_{D0} 的变化，是通过风洞模型试验测得的，它充分表现了后掠机翼的好处。但是，采用后掠机翼也会带来其他问题，如低速时的 C_{Lmax} 减小，使起飞、着陆时的速度增大；还因有黏性，以及展向流动会导致附面层向翼梢堆积，促使后掠机翼在外翼部位（靠近翼梢的部分）产生分离；出现正的俯仰力矩，使飞机抬头上仰；在外翼部位配置有副翼，从而使副翼的操纵效率下降，造成横向操纵不足的问题等。

图 2-34　超临界翼型与古典翼型的比较示意
（a）古典翼型；（b）超临界翼型；（c）Ma_∞ 与 $\bar{t}$ 的关系

图 2-35　后掠机翼的工作原理示意

图 2-36　各种后掠机翼的零升阻力系数的变化情况

（4）小展弦比机翼。机翼的展弦比是另一个可以影响临界马赫数和跨声速阻力大小的因素。当展弦比减小，特别是当 $A < 4.0$ 之后，机翼的临界马赫数会有较大的增加，而且跨声速阻力的急剧增加趋势也将大为减缓。但小展弦比机翼飞机也有其缺点，就是在低速、亚声速飞行时，诱导阻力很大，起飞、着陆时的飞行性能也不太好。

（5）涡流发生器。沿机翼表面若能设法消除附面层，或者给附面层内的流体补充动能，则可以消去或减弱局部激波和附面层之间干扰产生的流动分离。因此，可以推迟跨声速时阻力急剧增加的马赫数的出现和减缓阻力增大的趋势，改善飞机的跨声速空气动力特性。安装涡流发生器不仅可以用于低速、亚声速飞行，而且可以用于高速、亚声速和跨声速飞行。虽然安装涡流发生器会产生一定的阻力，但是与用它收到的效果相比，只是一个小量。

（6）跨声速面积律。对于低速飞机，必须采用整流片来减小干扰阻力。跨声速时的风洞试验表明，飞机横截面面积沿飞机纵轴线的分布对飞机的阻力特性有很大的影响。所谓跨声速面积律，就是通过在机翼、机身连接部位，把机身做成"蜂腰"形，来调整飞机的横截面面积分布曲线，使其尽可能接近理想曲线，从而改变空气动力特性。图 2-37 所示为跨声速面积律的示意。在图 2-37（a）中，YF-102A 飞机未采用跨声速面积律，飞机的机身与机翼处的横截面面积有一个峰值出现，与理想分布曲线相差很大，因而使该飞机在跨声速区中的翼身干扰（激波）阻力变得很大，无法突破"声障"实现超声速飞行。在图 2-37（b）中，采用跨声速面积律改制的 F-102A 飞机，将不利的相互干扰作用减小，使飞机的跨声速激波阻力大大下降，才最终突破声速，达到了超声速飞行的设计目标。

图 2-37　跨声速面积律的示意

（a）YF-102A 飞机（未采用跨声速面积律）；（b）F-102A 飞机（采用跨声速面积律）

■ 四、超声速时飞机上的空气动力

1. 超声速时空气动力的产生

图 2-38 所示为超声速气流绕双弧形翼型流动的示意。当来流撞上机翼前缘后分成两路，沿上、下翼面向后流去。过头部斜激波后，沿上、下翼面的超声速气流将一直连续加速。加速后的超声速气流流到机翼后缘时，将产生附体的尾部斜激波，流过尾部斜激波的气流将减速，增加压力，正好与沿下翼面流来的超声速气流相汇合，最后以相同的压力和流动方向向后流去［图 2-38（a）］。超声速气流流过机翼时会产生激波，翼面压力在激波

后为最大，以后沿翼面经一系列膨胀波而顺流逐渐下降。由于翼面前半部的压力大于翼面后半部的压力，因而翼面上压力的合力，在来流的方向将有一相反方向的分力，即激波阻力（简称波阻）。

从沿翼面的压力系数 C_p 分布的情况［图 2-38（b）］可知，在同一弦向位置处，上翼面的速度大于下翼面的速度，上翼面的压力小于下翼面的压力，因而仍将产生升力、迎角波阻和厚度波阻等。要设计好一架能以超声速飞行的超声速飞机，就必须采用合适的几何外形来尽量减小激波阻力，增加升力。

图 2-38　超声速气流绕双弧形翼型流动的示意

（a）斜激波与膨胀波；（b）C_p 的分布

2．超声速飞机外形的变化

要实现超声速飞行的首要问题或主要矛盾是需要减小激波阻力。减小激波阻力有下列一些方法。

（1）尖头尖尾薄翼型。图 2-39 所示为超声速气流绕尖头尖尾翼型和圆头尖尾翼型流动的示意。由图可知，超声速气流流过尖头尖尾薄翼型时，头部激波强度减小，并由圆头尖尾翼型的脱体激波变为附体斜激波，从而使厚度波阻力大为下降。在相同的翼型、平均相对厚度 $\bar{t}$ 情况下，圆头尖尾翼型与尖头尖尾翼型相比，超声速时圆头尖尾翼型的厚度波阻要大 2.5～4.0 倍。

（2）后掠机翼。采用后掠机翼可以增加机翼的临界马赫数和减小跨声速时阻力急剧增加的情况。超声速时采用的后掠角 A_0，如果大于 90°－μ_∞（μ_∞ 是来流超声速气流的马赫角，如图 2-14 所示），则整个后掠机翼将处于由机翼翼根前缘点产生的马赫锥面内，如图 2-40 所示。这时的来流有效速度小于来流声速或来流有效马赫数

$$Ma_{n\infty} = \frac{v_\infty \cos A_0}{c_\infty} < 1.0$$（有时也称 $Ma_{n\infty}$ 为前缘法向流动马赫数）。绕机翼的气流流动具有亚声速流动的某些性质（翼根附近部位除外），所以具有较小的激波阻力。即使采用小圆头尖尾翼型，也不会使机翼的激波阻力有太多增加，却能使低速、亚声速的 C_{Lmax} 增加，这是非常有利的。当垂直于前缘的法向流动马赫数 $Ma_{n\infty} < 1.0$ 时，则称前缘为亚声速前缘，故这种设计称为亚声速前缘后掠机翼设计。

（3）三角形机翼。如果超声速飞行马赫数增加到 $Ma_\infty = 2.0$，要采用亚声速前缘后掠机翼方案，就必须使 $A_0 > 60°$。但是前缘后掠角过大，后掠机翼根部结构受力情况恶化，将增加结构质量。另外，低速时的空气动力特性也将恶化，升力下降，阻力增加。因而，不可能采用大后掠机翼的方案。

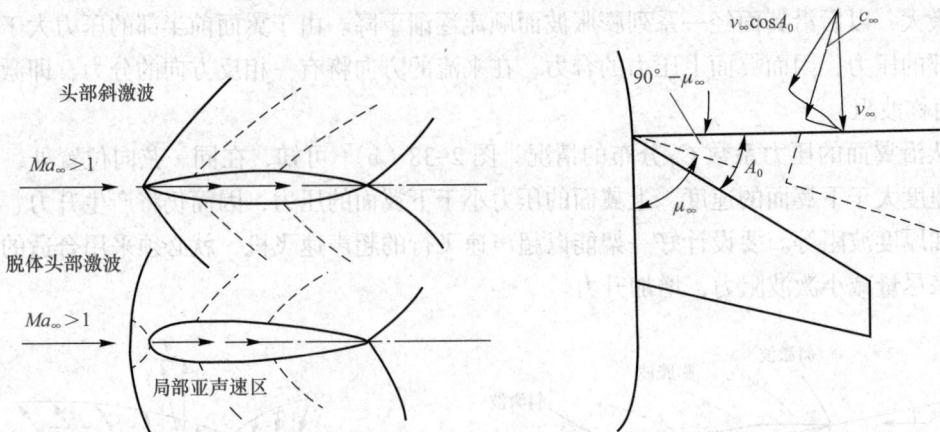

图 2-39　超声速气流绕尖头尖尾翼型和圆头尖尾翼型流动的示意　　图 2-40　亚声速前缘后掠机翼的工作原理示意

机翼采用三角形是一个比较适用的平面形状，它同时具有前缘后掠角大、展弦比小和平均相对厚度 $\bar{t}$ 比较小的特点。它可改善根部结构的受力状况，减轻结构质量，有利于超声速时激波阻力的减小。另外，三角形机翼还有一个优良的空气动力性能，即机翼的焦点位置（升力增量作用点）从跨声速区到超声速区的变化，都比其他平面形状机翼的变化小，有利于保证飞机的纵向飞行稳定性。

（4）变后掠机翼。如果设计的飞机既要求能做超声速巡航飞行，又要求能做亚声速巡航飞行，最好是采用后掠机翼和大展弦比直机翼的组合设计方案，即变后掠机翼。如图 2-41 所示是三种飞机机翼布局方案的最大升阻比 K_{max} 的变化情况。由图可知，三种飞机机翼布局方案在不同飞行马赫数 Ma_∞ 下，最大升阻比 K_{max} 的变化也是不同的。而采用变后掠机翼的飞机，在整个飞行马赫数范围内都有较好的空气动力性能，可以较好满足多个设计飞行状态

图 2-41　三种飞机机翼布局方案的最大升阻比 K_{max} 的变化情况

的要求。它的缺点是结构质量重，以及变后掠结构复杂等。

（5）边条机翼。解决超声速飞行和低速飞行对飞机外形的矛盾要求，还有另外一个办法就是采用边条机翼，如图 2-42 所示。边条机翼由边条（又称为前翼）和基本翼（又称为后翼）两部分组成。由于有边条，整个机翼的有效后掠角增大，平均相对厚度减小，故有较小的激波阻力，适合超声速飞行的要求。而基本翼的存在，又使整个机翼的有效展弦比增大，可减小在低速、亚声速及跨声速时的诱导阻力。

特别是在较大的迎角下，从边条前缘分离产生的边条涡，将从基本翼的上翼面上流过，对基本翼上翼面产生有利的干扰影响，使上翼面的压力下降而升力增加。另外，拖出的边条涡及折点处拖出的折点涡还可以给上翼面的附面层补充动能（与涡流发生器的旋

涡作用类似），可延缓和减轻基本翼上的分离，从而产生相当大的附加升力（又称为涡升力）。对于一些现代军用战斗机，既要求能做超声速飞行来追击或躲避敌机，又要求能在高速、亚声速或跨声速做高机动飞行（要求有尽可能高的可用升力），边条机翼是一种较好的方案。

图 2-42　边条机翼的工作原理

（6）无平尾式布局。图 2-43 所示为无平尾布局形式飞机的应用实例。这是为了满足超声速巡航（较长时间以超声速做远距离飞行）的要求而设计的飞机，这类飞机的机身和机翼都比较细长，机翼面积也都比较大（翼载较小），而且飞机的重心也比较靠后。布置后平尾就相当于靠近机翼，平尾的稳定和操纵作用都比较小，还不如采用无平尾式布局；况且，少了一个平尾部件对减阻也是有利的。

例如，超声速旅客运输机"协和"号飞机，它可以以 Ma_∞=2.0 左右的速度巡航（目前，一般超声速军用战斗机不具有超声速巡航能力）。它采用的是无平尾式布局［图 2-43（a）］，机翼是细长尖拱形，前端可以起到边条的作用，机翼的平均相对厚度很小。苏联研制出的图 -144 超声速运输飞机也是无平尾式布局［图 2-43（b）］，后来停飞了。它的机翼平面形状是双三角形，即边条翼部分相对来说要大一些。

（a）　　　　　　　　　　　　　　　　　　　（b）

图 2-43　无平尾布局形式飞机的应用实例
（a）"协和"号飞机；（b）图 -144 超声速运输飞机

（7）"鸭"式布局。在超声速军用战斗机中，"鸭"式布局飞机的应用实例如图 2-44 所示。"鸭"翼尺寸比较大且靠近机翼，它利用大迎角下"鸭"翼产生的脱体旋涡流过机翼上翼面时产生的有利干扰（类同边条翼产生旋涡的作用），使飞机的升力增加，因而飞机的起降滑跑距离非常短，仅为同类飞机的一半左右，即 400 ~ 500 m。

图 2-44 "鸭"式布局飞机的应用实例

3. 超声速飞行与"声爆"

超声速旅客运输机"协和"号飞机没有得到预期的成功，除经济性较差外（发动机耗油率高，机票价格高），另一个重要原因是噪声扰民问题，由此无法在美国大部分重要城市获得着陆权。此外，超声速"声爆"对环境的破坏也是设计超声速运输飞机面临的主要问题之一。

"声爆"的产生主要与飞机做超声速飞行时产生的激波有关。图 2-45 所示为超声速飞行中飞机的"声爆"原理示意。图 2-45 描绘了在飞机的头部和尾部形成的激波情况。当飞机的头部激波和尾部激波扫过后，产生的压力脉冲变化如 N 形。对于地面上的观察者来说，头部激波扫过时先是增（超）压（高于大气压力），紧接着是减压（低于大气压力），最后等到尾部激波扫过后，再增压到大气压力。这个过程发生在 0.1 s 之内，观察者常常能听到先后紧接着的两声"砰、砰"巨响，俗称"声爆"。激波强度（或称"声爆"强度）过大时，还可能对房屋窗户玻璃甚至结构造成损害。

图 2-45 超声速飞行中飞机的"声爆"原理示意

"声爆"强度受许多因素的影响，如飞机飞行高度（在图2-45中，激波扫过引起的压力脉冲强度随着离开飞机的距离增加而减小）、飞行迎角、飞机横截面面积大小、飞行马赫数大小（自然是超声速）、大气状态，以及地面的地势等。为防止噪声扰民和"声爆"，对空中航线做了一个限制，即规定了一个飞行高度，在这个高度之下不得做超声速飞行。

4．超声速和高超声速飞行与"热障"

如果把超声速运输飞机从巡航马赫数 Ma_∞=2.0 提高到 Ma_∞=3.0，这时会出现新问题，即飞行过程中的热环境（高温）问题。以铝合金作为主要结构材料的飞机，不能承受高温环境下的长期工作，会造成结构破坏，这称为"热障"问题。图2-46所示为超声速气流绕机身头部或机翼前缘流动的示意。来流马赫数 Ma_∞=2.0，通过脱体头部激波后，继续减速到点 O，速度变为零，点 O 即驻点。速度减小，气温增加。在驻点处因来流速度的动能全部都将转换为热能，故驻点处的温度最高。

图 2-46　超声速气流绕机身头部
或机翼前缘流动的示意

若飞行高度在同温层内，则驻点温度可达 120 ℃左右，俗称为气动加热。如果马赫数 Ma_∞ 提高到 3.0，则气动加热将使驻点温度增加到 370 ℃左右，这仅是问题的一个方面；另一方面是结构材料的性质变化，如材料的受拉极限强度随温度的增加就一直在下降。当以 Ma_∞=2.0 持续飞行 30 min 后，铝合金的强度与室温下的强度相比，将下降 20% 左右；如果 Ma_∞ 增加到 3.0，仍持续飞行 30 min 后，则铝合金的强度将下降 90% 左右，这意味着早已不能正常工作了。在飞机其他表面处，温度要比驻点处温度低一些，但由于气体黏性的作用，附面层内气流的流速受到滞止，表面上的温度也是相当高的。

因此，"热障"不仅使结构材料强度下降，而且飞机内的设备、人员也需要隔热、防热。目前采用的措施有用耐高温的新材料如钛合金、不锈钢来制造飞机的重要受力构件及蒙皮；用隔热层来保护飞机内的构件、设备和人员；还可以采用冷却液来冷却结构的内表面等。这些措施对防热都可取得良好的效果，但付出的代价就是增加结构的质量和复杂性。

■ 五、风洞的作用和试验要求

飞机的升力和阻力的大小及其相对关系，对于飞机性能有很大的影响。要提高飞机的飞行性能，应使升力大、阻力小，使飞机的空气动力特性良好。而要知道飞机升力和阻力变化的大小，除做必要的理论计算外，最重要的途径是通过试验的方法，来获得必要的数据。气动试验的方法也在不断地发展，但目前应用最广泛的还是风洞。

早在 1871 年就出现了简单的风洞，现在已经有了可以容纳整架真飞机作试验用的巨型低速风洞。为了适应飞机和其他飞行器不断发展的需要，风洞是沿着尺寸和动力不断加大，风速不断提高和测量仪器不断完善的途径，而逐步发展的。飞机的飞行速度在不断提高，为了使试验结果与实际情况相接近，风洞中的风速也就由最初的每小时几十千米开始，而逐渐由亚声速增大到超声速，因此就有了超声速风洞和高超声速风洞。

风洞实际上是一种利用人造气流（风）来进行飞机空气动力试验的设备。在风洞中，利用人造风（空气流）吹过飞机模型或机翼模型，来测量飞机模型或机翼模型上产生的空气动力数据并研究其变化。而实际的情况是飞机在静止的空气中（如果无风的话）运动。为了保证风洞试验结果尽可能与飞行实际情况相符，使在模型试验中测量得到的空气动力系数能用到真实飞机（或称为原型机）上，必须满足相似理论提出的三点要求。

（1）必须把试验模型和真实飞机的形状做到尽可能相似，即把模型各部分的几何尺寸按真实飞机的尺寸，以同一比例缩小。例如，把真实飞机的翼展、机身长度等，同模型的翼展、机身长度做成同一的比例，这叫作"几何相似"。

（2）必须使真实飞机同模型的各对应部分的气流速度大小也成同一比例，而且流速方向也要相同。此外，试验时风洞中的气流扰动情况，也要与实际飞行时的气流扰动情况相同，这叫作"运动相似"。

（3）还应该做到动力相似，即必须使作用于模型上的空气动力（升力和阻力），同作用于真实飞机上的空气动力大小成比例，而且方向相同。要做到"动力相似"，必须使模型的摩擦阻力在总阻力中所占的比例，与真实飞机的摩擦阻力在其总阻力中所占的比例一样。为此，必须使模型试验时的雷诺数与真实飞机飞行时的雷诺数一样。

在一定高度上，飞机以速度 v_∞ 和迎角 α 飞行时，作用在飞机外表面上的压力和内摩擦剪应力分别为 p 和 τ，作用在飞机上的升力为 L，阻力为 D。相应的飞机空气动力系数为

压力系数
$$C_p = \frac{(p - p_\infty)}{\left(\frac{1}{2}\rho v_\infty^2\right)} \tag{2-19}$$

摩擦力系数
$$C_f = \frac{\tau}{\left(\frac{1}{2}\rho v_\infty^2\right)} \tag{2-20}$$

升力系数
$$C_L = \frac{L}{\left(\frac{1}{2}\rho v_\infty^2\right)S} \tag{2-21}$$

阻力系数
$$C_D = \frac{D}{\left(\frac{1}{2}\rho v_\infty^2\right)S} \tag{2-22}$$

式中，p_∞ 为远离物体的未受扰动流场中的静压；ρ 为流体密度；S 为飞机的参考面积，通常取飞机的机翼面积。

按相似理论，由飞机模型试验得到的空气动力系数可直接用于真实飞机，但绝不是说，真实飞机飞行的升力就等于飞机模型试验得到的升力。通常，需要对飞机模型试验的空气动力系数加上雷诺数修正量（或称尺度效应修正量）后，才能用到真实飞机上。

1．低速风洞

图 2-47 所示为一种结构最简单的直流式低速风洞的示意。风洞的人造风是由电动机驱动风扇旋转时产生的，调整电动机的转速，就可以改变风洞口的流速，从而改变风洞中气流的流速。人造风首先通过风洞入口处的收敛段，使气流收缩，速度增大。气流通过整流格，经过整流格的"梳整"后，使涡流减少，气流变得更加平直，然后以平稳的气流速度通过试验段，飞机模型或机翼模型就放在试验段中的支架上进行试验。流过试验段的气流经过截面面积逐渐扩大的扩散段时，使流速降低，能量的损失减小，最后气流通过防护网流出风洞。防护网的作用是保护风扇的叶片等不被无意在试验段中散落的物件撞击破坏。

图 2-47　直流式低速风洞的示意

1—电动机；2—风扇；3—防护网；4—支架；5—飞机模型；6—铜丝网；7—整流格；
8—空气动力天平；9—空速管；10—空速表；11—收敛段；12—试验段；13—扩散段

飞机模型做风洞试验时，还需要许多精密的仪器设备，如测量作用在飞机模型上的空气动力大小的天平。天平是相当复杂的精密仪器，按测量力和力矩的个数，有一分力、二分力、三分力、四分力和六分力天平的区别。可以同时测出作用在飞机模型上的升力、阻力和俯仰力矩的天平，称为三分力天平。最精密的六分力天平可以测量三个力和三个力矩，一般的空气动力天平可以测量两个力和一个力矩。此外，有测量气流速度的空速管和空速表，以及温度计、气压计和湿度计等；还有测量飞机模型表面压力分布的压力计、数据采集和处理用的设备，以及控制风洞运行的其他设备等。

2．烟风洞

烟风洞是一种小型低速风洞，主要用于烟流流过试验模型的流动现象显示。它的特点是有一套发烟装置及在试验段进口截面上要布置好排烟管嘴的位置等，以便更好地显示出气流流动现象来。图 2-48 所示为烟流流过机翼翼剖面的低速流动现象的示意。从烟流图看，空气贴近翼面平滑地流过去，没有分离。

3．高速风洞

高速风洞包括亚声速、跨声速、超声速及高超声速的风洞等。图 2-49 所示为一座直流暂冲式超声速风洞的示意。这种风洞的工作时间比较短，连续维持试验段中定常流流动的时间，一般只有几分钟或者更短一些，因为储气罐再大，储存的高压空气量也是有限的，所以称为暂冲式风洞。由于造价、功率和运转费

图 2-48　烟流流过机翼翼剖面的
低速流动现象的示意

用等方面的综合考虑，目前世界上最大的超声速风洞试验段为正方形，边长为 3 m 左右。最大的高超声速风洞（一般是指试验段进口的马赫数 $Ma \geqslant 5$ 的风洞）的试验段，也是正方形，边长在 1 m 左右。

图 2-49　直流暂冲式超声速风洞的示意

1—电动机；2—空气压缩机；3—储气罐；4—整流格；5—超声速喷管；
6—试验段；7—模型；8—扩压段；9—快速阀门

4．风洞试验和试验曲线

风洞试验毕竟与真实飞机的飞行不同，因为风洞中的气流速度一般比真实飞机的飞行速度低，同时，所用的飞机模型又比真实飞机小。所以，风洞试验所得的结果必须加以修正才能应用。除采用风洞进行试验外，还应采用真实的飞机进行试验飞行的方法，即在真实飞机上安装必要的仪器设备，来获得所需要的试验数据。

在低速风洞中进行试验，主要得到升力系数 C_L、阻力系数 C_D 和升阻比 K 相对于迎角 α 的三种曲线，如图 2-50 所示。K 值又称为空气动力效率，即升力对阻力的比值。其计算公式为

$$K = \frac{L}{D} = \frac{C_L \left(\frac{1}{2} \rho v_\infty^2 \right) S}{C_D \left(\frac{1}{2} \rho v_\infty^2 \right) S} = \frac{C_L}{C_D} \qquad (2-23)$$

由式（2-23）可以看出，K 是升力比阻力大的倍数。在设计飞机时，要求能有一个大的 K 值。因为 K 值越大，对于飞机越有利。把 K 值与对应的迎角 α 值绘成曲线，就是 K 对 α 的曲线（又称为极曲线）。

升力系数 C_L 对迎角 α 的曲线称为升力特性曲线，在 C_L 对 α 的曲线上可以看出，翼剖面的 C_L 值随迎角 α 值的增加而增加，且有个等于零的数值。在达到最大升力系数 C_{Lmax} 值之前，差不多是按照直线规律增加的。同升力系数 C_{Lmax} 相对应的迎角 α_{max}，称为临界迎角（或称失速迎角）。

阻力系数 C_D 对迎角 α 的曲线形状有点像抛物线，C_D 随着 α 的增加而增加，大致按照抛物线的规律变化。与升力系数 C_L 不同，在阻力系数 C_D 对迎角 α 的曲线上，C_D 值永远不等于零。换而言之，机翼上的阻力总是存在的。但阻力系数 C_D 有一最小值，这个值一般在 $\alpha = 0°$ 左右。

由 K 与 α 的曲线可知，K 同 C_L 相同，也有一个等于零的数值。从负值起，在 K 等于

零之后，K 值迅速随迎角 α 的增加而增加。当增加到最大值 K_{max} 之后，曲线又随迎角的增加而逐渐减小，而且是不规则的状态。K_{max} 值在 $\alpha = 0° \sim 4°$ 达到，飞机在 K_{max} 的情况下飞行是有利的，因此飞机大多以较小的迎角（$3° \sim 5°$）飞行。

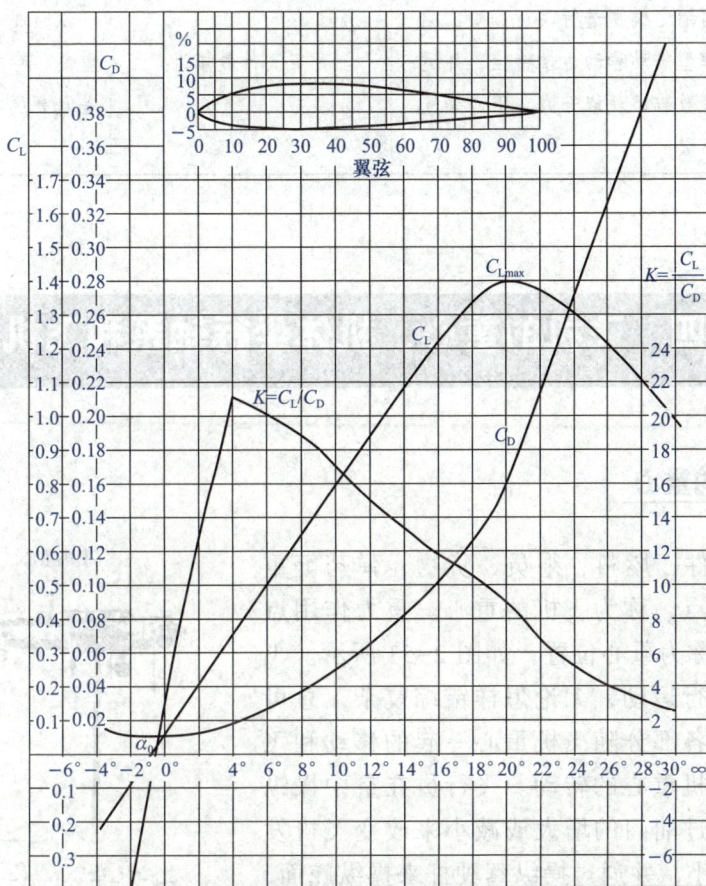

图 2-50　某机翼剖面风洞试验所得到的三种曲线

小提示 风洞试验、数值计算和模型飞行试验，是研究空气动力学的三大手段，三者比较见表2-3。

表 2-3　风洞试验、数值计算和模型飞行试验的比较

研究方法	描述	优点	缺点
风洞试验	根据相对运动原理和相似理论，在风洞中测量飞行器缩比模型的空气动力特性，并研究相应的流动现象与流动机理	能够真实反映流动物理过程，可获得较为真实的试验数据，可严格重复	试验条件与真实飞行条件不完全一致，存在洞壁干扰、支架干扰、模型失真等误差源
数值计算	求解流体动力学方程组（NS方程或其简化模型），获取飞行器绕流流场参数，分析流动现象与机理，并通过表面积分获取空气动力特性	成本低、效率高，可模拟极限条件	存在物理模型、计算方法等误差源

研究方法	描述	优点	缺点
模型飞行试验	在自由大气环境中或风洞中，采用缩比模型进行飞行试验，测量模型气动和动力学特性，并运用参数辨识获取升力、阻力等气动参数	与真实飞行最接近	试验成本高、不能严格重复，存在测量和辨识误差及高成本等问题

单元四 飞机的重心、机体坐标轴系和飞机平衡

一、飞机的重心

飞机各部件、燃料、乘员、货物、弹药等重量的合力作用点，称为飞机的重心。重力作用点所在的位置，称为重心位置，如图 2-51 所示。飞机在空中的飞行运动，无论怎样错综复杂，总可以分解为飞机各部分随飞机重心一起的移动和飞机各部分绕飞机重心的转动。飞行员在空中操纵飞机，就是通过油门的增大或减小来改变飞机发动机推力的大小，并通过操纵驾驶杆来操纵舵面，改变作用于飞机上的空气动力和力矩，以保持或者改变飞机重心的移动速度和飞机绕其重心的转动角速度。

图 2-51 飞机的重心

二、机体坐标轴系

图 2-52 所示为穿过飞机重心的三条互相垂直的机体轴系示意。通过飞机重心的三条互相垂直的、以机体为基准的坐标轴系，称为机体轴系。从机头贯穿机身到机尾的轴（且方向指向前）称为机体纵轴（Ox 轴），从左翼通过飞机重心到右翼并与机体纵轴相垂直的轴称为机体横轴（Oy 轴），通过飞机重心并与机体纵轴、机体横轴相垂直的轴称为机体竖轴（Oz 轴）。机体纵轴和机体横轴同处在飞机的一个水平面内，机体竖轴处在飞机的铅垂平面内。飞机绕机体纵轴（Ox 轴）的转动，称为滚转运动；飞机绕机体竖轴（Oz 轴）的转动，称为偏航运动；飞机绕机体横轴（Oy 轴）的转动，称为俯仰运动。

机体轴

图 2-52 穿过飞机重心的三条互相垂直的机体轴系示意

飞机的平衡是指作用于飞机的各力之和等于零，各力对重心所构成的各力矩之和也等于零。飞机处于平衡状态时，飞行速度的大小和方向都保持不变，也不绕重心转动。反之，当飞机处于不平衡状态时，飞行速度的大小和方向都将发生变化，并绕重心转动，相应飞机的运动状态就要发生改变。

三、飞机在作用力相互平衡时的运动

飞机能在静止的大气中（无风情况下）实现水平等速直线飞行，飞机所受到的力和力矩应当满足平衡条件，如图 2-53 所示。作用在飞机上的升力 L（空气动力在垂直于飞行方向上的分量）必须与飞机的重力 G 相平衡（相等），以维持飞行高度不变，也就是飞行速度的方向就不会改变，即飞机做水平直线飞行（平飞）。飞机发动机产生的推力 P

图 2-53 飞机平飞中的作用力

必须和作用在飞机上的阻力 D（空气动力在平行于飞行反方向上的分量）相平衡（相等），以维持飞机的平飞速度不变，也就是飞行速度的大小就不会改变，即飞机做等速飞行。此外，为了保持住飞机的飞行姿态（平飞状态，用飞机的迎角 α 表示），绕飞机重心的俯仰力矩 M 还必须等于零。

在一定的飞行高度上，只要飞机发动机产生的推力足以克服飞机上的空气阻力，达到维持平飞所需要的飞行速度和迎角，升力和重力相平衡的条件都可以得到满足。没有飞行速度，在飞机上就不会产生空气动力。空气动力（包括升力、阻力和俯仰力矩等）的产生是空气和飞机之间有了相对运动的结果。

图 2-54 所示为飞机的爬升飞行和下降飞行的示意。在图中，表示了等速直线爬升飞行和等速直线俯冲飞行时，作用在飞机上的力系。由力的平衡关系，对于等速直线爬升飞行有

$$L = G\cos\gamma \left.\right\}$$
$$P = D + G\sin\gamma$$
(2-24)

对于等速直线俯冲飞行有

$$L = G\cos\gamma(-\gamma) = G\cos\gamma \left.\right\}$$
$$P = D + G\sin\gamma(-\gamma) = D - G\cos\gamma$$
(2-25)

式中，γ 和 $-\gamma$ 是飞机的飞行爬升角或俯冲角。

由式（2-24）和式（2-25）可知，为保持等速直线爬升（或俯冲）飞行，升力只需要与重力在垂直于飞行轨迹上的分量相等。等速直线爬升飞行时，推力要增加，因为需要额外平衡重力的一个分量；相反，等速直线俯冲飞行时，推力要减小，因为飞机重力的一个分量起着推力的作用。

飞行速度的大小和方向都不随时间而变化的飞行运动，叫作稳定飞行运动。等速直线平飞、等速直线爬升飞行和等速直线俯冲飞行，都属于稳定飞行运动。在稳定的等速直线平飞中，升力 L 等于重力 G；但在稳定的等速直线爬升飞行和等速直线俯冲飞行中，升力 L 小于重力 G。

图 2-54　飞机的爬升飞行和下降飞行的示意
（a）等速直线爬升飞行；（b）等速直线俯冲飞行

单元五　飞机的稳定性和操纵性

■ 一、稳定、不稳定与中和稳定

要说明如何使飞机在空中稳定地飞行，先来研究物体（如圆球）在空间的稳定情况，如图 2-55 所示。一个物体的稳定与它是否平衡有关，例如，一个圆球首先应能平衡，然后才有稳定。当圆球处于平衡状态时，在图 2-55（a）所示的情况下，对圆球稍加一点力，使它离开了原来的位置状态，外力一取消，它立刻就恢复到原来的位置状态，这种情况称为"稳定"。在图 2-55（b）所示的情况恰恰相反，加外力后圆球就离开原来的位置状态，外力取消后，它并不能恢复到原来的位置状态，这就称为"不稳定"。在图 2-55（c）所示的情况下，则是"中和稳定"，这时圆球随时处于稳定的位置状态，无论是否加外力。

图 2-55　圆球的三种稳定状态
（a）稳定；（b）不稳定；（c）中和稳定

　　飞机在飞行中，经常会受到各种各样的扰动，如气流的扰动、飞机发动机工作不均衡等。这些扰动会使飞机偏离原来的平衡状态，而在偏离以后，飞机能否自动恢复到原来的平衡状态，这就是有关飞机的稳定或不稳定问题。飞机的飞行情况也是一样，也有稳定、不稳定和中和稳定三种情况。

　　如果飞机在空中做水平直线等速飞行，这时升力 L 等于重力 G，推力 P 等于阻力 D，各个力互相抵消。同时，力矩 A 等于力矩 B，各个力矩也互相抵消，那么这架飞机处于平衡状态，正在平衡地飞行，如图 2-56 所示。

图 2-56　飞机处于平衡状态飞行
A、B—方向相反的力矩；O—飞机重心

　　倘若飞机在平衡状态飞行中，受到一个小外力的瞬间干扰（如突然吹来的阵风干扰）而偏离原来的平衡状态飞行，当小外力的瞬间干扰消失后，驾驶员不加操纵，飞机如果能够靠自身某个构件产生的力矩，就能自动恢复到原来的平衡状态飞行，说明飞机的飞行是稳定的；如果飞机不能恢复或者更加偏离原来的平衡状态飞行，说明飞机的飞行是不稳定的；如果飞机始终保持一定的偏离状态飞行，或者转入另外一种平衡飞行状态，那么这架飞机的飞行就是中和稳定的。

　　飞机的稳定性是飞机本身的一种特性，其与操纵性有密切的关系。研究飞机稳定性是研究飞机操纵性的基础。当飞机外形一定时，飞机焦点位置是确定的。反过来，就要求在飞机使用过程中，飞机重心的位置必须位于允许重心变化的范围内。重心的后限是由静稳定性要求确定的，它不能移动到飞机焦点位置的后面去。重心也有前限，重心前移可以增加飞机的静稳定性，但并不是静稳定性越大越好。例如，静稳定性过大，升降舵的操纵力矩就难以使飞机抬头，增加迎角获得 C_{Lmax}。换而言之，是操纵性要求限制了重心前限。

　　飞机在空中飞行（图 2-52），不仅要求纵向（俯仰）应具有静稳定性，即绕飞机横轴的静稳定性；而且也要求飞机具有横向（侧向）静稳定性，即绕飞机纵轴的静稳定性；还应该要求飞机具有方向（航向）静稳定性，即绕飞机竖轴的静稳定性。

■ 二、飞机的纵向（俯仰）稳定性

　　纵向稳定（又称为俯仰稳定）是指飞机绕横轴（Oy 轴）的稳定情况，影响飞机纵向稳定的一个重要因素是飞机迎角的变化。在飞行中，当飞机受到微小扰动而偏离其纵向平衡状态时，在扰动去除瞬间，飞机不经驾驶员操纵，就具有自动地恢复到原来的平衡状态，则称飞机具有纵向稳定性。

当迎角改变时，机翼升力也改变，理论和试验都指出，尽管升力大小随迎角变化而变化，但升力增量的作用点始终保持不变，这个升力增量的作用点，即机翼的焦点。对目前常用的翼型来说，亚声速时焦点位于离翼型前缘 22% ～ 25% 弦长处，而在超声速时焦点的位置离翼型前缘则增加到 40% ～ 50%。

飞机重心和飞机焦点之间的相互位置，决定了飞机是否具有纵向稳定性，如图 2-57 所示。若飞机重心位于其焦点之前，则在飞机受到外界扰动后，如迎角增加了 $\Delta \alpha$，那么在飞机的焦点上，就会产生一个向上的升力增量 ΔL，它对飞机重心形成使机头下俯的稳定力矩，使飞机具有逐渐消除 ΔL 而自动恢复到原来平衡迎角的情况，即飞机是稳定的。反之，若飞机重心位于其焦点之后，升力增量对飞机重心所形成的是不稳定的上仰力矩，使飞机迎角越来越大而没有恢复到原来平衡迎角的情况，因此飞机是不稳定的。由此，可以得出一个重要结论：飞机重心若位于飞机焦点之前，则飞机具有纵向稳定性；飞机重心位于焦点之后，则飞机失去纵向稳定性。

图 2-57　飞机各部分的附加升力

■ 三、飞机的方向（航向）稳定性

方向稳定（又称为航向稳定）是指飞机绕竖轴（Oz 轴）的稳定情况，影响飞机方向稳定的重要因素是飞机偏航角的变化。所谓偏航角，是飞机纵轴与飞行方向之间的夹角（γ）。飞机稳定飞行时，偏航角等于零。如飞机受到一个小的外力干扰，破坏了它的平衡，便产生了偏航角。当外力取消后，飞机不经驾驶员操纵，仅依靠其本身的某个构件就能消除偏航角，自动地恢复到原来的飞行状态，这架飞机就是方向稳定的，否则就是方向不稳定的。

图 2-58 所示是垂直尾翼与方向稳定的示意。起初飞机稳定地飞行［图 2-58（a）］，不存在偏航角，处于平衡飞行状态。倘若有一阵风突然吹来，使机头向右偏，便有了偏航角 β［图 2-58（b）］。阵风消除后，由于惯性，飞机仍然保持右偏的方向，向前冲一段路。这时相对风吹到偏斜的垂直尾翼上，产生了一个向左的附加力 f。这个力 f 便绕飞机重心 O 产生了一个向右的恢复力矩 M，使机头向右偏。经过一阵短时间的摇摆，自动消除掉偏航角，终于恢复到原有的飞行状态。对飞机方向稳定影响最大的构件是垂直尾翼，飞机机身的侧面迎风面积也起相当大的作用。另外，机翼的后掠角、发动机短舱也有一定的影响。

图 2-58　垂直尾翼与方向稳定的示意

（a）飞机处于平衡飞行状态，没有受到干扰；（b）飞机自动消除掉偏航角，没有受到干扰

■ 四、飞机的横向（侧向）稳定性

横向稳定（又称为侧向稳定）是指飞机绕纵轴（Ox）的稳定情况，假定一架飞机在稳定状态下飞行，如果有一个小的外力干扰，使机翼一侧高一侧低，绕纵轴发生倾侧。当外力消除后，飞机靠本身的某个构件产生一个恢复力矩，而不经驾驶员操纵，就自动恢复到原来的飞行状态，这架飞机就是横向稳定的，否则就是横向不稳定的。保证飞机横向稳定的因素主要有机翼的上反角和后掠角，还有机翼和机身的相对位置。上单翼起横向稳定作用，相当于有 3°～4° 的上反角；相反，下单翼则起横向不稳定的作用。此外，飞机的展弦比和垂直尾翼也对横向稳定有良好的影响。

图 2-59 所示为机翼上反角与横向稳定的示意。当飞机稳定飞行时，如果有一阵风吹到飞机左翼上，使左翼抬起，右翼下沉，飞机绕纵轴发生倾侧，使飞机沿着合力的方向向右下方滑过去，即"侧滑"。飞机侧滑后，相对风沿着同侧滑相反的方向吹来。吹到机翼上以后，由于机翼上反角的作用，相对风速同下沉的那只机翼（这里指右翼）之间所形成的迎角 α_1，要大于上扬的那只机翼（这里指左翼）的迎角 α_2。因此，右翼上产生的升力 L_1 也大于左翼产生的升力 L_2。上反角越大，飞机的横向稳定性就越好；相反，下反角则起横向不稳定的作用。现代飞机机翼的上反角为 +7°～-10°。

图 2-59　机翼上反角与横向稳定的示意

v_1—阵风速度；v_2—侧滑速度；v_3—由侧滑引起的相对风速；M—恢复力矩；O—飞机重心；ψ—上反角

图 2-60 所示为机翼后掠角与横向稳定的示意。通常，大后掠角或三角翼的现代飞机采用下反角，这种飞机的后掠角很大，往往造成横向过分稳定，带来不利的影响。机翼后掠角起横向稳定作用的道理，同机翼上反角。

后掠角产生横侧 稳定力矩的原理	后掠角产生方向 稳定力矩的原理	上反角产生方向 稳定力矩的原理	上反角产生横侧 稳定力矩的原理

飞机的横向稳定和方向稳定，紧密联系并互为影响。因此，合起来称为飞机的横侧稳定。两者必须适当地配合，过分稳定和过分不稳定都对飞机的飞行不利。

图 2-60 机翼后掠角与横向稳定的示意

v_a—阵风速度；v_b—侧滑速度；v_c—相对风速；M—恢复力矩

■ 五、飞机的操纵

飞机除应能做稳定的飞行，并且有适当的机构保证这种稳定飞行外，还应具有良好的操纵能力，才能飞行。实际上，飞机如果不稳定，飞行虽然很困难，但还能勉强飞行。然而，飞机如果不能操纵，则是根本不能飞行的。

飞机的操纵性是指驾驶员通过操纵机构来改变飞机飞行状态的能力。一架飞机在稳定飞行时，倘若驾驶员用不大的力加在驾驶杆或脚蹬上，改变某一个操纵面的偏转角度，飞机很快地做出反应，改变其飞行姿态，这架飞机的操纵就是灵敏的，或者是好操纵的。倘若反应很慢，则是操纵不灵敏，或不好操纵的。倘若没有反应，或者反应错误，则是不能操纵的。

1. 主操纵系统

图 2-61 所示为飞机主操纵系统的示意。飞机的操纵是通过升降舵、方向舵和副翼三个操纵面来进行的，分别偏转这三个操纵面，在气流的作用下，就会对飞机产生操纵力矩，飞机便绕其横轴、竖轴和纵轴转动，以改变飞行姿态。在主操纵系统中，飞行员手脚直接操纵的部分称为操纵机构。它由手操纵机构（驾驶杆或驾驶盘）和脚操纵机构（脚蹬）组成，通过传动机构来带动操纵面偏转。手操纵机构用来操纵升降舵和副翼；脚操纵机构用来操纵方向舵。

92

图 2-61　飞机主操纵系统的示意

　　图 2-62 所示为飞机操纵动作的示意。飞行中操纵升降舵，飞机就绕着横轴偏转。飞行员向后拉驾驶杆，经传动机构传动，升降舵便向上偏转，这时水平尾翼上的向下附加升力产生对飞机横轴的力矩，使机头上仰［图 2-62（a）］；向前推驾驶杆，则升降舵向下偏转，使机头下俯［图 2-62（b）］。

图 2-62　飞机操纵动作的示意
（a）机头上仰；（b）机头下俯；
（c）向左倾斜；（d）向左偏转

　　飞行中操纵副翼，飞机便绕着纵轴偏转。向左摆动驾驶杆，则左副翼向上而右副翼向下偏转，这时左机翼升力减小，右机翼升力增大，使飞机向左倾斜［图 2-62（c）］；向右摆动驾驶杆，则右副翼向上而左副翼向下，飞机便向右倾斜。

　　飞行中操纵方向舵，飞机则绕竖轴偏转。向前蹬左脚蹬，方向舵向左偏转，垂直尾翼上的空气动力产生对飞机竖轴的力矩，使机头向左偏转［图 2-62（d）］；向前蹬右脚蹬，则方向舵向右偏，机头也向右偏转。

　　飞行员操纵操纵面改变飞机的飞行姿态要和人体的自然动作趋势相一致，而且手脚感受到的力的大小和方向也应正常与适中。换而言之，操纵系统的设计应将人和飞机作为一个整体来考虑，才能获得满意的操纵性能。人的手脚操纵动作是与人们运动的本能反应相一致的。当手脚协同操纵时，飞机就会做出各种复杂的飞行动作。

升降舵俯仰控制 的基本原理	方向舵偏转 控制的原理	副翼滚转控制 的原理

2．辅助操纵系统

飞机在飞行中，加减油门、收放襟翼或起落架、燃料消耗、乘客走动，以及发射导弹、投放炸弹等，都会引起飞机的平衡状态发生变化。为了减轻飞行员保持飞机平衡的操纵负担，通常采用调整片（辅助操纵系统）来偏转操纵面，以代替主操纵系统的操纵。

使用这种辅助操纵系统可使飞机保持平衡，飞行员不用长时间带杆操纵，可以减轻疲劳。如将调整片向上偏转，则升降舵自动向下偏转；将调整片向下偏转，则升降舵自动向上偏转，以代替飞行员推、拉驾驶杆。大型飞机的整个水平尾翼制成活动的，可以根据需要进行调整，以保持飞机的俯仰平衡。在方向舵和副翼上也装有调整片，用来保持飞机的方向和横侧平衡，以代替飞行员蹬方向舵和左、右摆动驾驶杆，如图 2-63 所示。

图 2-63　作用在调整片上的空气动力

3．传动机构

图 2-64 所示为副翼传动机构的示意。传动机构的作用是将操纵机构的信号传送到操纵面或液压助力器。通常，传动机构有软式、硬式和混合式三种。软式传动机构主要包括钢索和滑轮等构件；硬式传动机构主要包括传动杆和摇臂等构件；混合式传动机构则由软式和硬式传动机构组合而成。

图 2-64　副翼传动机构的示意

单元六　飞机的增升装置

　　飞机在低速飞行时，特别是在飞机起飞和着陆的过程中，由于飞行速度较低，虽然增大迎角（迎角的增大是有限的），但是升力仍然很小，不足以维持飞机的水平飞行。为了保证飞机能在低速下仍然具有足够的升力，就有必要在机翼上装设增加升力的装置，通常称为增升装置。换而言之，增升装置就是使飞机在低速飞行时保证足够升力的装置。

■ 一、襟翼

　　大多数襟翼位于机翼后缘，放下襟翼可以提高升力，同时也增大阻力。通常，在着陆和起飞时使用襟翼，以缩短滑跑距离。着陆时，襟翼放下的角度较大；起飞时，放下的角度较小。常用的襟翼有简单襟翼、开裂式襟翼、开缝襟翼、后退式襟翼和富勒（Fowler）襟翼等几种主要形式。

　　（1）简单襟翼。图 2-65 所示为一种歼击机的简单襟翼示意。在机翼迎角保持不变的条件下，放下简单襟翼相当于改变了机翼的剖面形状，增加了弯曲程度，增大了机翼上表面气流的流速，且流过机翼下表面的气流流速减慢，使上翼面的压力降低、下翼面的压力增高。因而，机翼上、下压力差增大，从而提高了升力。但襟翼放下之后，阻力同时增大。襟翼放下的角度越大，升力和阻力也增大得越多，这对缩短起飞滑跑距离是有利的。

　　（2）开裂式襟翼。图 2-66 所示为开裂式襟翼的示意。放下开裂式襟翼，气流在机翼上表面变化不大，只是在襟翼和机翼下表面后部之间形成涡流，压力降低。这对流过机翼上表面的空气具有吸引作用，气流分离点后移。因而，临界迎角降低不多，而最大的升力系数增大不少。

　　（3）开缝襟翼。图 2-67 所示为开缝襟翼的示意。放下开缝襟翼，襟翼与机翼之间构成缝隙，空气会从下表面通过缝隙而流向上表面后缘。这起着吹走后缘涡流，防止气流分离的作用，则临界迎角降低有限，最大升力系数增大很多。

图 2-65　简单襟翼　　　　　图 2-66　开裂式襟翼　　　　　图 2-67　开缝襟翼

（4）后退式襟翼。图 2-68 所示为后退式襟翼的示意。放下后退式襟翼，不仅增加了机翼剖面的弯曲度，而且增大了机翼面积，则最大升力系数增大得很多。

（5）富勒（Fowler）襟翼。图 2-69 所示为富勒襟翼的示意。这是一种双开缝［图 2-69（a）］或三开缝后退式襟翼［图 2-69（b）］，以发明者 Fowler（富勒）的名字命名。它既增加了机翼剖面的弯曲度，又增大了机翼面积，并且气流通过缝隙吹走后缘涡流，增升效果更好。现在的大型、高速飞机，大多采用这种襟翼。

图 2-68　后退式襟翼
1—后退式襟翼；2—机翼后缘；3—机翼

（a）　　　　　　　　　　　　　　　　　　（b）

图 2-69　富勒襟翼
（a）双开缝后退式襟翼；（b）三开缝后退式襟翼

■ 二、前缘襟翼

飞机在大迎角下飞行，机翼上表面气流分离，绝大多数从前缘附近就开始。对于机翼前缘尖锐的超声速飞机而言，更容易在机翼前缘就开始产生气流分离。为了防止这种现象的产生，常使用设置在机翼前缘的襟翼，如图 2-70 所示。当机翼前缘的襟翼放下时，一方面可以减小机翼前缘与相对气流方向之间的角度，使气流能够平顺地流过；另一方面也增加了机翼剖面的弯曲度。这样，就能延迟气流分离的产生，提高临界迎角和最大升力系数。

图 2-70　前缘襟翼

■ 三、前缘缝翼

前缘缝翼是一个小翼面，总是安装在机翼前缘。把前缘缝翼打开，就与机翼表面形成一道缝隙。下翼面压力较大的气流通过这道缝隙，得到加速而流向上翼面，增大了机翼上表面附面层中气流的速度，降低了压力，消除了这里的大量旋涡。因而恢复了上、下压力差，延缓了气流分离，避免了大迎角下的失速。前缘缝翼的主要作用：一是延缓机翼上的气流分离，因而提高

前缘缝翼的
增升原理

了临界迎角（可增大 $10° \sim 15°$），使得机翼在更大的迎角下才会失速；二是增大最大升力系数 C_L（一般能增大 55%）。

前缘缝翼在大迎角下，特别是迎角接近或超过临界迎角时才使用。因为只有在这个时候，才会发生气流分离。它的主要作用是提高临界迎角，而增大 C_L 值是次要的。如图 2-71 所示，是前缘缝翼打开和闭合时的气流流动情况。

图 2-71　前缘缝翼
（a）缝翼闭合时的情况；
（b）缝翼打开时的情况

四、喷气襟翼

喷气襟翼是利用涡轮喷气发动机引出的压缩空气或燃气流，通过机翼后缘的缝隙沿整个翼展向后下方以高速喷出，形成一片喷气的"幕"，从而起到襟翼的增升作用。它把喷气和襟翼两种作用结合起来，就构成喷气襟翼，如图 2-72 所示。

（a）　　　　　　　　　　　　　　　　（b）

图 2-72　喷气襟翼
（a）机翼前缘吹气；（b）在机翼后缘襟翼之前吹气的吹气襟翼
1—涡轮喷气发动机；2—机翼；3—后缘襟翼；4—喷管
R—喷气反作用力；N—垂直分力（升力）；P—水平分力（推力）

五、附面层控制

襟翼、前缘襟翼、前缘缝翼和喷气襟翼等增升装置，使现代飞机的最大升力系数 C_{Lmax} 得到很大的提高，从而使起飞、降落的性能有了较大的改进。然而，由于翼剖面相对厚度的减小，则会引起升力系数 C_L 随之减小，因此现代高速飞机往往采用附面层控制技术来增加升力。附面层控制技术的装置主要有附面层吹除增升装置和附面层吸取增升装置。

（1）附面层吹除增升装置：这种装置的作用是使高压空气从机翼上表面的缝隙中吹出，以高的速度流入附面层，增加其中气流的动能，提高其速度，以推迟气流的分离，从而提高最大升力系数 C_{Lmax}。

（2）附面层吸取增升装置：与附面层吹除增升装置相反，附面层吸取增升装置是利用吸气泵，通过机翼上表面的缝隙，吸取附面层使其中气流的速度和能量增大。这样，也可以推迟气流的分离和增大翼剖面的升力系数 C_L 值，如图 2-73 所示。

低速附面层

图 2-73　附面层吸取增升装置

（a）附面层吸取；（b）多道缝隙吸取附面层

小提示 飞机起飞时，襟翼向后下方偏移角度较小，主要起到增加升力的作用，可以加速飞机起飞；飞机降落时，襟翼向后下方偏移的角度较大，可以使飞机的升力和阻力同时加大，以利于降低着陆速度。

单元七　飞机的飞行性能、起飞和着陆

■ 一、飞机的飞行性能

图 2-74 所示是飞机飞行状态的示意。飞机的基本飞行状态是等速直线平飞，然而一架飞机需要完成多种飞行状态。所有这些飞行状态，可分为等速直线飞行、变速和曲线飞行 [图 2-74（a）] 及悬停飞行 [图 2-74（b）] 三类。

图 2-74　飞机的飞行状态

（a）等速直线飞行、变速和曲线飞行；（b）悬停飞行

从图中可以知道，水平等速直线飞行、等速直线爬升飞行和等速直线俯冲飞行都属于等速直线飞行；而起飞和着陆飞行、等高度和等速度盘旋飞行、盘旋上升飞行或盘旋下降

飞行、翻筋斗飞行和上升转弯飞行等都属于变速和曲线飞行；悬停飞行是一种特殊的飞行状态，它是垂直起降飞机所特有的性能。

评价飞机飞行性能的指标有很多，主要的是飞多快、飞多高、飞多远和飞多久，也就是最大平飞速度、升限、航程和续航时间。

（1）最大平飞速度。飞机的最大平飞速度是指在水平直线飞行条件下，在一定飞行距离内（一般应不小于 3 km），发动机推力为最大状态（如果有加力燃烧室，则在开加力的状态）下，飞机所能达到的最大平稳飞行速度所获得的平飞速度。

通常，飞机不以最大平飞速度进行长时间的飞行，因为耗油太多，而且发动机容易损坏并缩短使用寿命。除作战或特殊需要，以最大平飞速度飞行外，一般以比较省油的经济巡航速度飞行。

（2）升限。飞机上升所能达到的最大高度，称为升限。它是一架飞机能飞多高的一个指标，影响升限的主要因素是发动机的高空性能。飞机的垂直上升速度随高度的增加迅速减小，通常规定对应于垂直上升速度减小到 5 m/s 时的最大平飞飞行高度，称为实用静升限（或实用升限）。对应于垂直上升速度减小到零的最大平飞飞行高度，称为绝对升限，也称为飞机的理论静升限（高度），没有什么实际意义。

（3）航程。巡航速度是指发动机每千米消耗燃油量最小情况下的飞行速度。在载油量一定的情况下，巡航速度所能飞越的最大距离称为航程（严格说，还应加上起飞爬升段及从巡航高度下滑到着陆点的水平距离等）。它是一架飞机能飞多远的指标。增加航程的主要办法是多带燃料和减小发动机的燃料消耗。

航程远表示飞机的活动范围大。对于军用飞机来说，可以直接威胁敌人的深远后方，远程作战能力强；对民用客机和运输机来说，可以把客货运到更远的地方，而减少中途停留加油的次数。

（4）续航时间（航时）。续航时间是指飞机一次加油，在空中所能持续飞行的时间。这一性能对侦察机、海上巡逻机和反潜机等是很重要的，歼击机的续航时间长，也有利于对敌作战。现代作战飞机大都挂有副油箱，就是为了多带燃料，以增大航程和航时。在副油箱中的燃料使用完成后，或虽未用完而与敌机遭遇进行空战，为了减轻质量和减小飞行阻力，可将副油箱抛掉。

二、起飞和着陆

飞机的起飞和着陆是两个重要的飞行状态，这时飞机都在做变速运动。并且，飞机在起飞和着陆时都有失速现象的发生，因此有必要研究与飞机起飞和着陆有关的失速飞行速度。例如，在飞机着陆飞行过程中，飞机尚未着地滑跑之前（称为飘飞），飞行速度越小，飞行越安全；为了维持飞机升力近似等于重力，要求飞行时的 C_L 越大越好，最好能用 C_{Lmax} 来飞行。总的要求是增大 C_{Lmax}，防止失速现象发生，且要打开飞机的增升装置。当升力等于重力时，以 C_{Lmax} 飞行的飞行速度改换为飞机的失速飞行速度 v_s。即

$$v_s = \sqrt{\frac{2G}{p_\infty C_{Lmax} S}}$$

（2-26）

起飞是一种加速运动，飞机从起飞线开始滑跑到离地点一直在加速。起飞距离是指从起飞线开始，直到离地、爬升到离开地面高度 $h = 25\ m$ 时所飞越的地面距离的总和，如图 2-75 所示。高度 $h = 25\ m$ 是人为规定的，这是为了避开机场附近的房屋及其他障碍，以保证飞行安全的一个高度。

图 2-75　飞机的起飞

飞机在起飞过程中，在地面滑跑时作用在飞机上的力系，如图 2-76 所示。开始，飞机的阻力和升力都等于零；随着滑跑速度的增加，阻力和升力也跟着增大起来，当滑跑速度略大于飞机的失速速度 v_s 的 10% 时，使飞机抬头，迎角增加，升力很快超过重力，于是飞机便腾空而起，结束滑跑阶段然后转入爬升。当等速爬升到 25 m 高度后，则结束起飞过程。

图 2-76　飞机在起飞过程中的受力

飞机的着陆是一个减速的飞行过程，恰好与起飞过程相反。一般来说，着陆过程可分为五个阶段，即下滑、拉平、平飞减速、飘落触地和着陆滑跑。着陆过程飞越的地面距离的总和叫作着陆距离，如图 2-77 所示。

图 2-77　飞机的着陆

从 $h = 25\ m$ 高度转入着陆下滑状态；在接近地面时，使飞机抬头，"拉平"飞机，则飞机转入平飞减速阶段；随着速度不断减小，迎角不断增大，升力系数 C_L 不断增大，最理想的状态是触地瞬间升力等于重力，而垂直下沉速度等于零。实际情况往往不是这样，受到许多因素的影响，触地瞬间的升力小于重力，飞机向下坠落，垂直下沉速度不等于零，从而与地面发生撞击，这就是飘飞落地的飞行阶段。飞机飘落机轮触地瞬间的水平速度称为着陆速度（又称接地速度），它接近飞机的失速速度 v_s。着陆速度越小，着陆滑跑距离越短，飞行安全性就越高。飞机在着陆过程中，在地面滑跑时作用在飞机上的力系如图 2-78 所示。

图 2-78　飞机在着陆滑跑过程中的受力

| 飞机着陆 | 小型飞机起飞的三个阶段 | 小型飞机着陆的四个阶段 | 五边矩形起落航线 |

三、悬停飞行

在悬停飞行状态下的力平衡式是 $P = G$，借助于控制尾喷管的方向来控制发动机的推力和推力方向，可以使飞机垂直上升或下降，也可以使飞机在地面或甲板上完成垂直起飞和着陆，这种垂直起降飞机的主要优点是不需要跑道。它与直升机（直升机也可以做悬停飞行）的不同之处，就在于垂直起降飞机除起降飞行特殊外，其他的飞行性能均与普通飞机类同。

当代最为成功的垂直起降飞机是英国的"鹞式"飞机，如图 2-79 所示。只要控制它的推力向量喷管，把喷流从垂直向下逐步转向水平向后，就可使飞机从悬停过渡到向前的平飞状态。

巡航

过渡飞行

起飞与悬停

图 2-79　英国"鹞式"飞机的飞行状态

单元八　飞机的机动飞行

飞机按一定形式的轨迹运动，而运动参数（高度、速度、方向等）又不断变化的飞行，称为特技飞行。特技飞行是歼击机空战技术的基础，是评价歼击机的机动性和战斗性能的重要方面。机动性是飞机在一定时间内改变它的速度、高度和飞行方向的能力，这是作战飞机非常重要的性能指标。为了使飞机能很快地加速，必须有大推力的发动机。

一、飞机的盘旋飞行

飞机的盘旋飞行是曲线飞行状态，有等高度盘旋飞行和等速度盘旋飞行、盘旋上升飞行或盘旋下降飞行。等高度盘旋飞行和等速度盘旋飞行又称为正常盘旋飞行，所谓正常盘旋飞行，就是飞机在水平面内做等高度和等速度的圆周飞行，如图 2-80 所示。通常把坡度小于 45° 的盘旋飞行称为小坡度盘旋飞行，大于 45° 的盘旋飞行称为大坡度盘旋飞行。转弯飞行和盘旋飞行的操纵动作完全相同，只是转弯飞行的角度不到 360°。

盘旋飞行一周所需的时间越短和盘旋飞行半径越小，飞机的盘旋飞行性能越好。在作战时，要求盘旋飞行的半径越小越好，这时就要尽量使飞机倾斜坡度加大，以增大使飞机做曲线运动的向心力。

图 2-80　飞机盘旋飞行及其作用力

二、俯冲飞行

飞机将位能转化为动能、迅速降低高度、增大速度的机动飞行，称为俯冲。换而言之，俯冲是飞机沿较陡的倾斜轨迹做直线加速下降的飞行，如图 2-81 所示。在战斗飞行中，俯冲常用来攻击下面的敌机或地面目标，作战飞机借以提高轰炸和射击的准确度。在已取得高度优势的情况下，也常用于在短时间内迅速将高度转变为速度优势。

俯冲过程可分为进入、直线和改出俯冲三个阶段［图 2-81（a）］。在实际飞行中，为尽快进入俯冲，通常是飞机先绕纵轴滚转或边转弯边进入俯冲，进入段的高度损失不大。在急剧俯冲时，为了防止速度增加过多和超过相应高度的最大允许速度，必须减小发动机推力，有时需要放下减速板。改出俯冲后的高度不应低于规定的安全高度。从俯冲中改出时，飞行员应柔和并有力地拉动驾驶杆，增大迎角，使升力大于重力的第一分力 G_1，构成向心力，迫使飞机向上做曲线运动［图 2-81（b）］。

图 2-81　飞机的俯冲飞行

（a）俯冲的三个阶段；（b）改出俯冲的作用力

三、筋斗

　　筋斗是飞机在铅垂面内，做轨迹近似椭圆形而同时绕横轴仰翻 360° 的飞行，它包括曲线减速上升和曲线加速下降两个主要方面，如图 2-82 所示。筋斗大致由跃升、倒飞、俯冲等基本动作组成，是作战和训练飞行的基本功之一，也是用来衡量飞机机动性的一种指标。

　　完成一个筋斗所需要的时间越短，机动性越好。要实现筋斗飞行，飞行员应先

图 2-82　飞机的筋斗

加油门，增加速度，然后拉动驾驶杆使飞机曲线上升；过顶点后，减小油门，继续保持驾驶杆位置，飞机即做曲线下降，然后改为平飞。

四、横滚

　　飞机绕机体纵轴滚转 360° 的机动飞行动作，称为横滚。飞机横滚时，基本保持原飞行方向，高度改变很小，实际上是绕着一条起伏的曲线并沿着螺旋形的轨迹在运动，如图 2-83 所示。水平横滚是飞行员做复杂特技飞行所必须掌握的基本动作之一。按滚转角大小可分为半滚（滚转 180°，然后转入其他动作）、全滚（滚转 360°）和连续横滚；按滚转角速度可分为急横滚（完成横滚时间短）和慢横滚（完成横滚时间长）。

图 2-83　飞机的横滚

■ 五、半筋斗翻转

半筋斗翻转是飞机在铅垂面内迅速增加高度并改变 180° 方向的飞行，它是由筋斗的前半段和横滚的后半段结合起来的飞行。换而言之，半筋斗翻转是飞机先做筋斗动作，在到达顶点时筋斗停止，并做半滚而转入正常平飞，如图 2-84 所示。这种特技飞行既可以改变飞行方向（航向），又可以上升获得高度优势。这在空战中是一种很有用的特技飞行。

■ 六、半滚倒转

半滚倒转是飞机在铅垂面内迅速降低高度并改变 180° 方向的飞行，它是由横滚的前半段和筋斗的后半段结合起来的飞行，如图 2-85 所示。

图 2-84　飞机的半筋斗翻转　　　　图 2-85　飞机的半滚倒转

单元九　直升机的飞行原理

■ 一、直升机概况

直升机是利用航空发动机驱动旋翼桨叶旋转，提供升力、推进力和操纵力的飞行器。与普通飞机和垂直起降飞机相比，直升机在外形上和飞行原理上都有所不同。

直升机的飞行原理

直升机按用途可分为军用直升机和民用直升机；按质量可分为轻型（起飞质量在 1 t 以下）直升机、小型（起飞质量为 1～3 t）直升机、中型（起飞质量为 3～8 t）直升机、大型（起飞质量为 8～20 t）直升机和重型（起飞质量在 20 t 以上）直升机；按旋翼形式可分为单旋翼式直升机、多旋翼式直升机及新概念直升机。带尾桨的单旋翼直升机是目前世界上使用得最多的一种直升机。新概念直升机包括复合式直升机、倾转旋翼机、旋翼停转的旋翼机和直升机加气囊式组合飞艇等，其设计思想已突破了传统直升机的范畴，也可以理解为是介于传统直升机和飞机之间的一种新型航空器。

在军用领域，直升机在陆、海、空中都得到了广泛的应用，是陆军航空兵最重要的武器装备。军用直升机的主要用途有兵员运输、装备运输、武装护航、机降突击、搜索救援、空中巡逻、电子对抗、通信、联络、救护、训练、观察、空战、反舰、反潜、布雷、反坦克、对地火力支援、中继制导等。

在民用领域，直升机涉及国民经济的绝大多数方面，起着越来越重要的作用，在某些领域甚至有不可替代的作用。民用直升机的主要用途有海上油井服务，喷洒农药、种子和化肥，森林防火，地质、地貌勘探和测量，边境巡逻，海上巡逻和搜索，海关巡查缉私，海洋鱼群发现和跟踪，公路、铁路和河运巡视，电视拍摄与转播，建筑吊运，抗洪救灾，医疗救护，紧急救援，公务专机，航线航班，空中旅游及执行其他飞机难以完成的特殊紧急任务。

■ 二、直升机的主要特点

直升机的主要特点是能垂直起降，对起降场地没有特殊要求；可以在空中悬停，并能沿任意方向飞行（前飞、侧飞、后飞和定点回转等）；与垂直起落飞机相比，它的低空性能较好。但飞行速度比较低（一般为低速飞行），航程相对来说也比较短。

直升机的主要部件是旋翼、尾桨和机身，一般来说，它没有机翼和尾翼。旋翼既是产生升力的部件，又是产生拉力（推力）的部件。旋翼的桨叶剖面由翼型构成，每个桨叶的平面形状细而长（相当于一个大展弦比的梯形直机翼）。一副旋翼的桨叶的数目最少有2片，最多可达7片，如图2-86所示。

图 2-86 直升机外形

（a）两桨叶；（b）四桨叶；（c）六桨叶

■ 三、直升机旋翼的工作原理

直升机与一般的飞机不同，它没有固定的机翼，而是用旋翼来代替产生升力的机翼，旋翼由桨毂和桨叶组成。旋翼不仅起机翼的作用，而且起螺旋桨和舵面的作用，如图2-87所示。就桨叶本身而言，其平面形状和剖面形状都与大展弦比直机翼相近，它产生升力的原理与机翼相同。桨

图 2-87 旋翼

叶有几何扭转，各剖面的安装角不相等。对整个桨叶而言，其安装角是指各个剖面安装角的平均值，习惯上称为总距。改变总距，即可改变旋翼产生的升力。桨叶迎角 α 是剖面翼弦与相对气流速度 v 之间的夹角。沿桨叶翼展方向，迎角是变化的。

直升机旋翼绕旋翼转轴旋转时，每个桨叶的工作原理与一个翼型类同，沿半径方向每段桨叶上产生的空气动力 R，在桨轴方向上的分量 F_1 将提供悬停时需要的拉力（推力）；在旋转平面上的分量（阻力）D_1 产生的阻力力矩将由发动机所提供的功率来克服，如图 2-88 所示。

图 2-88 桨叶
(a) 桨叶上产生的空气动力；(b) 桨叶的术语

旋转旋翼桨叶所产生的拉力（推力）和需要克服阻力产生阻力力矩的大小，不仅取决于旋翼的转速，而且取决于桨叶的桨距 φ。从原理上说，调节转速和桨距都可以调节拉力（推力）的大小。但是旋翼转速取决于发动机（通常用的是涡轮轴发动机或活塞式发动机）的主轴转速，而发动机转速有一个最有利的值，在这个转速值附近工作时，发动机效率高、寿命长，因此，拉力（推力）的改变主要靠调节桨叶的桨距来实现。但是，桨距变化将引起阻力力矩变化，所以在调节桨距的同时还要调节发动机油门，保持转速尽量在靠近最有利的转速下工作。

直升机旋翼叶片的桨距调节变化可以按两种方式进行。第一种方式是各桨叶同时增大或减小桨距（简称总距操纵，飞行员通过总距操纵杆来操纵控制），从而产生直升机起飞、悬停、垂直上升或下降飞行所需要的拉力（推力）P。图 2-89 所示为直升机垂直上升飞行时 $P > G$ 的情况示意。第二种方式是周期性调节各个叶片的桨距，简称周期性桨距操纵。当打算前飞时，就将驾驶杆向前推，通过旋转斜盘（也称自动斜倾器）使各个桨叶的桨距做周期性变化。每个桨叶转到前进方向时，它的桨距减小，产生的拉力（推力）也跟着下降，这个桨叶向上挥舞的高度也减小；反之，当桨叶转到后方时，它的桨距增大，产生的拉力（推力）也随之增加，这个桨叶向上挥舞的高度也增大。结果，各个叶片梢（叶端）运动轨迹构成的叶端轨迹平面或旋翼锥体将向飞行前进方向倾斜，旋翼产生的总拉力（推力）P 也跟着向前倾斜，旋翼总拉力（推力）P 的一个分量 P_1 就成为向前飞行的拉力（推力），从而实现了向前飞行，如图 2-90 所示。

旋翼旋转时将产生一个反作用力矩，迫使直升机机身向旋翼旋转的反方向旋转。因此，需要依靠尾桨旋转产生的拉力（推力）来平衡反作用力矩，维持机头的方向。使用脚蹬来调节尾桨的桨距，使尾桨拉力（推力）变大或变小，从而改变平衡力矩的大小，实现直升机机头转向（转弯）操纵。

图 2-89 直升机垂直上升飞行

图 2-90 直升机向前飞行

小提示 地面效应（Ground effect）简称地效，也称为翼地效应（Wing-In-Ground effect，WIG）或翼面效应（Wing-In-Surface-Effect，WISE），是指运动物体贴近地面运行时，地面对物体产生的空气动力干扰。对于直升机来说，有地效时悬停高度要明显高于无地效的悬停高度，很多直升机的有地效悬停高度都超过 1 000 m。充分利用地面效应可以提高直升机载量，提高直升机的静升限（标准大气状态下，直升机能够进行悬停操作的最大高度）。

伯努利效应实验

全方位探访 JF-22 超高速风洞

思考题与习题

拓展阅读：刘传健：一声"中国机长"，一生忠诚担当

一、选择题

1. 流体的状态参数是指它的（   ）这三个参数，它们是影响流体运动规律重要的物理量。

A. 密度 ρ 　　　　　　　　　　B. 温度 T

C. 压力 p 　　　　　　　　　　D. 声速 c

2. 在实际应用中，对实际流体的物理属性的不同情况进行简化后，可以得出的流体模型有（   ）。

A. 理想流体 　　　　　　　　　B. 不可压流体

C. 绝热流体 　　　　　　　　　D. 可压流体

3. （   ）是被用来描述表示流体运动特征的物理量。

A. 流场 　　　B. 流线 　　　　C. 流管 　　　　D. 流量

4. 流体绕物体流动时，它的各个物理量如速度、压力和温度等都会发生变化，但这

些变化必须遵循基本的物理定律，这些物理定律有（　　）等。

 A. 质量守恒定律   B. 牛顿运动三定律

 C. 热力学第一定律   D. 热力学第二定律

 5. 飞机在低速、亚声速飞行时，产生的（　　）同升力无关，统称为零升阻力。

 A. 摩擦阻力   B. 诱导阻力   C. 压差阻力   D. 干扰阻力

 6. 为了保证风洞试验结果尽可能与飞行实际情况相符，使在模型试验中测量得到的空气动力系数能用到真实飞机（或称为原型机）上，则必须满足相似理论提出的三点要求，即（　　）。

 A. 几何相似   B. 运动相似   C. 动力相似   D. 环境相似

 7. 飞机在稳定飞行中，需要保持的稳定性有（　　）。

 A. 纵向稳定性   B. 方向稳定性   C. 横向稳定性   D. 俯仰稳定性

 8. 飞机的操纵是通过（　　）三个操纵面来进行的，分别偏转这三个操纵面，在气流的作用下，就会对飞机产生操纵力矩，飞机便绕其横轴、竖轴和纵轴转动，以改变飞行姿态。

 A. 机翼   B. 副翼   C. 方向舵   D. 升降舵

 9. 增升装置就是使飞机在（　　）时保证足够升力的装置。

 A. 跨声速飞行   B. 亚声速飞行   C. 低速飞行   D. 超声速飞行

 10. 直升机是利用航空发动机驱动旋翼桨叶旋转，提供（　　）的飞行器。

 A. 升力   B. 阻力   C. 推进力   D. 操纵力

二、填空题

 1. 影响流体运动规律最重要的物理量，有_____以及流体的_____。

 2. 研究航空、航天飞行器的飞行原理时，经常要提到_____和_____两个参数。它们都是_____量。

 3. 历史上非常著名的雷诺试验是研究流体的流动是_____还是_____。

 4. _____是飞机产生升力和阻力的主要部件，一般用_____的平面几何形状和翼剖面几何形状来描述_____的几何外形。

 5. 通过飞机重心的三条互相垂直的、以机体为基准的坐标轴系，称为_____。

 6. 飞机的平衡是指作用于飞机的各力之和等于_____，各力对重心所构成的各力矩之和也等于_____。

 7. 一架飞机需要完成多种飞行状态，所有这些飞行状态可以分成_____、_____、_____三类。

 8. 直升机的主要部件是_____，一般来说，它没有机翼和尾翼。

三、问答题

 1. 什么是飞行相对运动原理？试举例说明。

 2. 什么是"连续介质假设"？分析流体运动时，为什么要采用"连续介质假设"？

 3. 影响飞机升力和阻力的有关因素有哪些？

 4. 为什么说诱导阻力是产生有用升力必须付出的代价，而只能减小它，但无法绝对地避免它？

 5. 低速飞行、亚声速飞行、跨声速飞行、超声速飞行是如何区分的？

6. 跨声速飞行时，为什么会出现"声障"现象？

7. 超声速飞行和高超声速飞行时，为什么会出现"热障"现象？

8. 为了保证飞机能在小速度下仍然具有足够升力，增升装置有哪些？

9. 评价飞机飞行性能的指标有哪些？

10. 歼击机一般有哪些特技飞行状态？

11. 结合课前案例分析飞机高空爆炸性减压后会直接影响飞机哪些性能，飞行员又该如何控制保持飞机平稳飞行。

发动机

【学习目标】

1．了解航空发动机的发展及常见航空发动机的种类。
2．理解常见航空发动机的主要性能参数。
3．掌握航空发动机的基本原理和构造。
4．培养提出问题、分析问题、动手解决问题的能力。
5．弘扬航空工匠精神，培育航空报国人才。

【案例导入】

某航空公司的一架飞机在飞行过程中突然出现发动机故障，导致飞机无法维持高度和速度。出现问题后，机组决定采取紧急措施，进行迫降。在迫降过程中，航空公司的技术团队迅速启动应急响应程序，与机组保持紧密沟通，提供技术支持，最终确定了最佳迫降程序和操作步骤。在飞机着陆过程中，机组按照技术团队的建议进行操作，成功地将飞机安全地带入跑道，并停靠在指定位置。随后，技术团队立即对故障发动机进行了检查和维修。

案例分析：

经过技术团队仔细分析，发现故障是由于发动机内部的一个部件出现异常导致的。技术团队迅速更换了该部件，并对发动机进行了全面检查和维修。

发动机的性能水平直接影响飞机的飞行速度、高度、航程、机载重量等，是飞机的心脏。了解发动机的构造与基本工作原理是航空发动机维护及故障诊断的基础。

单元一　发动机的一般概念与发展

■ 一、发动机的一般概念

为飞行器提供动力，推动飞行器前进的装置称为推进系统。它由发动机、推进剂或燃料系统，以及保证发动机正常有效工作所需要的导管、附件、仪表和固定在飞行器上的装置等组成，也称为动力装置（下文简称发动机）。

发动机是飞行器的动力源，飞行器的飞行速度、高度、航程、机载重量和机动能力，在很大程度上取决于发动机的性能水平，人们常形象地称其为飞行器的心脏。纵观航空航天的发展历程，不难看出，每次重大的进展无不与发动机的发展紧密相关。喷气发动机开创了航空史上的"喷气时代"，涡扇发动机带来了航空运输的繁荣，火箭发动机的不断发展推进了航天事业的发展。

发动机按照其产生推力的方法可分为活塞式发动机和喷气发动机两大类。在活塞式发动机中，发动机和产生推力的推进器（螺旋桨）是分开的；而在喷气发动机中，发动机本身就是推进器。

航空活塞式发动机不能直接产生使飞行器前进的推力或拉力，必须带动空气螺旋桨（在飞机上）或旋翼（在直升机上），空气螺旋桨产生推力和拉力，旋翼产生升力和拉力。喷气发动机依靠直接反作用力产生推力。低速流入发动机的工质（空气和燃料）经过燃烧后，以高速度喷出。工质的加速意味着发动机给予它向后的力，工质必将给发动机施加一个向前的反作用力，这就产生了推力。

航空航天发动机包括活塞式发动机、喷气发动机和特种发动机，喷气发动机又分为燃气涡轮发动机、无压气机式喷气发动机、火箭发动机和组合式发动机。喷气发动机可以利用大气层中的空气，与所携带的燃料燃烧产生高温、高压燃气，在发动机的尾喷管中膨胀，以高速喷出，从而产生反作用推力。火箭发动机完全依靠自身携带的能源和工质，产生高温高压气体，因此可以在高空和大气层外使用。早期的航空发动机为活塞式发动机，现代的航空航天发动机多为喷气发动机，但是在小型低速飞行器上也采用活塞式发动机，而特种发动机大多处于探索研究中。航空航天飞行器所使用的发动机分类如图 3-1 所示。

图 3-1　航空航天飞行器所使用的发动机分类

■ 二、航空发动机溯源

早在 1810 年，被誉为"空气动力学之父"的英国科学家乔治·凯利就指出："所谓机械飞行就是对一块平板提供动力，使它能在空中支持一定的重量。"到了 19 世纪中叶，人们通过观察鸟类飞行、风筝飞升、模型吹风试验和驾驶滑翔机的亲身体验，基本上已经掌握了飞机的飞行原理，同时，由于船用螺旋桨的发明和广泛应用，也有了合适的推进装置（螺旋桨）。但由于没有可用的动力装置（发动机），仍然只有望天兴叹。于是，乔治·凯利在 1850 年说："我的发明（飞机）唯一无法解决的就是动力问题。"

19 世纪中叶，人类历史上的第一次工业革命方兴未艾，而蒸汽机正是这次工业革命的"火车头"。蒸汽机在火车、轮船和工业生产中的广泛应用，使人们自然想到依靠它完成飞行之梦。从 1845 年英国工程师汉森和斯特林费罗的"空中蒸汽机车"飞机专利，到 1896 年美国科学家兰利的蒸汽机飞机模型，在近半个世纪的时间里，人们为了使蒸汽机"飞"起来而绞尽脑汁，但最终无功而返。同为航空先驱者、载人滑翔机的发明人、德国人李林塔尔也不得不感叹："笨拙的蒸汽机飞机在告诉人们，不要再去飞行了。"

1883 年，德国人戴姆勒（就是今天戴姆勒 – 奔驰公司的鼻祖之一）研制出以汽油为燃料的四冲程活塞式发动机，才使人类的飞行柳暗花明，出现了成功的曙光。活塞式发动机去掉了蒸汽机笨重的锅炉，把燃烧室和气缸合二为一，燃料燃烧和工质加热过程都在气缸内一起完成。汽油活塞式发动机一面世，就立即得到了正在为寻求新型动力而苦恼的飞行家们的青睐。

莱特兄弟的"飞行者"1 号所用的发动机，就是一台设计有自动进气阀的液（水）冷、四缸、四冲程直排卧式活塞式汽油发动机，如图 3-2 所示。这台推动人类进入航空时代的"伟大"的发动机却并非出自著名的企业或发明家，而是出自一位普通的修理技工查尔斯·泰勒之手。泰勒以一台已有的驱动设备的活塞式发动机为原型，凭借丰富的经验和精湛的技术，经过大量试验和改进、完善，终于制造出满足设计指标的发动机，为人类首架动力飞机的成功飞行做出了不可磨灭的贡献。

从 20 世纪 30 年代中期开始到第二次世界大战结束，在近 10 年的活塞式发动机发展的

图 3-2 "飞行者"1 号发动机结构示意

"黄金时代"中，相继出现了一批著名的发动机和飞机，并在第二次世界大战中大显身手。如英国罗 – 罗公司研制出"梅林"12 缸 V 形液冷发动机，装备了第二次世界大战中著名的 P-51"野马"战斗机和"飓风"战斗机；德国戴姆勒 – 奔驰公司生产的 D-B601 倒置 V 形液冷发动机，装备了德国空军的主力战斗机 Bf-109 飞机，曾于 1939 年创造了当时 755 km/h 的活塞式发动机飞机的世界纪录，并一直保持到 1969 年才被打破；美国普惠公司生产的 R2800"双黄蜂"双排星形 18 缸气冷发动机，曾经广泛装备 P-47、F4U"海盗"舰载战斗

机，以及第二次世界大战后期研制的专门用于夜间截击轰炸机的 P-61 "黑寡妇" 截击机。

到 20 世纪 40 年代末，活塞式发动机达到了发展的顶峰，单台发动机功率提升到 3 000 马力（约 2 237 kW）以上，功重比增加，耗油率降低，寿命从数小时增加到上千小时。年产量达数十万台，装备了上百万架飞机。单从生产数量上看，没有哪一种航空发动机比得上活塞式发动机的生产数量。

然而，盛极必衰。一方面，由于发动机的功率与飞机飞行速度的三次方成正比，随着飞行速度的进一步提高，发动机功率进一步增大，活塞式发动机的质量也迅速增大，已经不能满足高速飞行的要求；另一方面，螺旋桨的效率在飞行速度大于 700 km/h 后会急剧下降，这两个方面均限制了飞行速度的进一步提高。因此，采用活塞式航空发动机、螺旋桨组合的飞机，其飞行速度不可能接近声速，当然更不可能达到声速或超过声速。为了提高飞行速度，就像当初航空先驱者们抛弃蒸汽机一样，放弃活塞式发动机，而研制功率更大、质量更轻的新型航空发动机。

从第二次世界大战结束至今，航空燃气涡轮发动机取代了活塞式发动机，开创了喷气新时代。直接产生推力的涡轮喷气发动机（简称涡喷发动机）和涡轮风扇发动机（简称涡扇发动机）的推力范围从几百十牛（daN）到超过 50 000 daN，战斗机发动机的推力重力比从 2 左右提高到 10，民用发动机的耗油率从 1.0 kg/（daN·h）下降到 0.4 kg/（daN·h）。它们推动着喷气式飞机跨过声障和热障，直逼 3 倍声速；使双发巨型宽体民用客机能够不着陆安全地越洋飞行；民航的重要经济指标 "每人千米油耗" 下降了 70%，其中 3/4 得益于发动机效率的提升；推力矢量喷管技术使战斗机垂直、短距起落和具有超机动能力成为可能。

涡轮螺旋桨发动机（简称涡桨发动机）和涡轮轴发动机（简称涡轴发动机）是输出轴功率的，它们分别驱动螺旋桨和旋翼，成为亚声速运输飞机和直升机的动力装置。涡轮螺旋桨发动机曾经最大发出超过 11 000 kW 的功率，装备了一些重要的运输飞机和轰炸机。但终因螺旋桨在吸收功率、尺寸和飞行速度方面的限制，在大型飞机上，涡轮螺旋桨发动机逐步被涡轮风扇发动机所取代。涡轮轴发动机在直升机领域一直居主导地位，最大的涡轮轴发动机可发出 8 500 kW 的应急功率，装两台这种发动机的直升机可运载 20 t 的货物。总之，航空发动机经历了一个世纪的发展，已经相当成熟，为各种飞行器的发展做出了重要贡献。

小提示 马力是用来衡量发动机单位时间内做功多少的物理量，它反映了发动机在相同时间内释放出来的能量大小；而牛顿衡量推力大小的物理量，标准单位为 N，1 daN=10 N。

■ 三、航空发动机的发展

航空发动机诞生 120 多年来，主要经历了三个阶段。前 40 年（1903—1945 年）为活塞式发动机统治时期。1945 年至 20 世纪 60 年代为喷气发动机时代。涡轮喷气发动机的出现使飞机的性能取得了飞跃式的发展，飞机得以飞得更高、更快。20 世纪 60 年代至今为涡轮风扇发动机革命时代。在这一时期，航空上广泛应用涡轮风扇发动机，也派生发展了输出轴功率的涡轮螺旋桨发动机和涡轮轴发动机。随着数智化、新材料、新结构及绿色环保与可持续技术的发展，更高效、更环保的新型发动机不断涌现。航空发动机对比见表 3-1。

表 3-1　航空发动机对比

发动机名称	发动机类型	有无压气机	使用场景	典型机型
航空活塞式发动机	间接反作用力	无	轻型低速飞机	塞斯纳 172
冲压式喷气发动机	直接反作用力	无	高速飞机 / 导弹	HTV-3X
脉冲式喷气发动机	直接反作用力	无	小型低速飞行器 / 导弹	V-1 导弹
涡轮喷气发动机	直接反作用力	有	早期航空发动机	歼 -7
涡轮风扇发动机	直接反作用力	有	主流航空发动机	C919
涡轮轴发动机	间接反作用力	有	直升机	直 -10
涡轮螺旋桨发动机	间接反作用力	有	水上飞机	AG600
螺旋桨风扇发动机	间接反作用力	有	大型运输机	安 -70

1. 活塞式发动机时期

1903—1945 年，活塞式发动机作为飞机的动力装置，占据了统治地位。在两次世界大战的推动下，活塞式发动机不断改进完善，得到迅速发展，第二次世界大战结束前后达到其技术的顶峰。活塞式发动机技术上的特点和进步主要如下：

（1）整流罩的发明使气冷式发动机在大部分领域逐步取代液冷式发动机，从而取消了笨重、复杂和容易损坏的液冷系统。

（2）采用金属钠冷却排气门，解决了排气门过热的问题。

（3）在供油方式上，由汽化器供油改为直接注射式供油，简化了结构，改善了加速性。

（4）采用废气涡轮增压器和变距螺旋桨，增大了发动机的功率和工作高度，改善了螺旋桨的特性。

20 世纪 30—40 年代，是活塞式发动机的全盛时期。活塞式发动机加上螺旋桨，构成所有战斗机、轰炸机、运输机和侦察机的动力装置；活塞式发动机加上旋翼，构成所有直升机的动力装置。第二次世界大战以后，随着涡轮喷气发动机的发展，活塞式发动机逐渐失去航空领域的霸主地位。但小功率的活塞式发动机还在初级教练机、小型公务机、农林机、运动机、无人机和直升机上继续使用，主要形式为气冷的水平对缸发动机。

2. 喷气推进新时代

在空气喷气发动机中，经过压缩的空气与燃料（通常为航空煤油）的混合物燃烧后产生高温、高压燃气，在发动机的尾喷管中膨胀，以高速喷出，从而产生反作用推力。流进发动机的空气可以是由专门的压气机使其受到压缩，也可以利用将高速流进发动机的空气（当飞行器以很高的速度飞行时）滞止下来而产生高压来达到。因此，空气喷气发动机有无压气机和有压气机之分。

（1）喷气发动机的诞生。喷气发动机是一种直接反作用推进装置，与喷气发动机原理有关的研究已有久远的历史，中国古代的火箭和走马灯就是喷气推进和涡轮机原理的体现，但取得航空工程实用性进展还是在第二次世界大战后期。

1913 年，法国工程师雷恩·罗兰获得第一个喷气发动机专利，如图 3-3 所示。它属于无压气机式喷气发动机，与后来的冲压发动机基本相同。冲压发动机结构简单、推力大，特别适合高速飞行。但是不能在静止状态下启动，而只能在装备它的飞行器具有一定速度后才能工作，或与其他发动机组合使用，可以用作导弹、靶机和高超声速飞行器的动力。

无压气机式喷气发动机还有脉冲式喷气发动机和火箭发动机。脉冲式喷气发动机是冲压喷气发动机的一种特殊形式，没有得到广泛的应用。火箭发动机自带燃料和氧化剂而不依赖空气，可以在没有空气的外层空间工作，主要用于航天器和洲际弹道导弹，也曾经用作高速研究机动力、飞机加速器和飞机起飞助推器。

有压气机式喷气发动机是由英国人弗兰克·惠特尔和德国人汉斯·冯·奥海因在同一时期分别发明的。压气机有离心式、轴流式、组合式等多种，由安装在后面的燃气涡轮带动，所以这类发动机又称为涡轮喷气发动机。

空军少校弗兰克·惠特尔于 1930 年申请了专利，1937 年 4 月研制出世界上第一台离心式涡轮喷气发动机，如图 3-4 所示。试验中达到的推力（气流作用在发动机内、外表面的合力，即发动机所产生的推动飞行器运动的力）为 200 daN。1941 年 5 月，推力为 650 daN 的改进型惠特尔发动机安装在格罗斯特公司的 E-28、E-29 飞机上进行了成功的首飞。

图 3-3　法国工程师雷恩·罗兰的喷气发动机专利　　图 3-4　英国人弗兰克·惠特尔的离心式涡轮喷气发动机专利

汉斯·冯·奥海因在 1938 年 10 月试验了采用轴流—离心组合式压气机的 HeS3 涡轮喷气发动机，如图 3-5 所示。实测推力为 400 daN，推力重力比（发动机最大推力与发动机质量的重力之比，简称推重比，计量单位无量纲）为 1.12。1939 年 8 月 27 日，安装在德国亨克尔公司的 He-178 飞机上成功首飞，这是世界上第一架试飞成功的涡轮喷气式飞机。由于这次首飞比 E-28、E-29 飞机早了一年多，人们公认：以这次首飞为标志，开创了喷气推进新时代和航空事业的新纪元。

图 3-5　德国人汉斯·冯·奥海因研制的使用轴流—离心组合压气机的 HeS3 涡轮喷气发动机

（2）涡轮喷气发动机的发展。早期的涡轮喷气发动机和飞机尚处于试验阶段，在第二次世界大战中并没有发挥多大作用，到战后特别是20世纪50年代才获得迅速的发展。战后第一批军队使用的喷气式战斗机是1944年由美国制造的F-80飞机和1946年由苏联制造的米格-9飞机，飞机为平直梯形机翼，发动机的推力为800～900 daN，飞行速度为900 km/h左右。1947年，出现了第一批后掠机翼的战斗机，如美国的F-86飞机和苏联的米格-15飞机。发动机分别是轴流式的J47涡轮喷气发动机和离心式的RD-45涡轮喷气发动机，飞行速度提高到1 050 km/h，接近了声速。

为了突破"声障"，在涡轮喷气发动机上加装了加力燃烧室，它可以在短时间内大幅度提高推力。1953年，美国利用J57加力式双转子涡轮喷气发动机推出了第一种实用的超声速战斗机F-100，最大飞行速度为声速的1.31倍，即Ma=1.31，或马赫数1.31。1955年，苏联装有RD-9B加力式轴流涡轮喷气发动机的超声速战斗机米格-19也装备了军队，最大飞行马赫数1.37。

这以后，战斗机继续向高空高速发展。1958年，美国推出了F-104战斗机，最大飞行马赫数2.2，使用升限17.68 km。1959年，苏联推出了米格-21战斗机，最大飞行马赫数2.1，使用升限18 km。1969年，苏联装备的米格-25战斗机，最大飞行马赫数2.8，升限达到23 km。

涡轮喷气发动机在军用战斗机上广泛应用的同时，也被其他机种所选用。首先是轰炸机，随后是运输机、旅客机和侦察机。例如，美国在1955年装备军队，而至今还在使用的B-52重型战略轰炸机，开始时安装有8台J57系列双转子涡轮喷气发动机。英国于1952年，用世界上第一种装有4台涡轮喷气发动机的"彗星"号旅客机，开办了由伦敦到南非的航空营运业务。1974年，英、法两国利用4台奥林帕斯593加力式涡轮喷气发动机，合作研制的"协和"号超声速旅客机取得了适航证，如图3-6所示。美国1966年投入使用的SR-71战略侦察机的最大飞行马赫数超过3，使用升限超过20 km，其动力是J58加力式涡轮喷气发动机，最大推力为十几万牛顿。

图3-6 奥林帕斯593加力式涡轮喷气发动机和"协和"号超声速旅客机

如果把 20 世纪 40—50 年代研制的单轴涡轮喷气发动机算作第一代涡轮喷气发动机，那么 20 世纪 50—60 年代研制的加力式涡轮喷气发动机即第二代涡轮喷气发动机，其循环和性能参数水平：涡轮前燃气温度（简称涡轮前温度）为 950 ～ 1 100 ℃，推重比为 4.5 ～ 5.5，不加力耗油率为 0.9 ～ 1.0 kg/（daN·h），加力耗油率为 2.0 kg/（daN·h）左右。

不加力耗油率又称单位燃油消耗率。对于喷气发动机，它表示发动机产生 1 daN 推力时每小时消耗的燃油量，计量单位是 kg/（daN·h）；对于活塞式发动机、涡轮螺旋桨发动机和涡轮轴发动机，它表示发动机产生 1 kW 功率时每小时消耗的燃油量，计量单位是 kg/（kW·h）。

（3）涡轮风扇发动机的发展。涡轮喷气发动机的广泛应用改变了航空事业的面貌，在航空发展史上立下了不可磨灭的功绩。但涡轮喷气发动机有一个致命的缺点，那就是耗油率太高，经济性差。为了克服涡轮喷气发动机耗油率太高的缺点，这就产生了涡轮风扇发动机。

涡轮风扇发动机与涡轮喷气发动机的比较，如图 3-7 所示。涡轮风扇发动机与涡轮喷气发动机的区别在于低压压气机变成长叶片的风扇，风扇出口气流分成两股通过内、外两个环形涵道流过发动机。涵道比是涡轮风扇发动机的一个重要参数，它是外涵空气流量与内涵空气流量之比。图 3-7（a）所示为涡轮喷气发动机的示意；图 3-7（b）所示为小涵道比（0.2 ～ 1.0）涡轮风扇发动机的示意，它是超声速战斗机的理想动力，可以带加力燃烧室；图 3-7（c）所示为大涵道比（4 ～ 8）涡轮风扇发动机的示意，它是高亚声速运输机和旅客机的理想动力，不带加力燃烧室。

（a）

（b）

（c）

图 3-7　涡轮风扇发动机与涡轮喷气发动机的对比
（a）涡轮喷气发动机；（b）小涵道比（0.2 ～ 1.0）涡轮风扇发动机；（c）大涵道比（4 ～ 8）涡轮风扇发动机

涡轮风扇发动机诞生于 20 世纪 50 年代，首先用于民用飞机，随后扩展到军用飞机。20 世纪 60 年代出现涡轮风扇发动机化热潮，20 世纪 70—80 年代发展提高、广泛应用，20 世纪 90 年代以后高度发展，取代涡轮喷气发动机成为军用、民用飞机的主动力和航空推进技术研究发展的主要方向。

世界上第一台实用的涡轮风扇发动机是英国罗 - 罗公司在 20 世纪 50 年代研制的康维发动机，用于英国的安装 4 台发动机的 VC—10 旅客机上。在康维发动机的基础上，罗 - 罗公司又研制了经济性与安全性更好的斯贝发动机，用于著名的"三叉戟"旅客机。其他国家也相继发展了许多机种，在 20 世纪 60 年代形成了一个涡轮风扇发动机化的热潮。这一代民用涡轮风扇发动机的性能参数大致：涵道比小于 3，总增压比为 10 ～ 25，巡航耗油率为 0.7 ～ 0.9 kg/（daN·h）。

为了满足远程大、中型旅客机的需要，20 世纪 70—80 年代研制了一批先进的大涵道比涡轮风扇发动机。比较典型的有罗 - 罗公司在 1973—1977 年研制的 RB211 涡轮风扇发动机（三转子，用于波音 747 飞机、波音 767 飞机等），1972—1979 年美、法两国联合研制的 CFM56 涡轮风扇发动机（用于波音 737 飞机、C-135 飞机、A320 飞机、A340 飞机等），1983—1988 年美、英、日、德、意五国联合研制的 V2500 涡轮风扇发动机（用于 A320 飞机、MD-90 飞机等）。这些涡轮风扇发动机，后来都有一系列的改进改型。这一代涡轮风扇发动机的性能参数大致：涵道比为 4 ～ 6，总增压比为 25 ～ 30，巡航耗油率为 0.55 ～ 0.8 kg/（daN·h），涡轮前温度为 1 227 ～ 1 300 ℃。图 3-8 所示为典型的 CFM56 大涵道比民用涡轮风扇发动机。

图 3-8　CFM56 大涵道比民用涡轮风扇发动机

20 世纪 90 年代，根据双发远程宽体大型旅客机波音 777 飞机的需求，三大发动机公司进一步研制了更先进的大推力涡轮风扇发动机，即英国罗 - 罗公司的遄达 800 涡轮风扇发动机、美国通用电气公司（GE 公司）的 GE90 涡轮风扇发动机、美国普惠公司的 PW4084 涡轮风扇发动机。这一代涡轮风扇发动机的性能参数大致：涵道比为 6 ～ 9，总增压比为 38 ～ 45，巡航耗油率为 0.6 kg/（daN·h），涡轮前温度为 1 400 ～ 1 430 ℃。

波音 777 飞机投入使用后，欧洲的空中客车公司和美国的波音公司又先后提出发展运载 600 人左右的 4 发巨型旅客机。为此，正在研制的涡轮风扇发动机有美国 GE 公司与美国普惠公司合作发展的涵道比为 7 ～ 8 的 GP7000 涡轮风扇发动机，英国罗 - 罗公司的涵道比为 8.5 的遄达 900 涡轮风扇发动机。

为与 CFM56 争夺窄体旅客机发动机市场，美国普惠公司提出过涵道比为 11 的新一代齿轮传动风扇的 PW8000 涡轮风扇发动机方案。该发动机在风扇与低压气机之间安装了一种新型减速器，使风扇和低压涡轮均处于最佳转速下工作。与传统的同类发动机相比，PW8000 的压气机和涡轮总级数减少 40%，叶片数减少 50%，耗油率下降 9%，代表了这类发动机的最高水平。但后来研制工作中止，技术发展工作仍在进行。

鉴于涡轮风扇发动机的优越性，从 20 世纪 60 年代开始，涡轮风扇发动机就被军用飞机大量采用。最初的军用加力式涡轮风扇发动机有美国的 TF30 发动机和英国的军用斯贝发动机等。这一代涡轮风扇发动机的性能参数：推重比为 5 ～ 6，涡轮前温度为 1 127 ～ 1 227 ℃。

20 世纪 70—80 年代，受高性能空中优势战斗机的需求牵引，各国先后推出了一批先进军用涡轮风扇发动机。比较典型的有英、德、意三国联合研制的 RB199 涡轮风扇发动机（装备"狂风"战斗机），美国普惠公司研制的 F100 涡轮风扇发动机（装备 F-15 战斗机、F-16 战斗机），GE 公司研制的 F404 涡轮风扇发动机（装备 F/A-18 战斗机）和 F110 涡轮风扇发动机（装备 F-16 战斗机），苏联研制的 RD-33 涡轮风扇发动机（装备米格 -29 战斗机）和 AL-31F 涡轮风扇发动机（装备苏 -27 战斗机）。这一代涡轮风扇发动机的性能参数：推重比为 7 ～ 8，涡轮前温度为 1 327 ～ 1 427 ℃，技术上采用跨声速压气机、短环形燃烧室、高负荷跨声速涡轮、复合气冷涡轮叶片和单元体结构设计等。

20 世纪 90 年代，各国为第四代战斗机研制推重比为 10 一级的小涵道比加力式涡轮风扇发动机。例如，美国的 F119 涡轮风扇发动机和 F135 涡轮风扇发动机（装备 F-22 战斗机和 F-35 战斗机），欧洲的 EJ200 涡轮风扇发动机（装备 EF2000 战斗机），法国的 M88-□ 涡轮风扇发动机（装备"阵风"战斗机），俄罗斯的 AL-41F 涡轮风扇发动机等。这一代涡轮风扇发动机的涡轮前燃气温度高达 1 577 ～ 1 727 ℃，采用矢量喷管和双余度全权电子数字控制，可靠性、耐久性成倍增长，寿命期费用降低 25% 左右。

小提示 航空发动机欧美"五代"划分方法：军用涡扇发动机的涵道比较小，第一代航空发动机出现于 20 世纪 50 年代，以英国的康维发动机、美国的 JT3D 发动机为代表，推重比在 2 左右；第二代航空发动机出现于 20 世纪 60 年代，以英国的斯贝 MK202 和美国的 TF30 发动机为代表，推重比在 5 左右。第三代航空发动机出现于 20 世纪 70—80 年代，以美国的 F100、F110、F404，欧洲的 RB199、M88-3，苏联的 RD-33 和 AL-31F 发动机为代表，推重比在 8 左右。其中，美国的 F100 装备了 F-15 战斗机，F110 装备了 F-16 战斗机，F404 装备了 F-18 战斗机，RB199 装备了"狂风"战斗机，苏联的 RD-33 装备了米格 -29 战斗机，AL-31F 装备了苏 -27 战斗机。20 世纪 90 年代出现的第四代航空发动机是以美国的 F119 和欧洲的 EJ200 发动机为代表，推重比在 10 以上，其中，F119 装备了 F-22 战斗机，EJ200 装备了"台风"战斗机。到了 21 世纪初，第五代航空发动机出现，以美国的 F135 发动机和英、美联合研制的 F136 发动机为代表，推重比为 12 ～ 13，其中 F135 发动机装备在 F-35 战斗机上。

3．涡轮螺旋桨发动机和涡轮轴发动机

在涡轮喷气发动机蓬勃发展的过程中，驱动飞机螺旋桨和直升机旋翼的动力也实现了涡轮化，派生出涡轮螺旋桨发动机和涡轮轴发动机，这是两种新型航空燃气涡轮发动机。涡轮螺旋桨发动机和涡轮轴发动机的工作原理基本相同，都是靠动力涡轮把燃气发生器出口燃气中的绝大部分可用能量转变为轴功率，通过减速器驱动螺旋桨或旋翼。与活塞式发动机相比，它们质量轻、振动小、功率重力比大。

（1）涡轮螺旋桨发动机。在第二次世界大战中，英国首先研制成功涡轮螺旋桨发动机，美国、法国和苏联等国也都积极发展了这项技术。因为它比涡轮喷气发动机和涡轮风扇发动机的耗油率低、经济性好、起飞推力大，曾经得到相当的发展，但由于速度、功率

受到限制，在大型远程运输机上已被涡轮风扇发动机所取代。目前，在中、小型运输机和通用飞机上仍有广泛的用途。

20 世纪 70—80 年代，美国、苏联等国研究了一种介于涡轮螺旋桨发动机和涡轮风扇发动机之间的新型发动机，这就是螺旋桨风扇发动机，简称桨扇发动机，如图 3-9 所示。桨扇发动机的关键部件是两排转向相反、带一定后掠的称为桨扇的叶片，该叶片比螺旋桨的桨叶直径小、数目

图 3-9　螺旋桨风扇发动机

多、比较薄，比风扇叶片数目少而比较宽、厚。它既可以看作带高速先进螺旋桨的涡轮螺旋桨发动机，又可以看作去掉外涵道的超大涵道比的涡轮风扇发动机。因此，兼有涡轮螺旋桨发动机耗油率低和涡轮风扇发动机飞行速度高的优点，20 世纪 80 年代已经完成了地面和飞行验证。但是，由于航空燃油价格较难降低，以及噪声和振动问题较难解决等原因，大多停止了研制，只有乌克兰坚持下来，配套研制的 D-27 螺旋桨风扇发动机和安 -70 四发中型运输机仍在发展。

（2）涡轮轴发动机。世界上最早研制涡轮轴发动机的是法国，20 世纪 50 年代中期，透博梅卡公司研制的功率为 405 kW 的阿都斯特二涡轮轴发动机，成功用到"云雀"2 直升机上。自此，涡轮轴发动机不断改进创新，已经发展了四代。

目前，仍在大量使用中的第三代涡轮轴发动机是在 20 世纪 70—80 年代投产的，比较典型的有法国的马基拉涡轮轴发动机、美国的 T700 涡轮轴发动机和苏联的 TV3—117 VM 涡轮轴发动机。主要参数：耗油率为 0.286 ～ 0.300 kg（kW · h），涡轮前温度为 890 ～ 1 100 ℃，单位功率为 213 ～ 255 kW/（kg · s）。这里的单位功率指涡轮螺旋桨发动机、涡轮轴发动机每单位空气流量所能产生的发动机功率，计量单位是 kW/（kg · s）。

第四代涡轮轴发动机是 20 世纪 80—90 年代研制的，代表了当前涡轮轴发动机的最高水平。比较典型的有德国、法国、英国联合研制的 MTR390 涡轮轴发动机（用于欧洲的"虎"式直升机），美国的 T800 涡轮轴发动机（用于 RAH—66"科曼奇"直升机），英国和法国联合研制的 RTM322 涡轮轴发动机（用于欧洲的 EH101 直升机和 NH90 直升机）。其性能参数：耗油率为 0.269 ～ 0.279 kW/（kg · s），涡轮前温度为 1 150 ～ 1 267 ℃，单位功率近 300 kW/（kg · s）。

4. 推进技术的研究和发展

迄今为止，人类仍然没能发现有什么东西可以代替飞机，也没能发现有什么东西可以代替作为其推进系统的涡轮发动机。因此，在可以预见的未来，航空燃气涡轮发动机仍将是飞行器的主要动力形式，将以更加迅猛的速度向前发展。

为在 21 世纪取得航空优势，主要航空发达国家从 20 世纪 80 年代后期，开始制订实施了更为先进的航空发动机研究和发展计划。例如，美国的综合高性能涡轮发动机技术（IHPTET）计划，以英国为主的欧洲先进核心军用发动机（ACME）计划，俄罗斯也开展了类似的研究。其目标是在 21 世纪初验证推重比达 18 ～ 20、耗油率下降 15% ～ 30% 和成本降低 30% 的发动机技术，使发动机技术有很大的突破。也就是说，要用 15 ～ 20 年

的时间，取得过去 30 ～ 40 年取得的成就，目前这些技术发展计划已基本实现。

在 IHPTET 计划成功实施的基础上，目前美国政府和军方已经制订了"多用途经济可承受的先进涡轮发动机（VAATE）计划"的后继计划，发展重点从提高性能转向降低全寿命期成本，其目标是利用 2006—2017 年验证的技术，使以能力（推重比和耗油率）与全寿命期成本之比为度量的经济可承受性提高到 F119 涡轮风扇发动机的 10 倍，推重比达到 25 ～ 30。这些计划综合运用发动机气动热力学、材料工艺、结构强度和控制方面的新成果，大大提高涡轮前燃气温度、简化结构、减轻质量，实现最佳控制，最终达到预定的目标。

（1）气动热力设计技术。主要是三维黏性计算流体力学设计方法和程序、新颖的叶轮机设计概念、旋流燃烧室、先进的热部件设计和热分析、冷却设计和推力矢量喷管设计等。

（2）新材料。耐高温轻质材料主要有超级耐热合金和隔热涂层、金属间化合物（钛铝和镍铝）、有机物基复合材料、金属基复合材料、陶瓷基复合材料、碳—碳复合材料和非结构材料等。21 世纪的发动机将以复合材料为主要结构材料，从而大大减轻发动机的质量，如图 3-10 所示。

图 3-10　可在不同温度下服役的先进材料

（3）新结构。主要的新结构有空心叶片、整体叶盘、无盘转子、刷子和气膜封严、双层壁火焰筒和骨架承力结构等。图 3-11 所示为压气机新结构对质量的影响。在级数相同的条件下，压气机质量可以减小 70%。

（4）控制技术。先进控制技术研究的目标：增加控制功能（控制变量从 10 个增加到 20 个以上），减小尺寸和质量，提高

图 3-11　压气机新结构对质量的影响

对恶劣环境的适应能力，朝数字化、综合化、小型化、高性能、高可靠性、低成本的方向发展。主要技术有先进的控制模态和逻辑、分布式多变量综合控制、智能控制、光纤技术和高温电子器件等。利用以上的研究成果，在通用核心机、智能发动机、耐久性三个重点领域，使航空燃气涡轮发动机在性能和成本上取得重大突破，使各种军、民用飞行器得到革命性的发展和提高。

5．新概念发动机

未来的航空发动机将朝着不断改善性能，降低成本，提高可靠性、安全性和维修性的方向发展，而且今后对航空发动机的污染和噪声要求也将更为严格。为满足航空发动机发

展的更高要求，人们在继续提高传统燃气涡轮发动机技术水平的同时，也正在探索新型的航空发动机，许多国家正在研究各种新概念发动机。

（1）变循环发动机。变循环发动机是通过改变发动机一些部件的几何形状、尺寸或位置来改变其热力循环的燃气涡轮发动机，利用变循环改变发动机循环参数，如增压比、涡轮前温度、空气流量和涵道比，可使发动机在各种飞行和工作状态下都具有良好的性能，如图 3-12 所示。

图 3-12 变循环发动机工作示意

（2）骨架式结构发动机。骨架式结构发动机（ESE）的研究是在 20 世纪末由美国航空航天局（NASA）主持开始的，它是一种全复合材料鼓式转子的新结构概念发动机，主要由 4 个同心壳组成。如图 3-13 所示，它取消了在常规燃气涡轮发动机中具有的笨重的盘和轴，转子叶片从鼓式转子的支撑壳从外向内悬挂。

图 3-13 骨架式结构发动机及磁悬浮轴承

（3）智能发动机。罗 - 罗公司在 2018 年提出了"智能引擎"（Intelligent Engine）的概念，其实早在 10 年前 NASA 就提出了智能发动机概念。航空发动机的"智能化"，就是通过发动机内置微米级、纳米级传感器，获取发动机动态信息，然后通过仿真将状态与性能管理的数据反馈相结合，最后使发动机的状态监视和管理（EHM）能够实现自动优化、自我诊断和自主预测。

（4）脉冲爆震发动机（PDE）。脉冲爆震发动机是一种利用脉冲式爆震波产生的高温、高压燃气来产生推力的新概念发动机，具有热循环效率高、结构简单、尺寸小、适用范围广、成本低、可在零速下使用等优点，在未来空天推进领域具有广阔的应用前景。

（5）开式转子发动机。开式转子发动机是一种介于涡扇与涡桨之间的发动机，兼具涡桨发动机耗油率低与涡扇发动机适用于高速飞行的特点，具有高推进效率、低燃油消耗率和低污染物排放的"一高两低"优势，成为经济友好型航空发动机的典型代表。

开式转子发动机又称为无涵道风扇发动机或桨扇发动机，可看作没有外涵道的超大涵道比涡扇发动机，又可视为安装有高性能螺旋桨的桨扇发动机，主要由燃气发生器（核心机）、动力涡轮、传动装置，以及由多个宽弦、掠型、薄叶片组成的对转桨扇四大构件组成。

2023 年 7 月，CFM 国际公司宣布已完成 100 多个开式转子发动机部件与系统级测试，如图 3-14 所示。

（6）超扇发动机。超扇（UltranFan）发动机是罗 - 罗公司开发的一种齿轮传动涡扇发动机，采用全新核心机、多种新材料和可变桨距风扇，风扇直径达 3.56 m，与第一代遄达发动机（遄达 700 等）相比，燃油效率可提高 25%。2023 年 5 月，罗 - 罗公司完成了超扇发动机验证机的首次地面测试。超扇发动机减速齿轮箱如图 3-15 所示。

图 3-14　新一代 RISE 开式转子发动机

图 3-15　超扇发动机减速齿轮箱

（7）旋转爆震发动机。旋转爆震发动机以超声速爆震形式增压燃烧，具有结构简单、比冲和效率高、工作域宽等一系列优点，除自身单独作为动力装置外，也可与涡轮发动机、冲压发动机和火箭发动机进行组合，更加有效提升原动力装置性能，在航空航天领域未来应用前景广阔。

旋转爆震发动机通常采用一端封闭，另一端开口的环腔形燃烧室，燃料和氧化剂由在封闭端上均布的很多微型喷嘴沿轴线方向注入。点火后形成的一个或多个爆震波，在燃烧室底部沿与燃料注入相垂直的方向连续周向旋转传播（而不是燃烧室旋转），等效频率（1 s 旋转的圈数）为 1 ～ 50 kHz。当爆震波传至某喷嘴时，由于爆震形成的高压大于注入压力，该喷嘴停止工作。而爆震波传过后，压力降低，允许该喷嘴继续注入燃料和氧化剂，进一步支持爆震波的旋转传播。这样，燃料和氧化剂的注入便可由爆震波自动控制。高温高压燃烧产物形成后迅速向后膨胀，从开口端高速排出，产生推力，如图 3-16 所示。

图 3-16　旋转爆震发动机

（a）旋转爆震发动机结构；（b）旋转爆震发动机原理

2023 年 12 月 14 日，GE 航空航天公司在其尼斯卡尤纳（Niskayuna）研究中心展示了被认为是世界上首个在超声速流中进行旋转爆震燃烧（RDC）的高超声速双模冲压发动机（DMRJ）试验。

（8）其他新概念发动机。在燃气涡轮发动机的基础上发展的多电发动机可全面优化发动机的结构和性能，减轻质量、提高可靠性、改善性能并降低寿命期成本，其发展已受到普遍重视。多电发动机逐渐获得实用。

随着微机电技术的不断成熟，国外还提出了基于微机电技术的微型无人机的概念。目前，美国正在发展只有手掌大小的微型燃气涡轮发动机，作为微型无人机的动力。

飞机机身一体化设计和电推进技术的不断发展，在国内外逐渐兴起了"分布式发动机"的研究热潮。分布式发动机是在飞机机翼上分布安装多个小推力微型发动机，实现推力的分布和矢量控制。这虽然使推进系统更加复杂，但是为飞机气动设计提供了更多的可能性，推进系统的分布式布局更加灵活。分布式发动机在机翼上的布置如图 3-17 所示。

图 3-17　分布式发动机在机翼上的布置

为解决石油短缺和环境污染的问题，国外从 20 世纪 50 年代就开始研究航空替代燃料技术（如氢燃料、天然气、合成煤油和核能等），目前研究工作仍在继续。此外，太阳能、微波和燃料电池等新能源发动机也在探索中，在 2009 年，贝特朗·皮卡尔展示了世界上第一架可昼夜飞行的太阳能环保飞机。

氢涡轮动力适用于支线旅客机及中大型飞机，通过对传统涡轮发动机改进设计，包括燃烧室、燃料系统和控制系统等，使用氢燃料替代现用的航空煤油，以形成新的动力系统。

氢燃料电池使用机载储氢和空气中的氧气，利用化学能发出直流电，逆变器将其转换为交流电，电动机驱动减速齿轮进而带动风扇/螺旋桨/旋翼产生动力，如图 3-18 所示。2023 年 12 月，由 Daher、赛峰和空客联合开发的混合动力原型机 EcoPulse 成功首飞。原型机由电池和涡轮发电机供电，如图 3-19 所示，完成了首次混合动力飞行。

图 3-18　空客公司的氢燃料电池动力

图 3-19　并联混合电推进系统示意

单元二　活塞式发动机和空气螺旋桨

■ 一、活塞式发动机

1. 活塞式发动机的主要结构和工作原理

活塞式发动机是依靠活塞在气缸中的往复运动使气体工质完成热力循环，将燃料的化学能转化为机械能的热力机械，它由曲轴、连杆、活塞、气缸、机匣、进气阀和排气阀等构件组成。图 3-20 所示为一台对置双缸活塞式发动机示意。

气缸是发动机的工作室，油气混合气在其中燃烧，所产生的高温高压燃气推动活塞做直线的上下往复运动，带动曲轴旋转。在气缸头上有保证油气混合气进入气缸的阀门，称为进气阀；还有用来排出燃气的阀门，称为排气阀。活塞的主要功用是承受油气混合气在燃烧时所产生的燃气压力，并将燃料的热能转变为机械能。连杆将活塞上的燃气压力传递给曲轴，并将曲轴的运动传递给活塞，曲轴将活塞的往复运动变成自身的旋转运动，并带动螺旋桨（推进器）旋转，产生发动机的推力。机匣是发动机壳体，主要的部件与附件都连接在机匣上。

当曲轴的曲柄（曲轴上拐出的部分）转到最下的位置时，相应的活塞在气缸中的位置也处于最下端，

图 3-20　对置双缸活塞式发动机示意

这时活塞所处的位置称为下死点；当曲轴的曲柄转到最上的位置时，活塞在气缸中也处于最上端的位置，该处称为上死点。下死点和上死点之间的距离，称为活塞的行程。发动机工作时，曲轴不断地旋转，活塞则在气缸中的上、下死点间来回做往复运动。在气缸头上有一个进气门、一个排气门，两个气门内分别装有可上下移动的进气阀、排气阀。当进气

125

阀向下移动时，进气门被打开，空气与燃油的混合物进入气缸；同理，当排气阀向下移动时，排气门被打开，气缸内燃烧过的气体排出缸外。

在航空活塞式发动机中，曲轴每转两转，活塞在气缸中上、下各移动两次，经过进气、压缩、膨胀和排气而完成四个行程，即完成发动机的一个热力循环，如图 3-21 所示。在进气行程，进气阀 4 将进气门 3 打开，雾化了的空气和燃油的混合气体被下行的活塞 2 吸入气缸 1。活塞到下死点后，开始上行，此时进气阀将进气门关闭，活塞压缩气缸内的混合气体，直到活塞到达上死点，完成压缩行程。这时，安装在气缸头部的火花塞迸发火花，将高压混合气点燃。燃烧后的高温高压气体推动活塞下行，开始膨胀，将燃烧气体所蕴含的热能转变为机械能，由活塞经过连杆 7 传到发动机曲轴 8，成为带动空气螺旋桨旋转的动力。这就是膨胀做功行程，因此，膨胀行程也可称为工作行程。膨胀行程完毕后，排气阀 6 将排气门 5 打开，活塞上行，将已做过功的废气排出气缸。活塞到达上死点，排气门关闭，就完成了四个行程的循环。然后，进气门打开，活塞下行，又开始新的一个循环。

图 3-21　四行程活塞式发动机工作顺序示意
（a）进气行程；（b）压缩行程；（c）膨胀行程；（d）排气行程
1—气缸；2—活塞；3—进气门；4—进气阀；5—排气门；6—排气阀；7—连杆；8—曲轴

从航空活塞式发动机的工作过程可以看出，对于每个气缸，发动机每转两转完成一个工作循环，在一个循环的四个行程中，只有膨胀行程是做功的，而进气、压缩和排气三个行程是由其他气缸对曲轴做功而带动的。因此，为满足功率的要求，往复式活塞航空发动机需要由多个气缸组合构成。

2．活塞式发动机的类型

航空活塞式发动机大多为四行程发动机。其类型多种多样，按不同分类方式可以划分为以下几类。

（1）按使用的燃料种类区分，发动机可分为轻油发动机和重油发动机。前者使用汽油、酒精等挥发性较高的燃料；后者使用柴油等挥发性较低的燃料。目前，使用的航空活塞式发动机大多数是轻油发动机，但是对于重油发动机的研制成为各国热衷的一件事情，我国已掌握了重油航空发动机的生产技术。

（2）按形成混合气的方式区分，发动机可分为汽化器式发动机和直接喷射式发动机。

前者是在气缸外部通过汽化器将燃油汽化并与空气混合形成混合气；后者是直接将燃油和空气喷射到气缸内部形成混合气。

（3）按冷却方式区分，发动机可分为气冷式发动机和液冷式发动机。顾名思义，前者直接利用飞行中的迎面气流来冷却气缸，后者利用循环流动的冷却液来冷却气缸。气冷式发动机大多采用气缸星形排列的方式来增大气缸与周围空气的热交换，达到降温的目的。

（4）按气缸排列方式区分，发动机可分为直列形发动机和星形发动机。其中，直列形发动机按气缸排布方式不同又可分为直立形、对立形、V形、W形、H形和X形等（图3-22）；星形发动机从结构上观察，所有气缸均以曲轴为中心，沿圆周呈辐射状分布于机匣上，此类发动机按照排数不同又可分为单排、双排、多排等不同形式（图3-23）。

（a）	（b）	（c）
（d）	（e）	（f）

图 3-22　直列形发动机
（a）直立形；（b）对立形；（c）V形；
（d）W形；（e）H形；（f）X形

（a）	（b）

图 3-23　星形发动机
（a）单排；（b）双排

课堂讨论：航空活塞式发动机和车用活塞式发动机有什么差异？

3．活塞式发动机的应用和主要性能参数

往复式活塞发动机的主要优点是效率高、耗油低，曾经在航空上得到广泛的应用，在第二次世界大战以后才逐步被喷气发动机所取代，主要是因为往复式活塞发动机的功率不能满足高速飞行的要求。往复式活塞发动机的推力功率为

$$N_P = N_c\eta_P = PV = KV^3 \tag{3-1}$$

式中，N_P 为发动机推力功率；N_c 为发动机有效功率；η_P 为螺旋桨效率；P 为推力；V 为飞行速度；K 为阻尼系数。

从式（3-1）可以看出，当发动机所产生的功率恒定时，随着飞行速度的提高，推力必然要降低；另外，随着飞行速度的提高，阻力将迅速增大，发动机功率与飞行速度的三次方成正比。当飞行速度增大到一定程度，所需的发动机功率将变得非常大。例如，一架普通的亚声速战斗机在280 m/s的飞行速度下，要获得的推力大致为30 kN，取推进效率为0.75，则发动机应产生的功率为11 200 kW。产生如此巨大功率的往复式活塞发动机，它的外廓尺寸和质量都将超出正常值，根本不可能用于航空飞行。但是对于喷气发动机而言，实现这样的飞行要求绰绰有余。

尽管往复式活塞发动机有如上的致命弱点，但是对于低速飞行而言，它具有喷气发动机无可比拟的优点，即耗油率低。另外，由于燃烧较完全，因此对环境污染相对较小；噪声也比喷气发动机小。因此，目前往复式活塞发动机在小型低速飞行上仍然被广泛地采用，

如农业飞机、支线旅客机和一些小型多用途飞机（森林灭火、搜索、救援、巡逻等）。

往复式活塞发动机的主要性能参数如下：

（1）有效功率。发动机可用于驱动螺旋桨的功率，称为有效功率。航空活塞式发动机的功率通常为 200 ~ 3 500 kW。

（2）燃料消耗率。燃料消耗率简称耗油率，是衡量发动机经济性的一项重要指标，以每千瓦功率在 1 h 所消耗的燃料质量表示，单位为 kg/（kW·h），先进的往复式活塞发动机的耗油率在 0.28 kg/（kW·h）左右。

（3）加速性。加速性是发动机从最小转速加速到最大转速所需的时间，该时间越短越好。加速性决定飞机机动性能的好坏，因为良好的加速性可提高飞机的机动性能。

4. 活塞式发动机的辅助系统

要保证活塞式发动机的正常工作，还必须有一些必要的辅助系统，主要有以下几种。

（1）燃油系统。燃油系统由燃油泵、汽化器或燃油喷射装置等组成。燃油泵将汽油打入汽化器，汽油在此雾化并与空气混合进入气缸；或者汽油经气缸头部的喷嘴喷入气缸内并与由进气门进入的空气混合。

（2）点火系统。在点火系统中，由磁电机产生的高压电在规定的时间内产生电火花，将气缸内的混合气点燃。

（3）滑油系统。由滑油泵将润滑油输送到滑动运动面之间和轴承中，以减轻机件的磨损。

（4）冷却系统。发动机内燃料燃烧时，产生的热量除转化为动能和排出的废气所带走的部分外，还有很大一部分传给了气缸壁和其他有关机件，机件间的摩擦（如轴承）也产生一定的热量，必须将这些热量散发出去，以保证发动机的正常工作。航空活塞式发动机上有气冷和液冷两种冷却形式，如图 3-24 所示。气冷式发动机的气缸以曲轴为中心，排成星形，所以又称为星形发动机。在气缸外面有许多散热片，飞行时的高速气流将气缸壁的热量散发出去。而液冷式发动机的气缸是直线排列（小型发动机）或 V 形排列，在发动机机体外壳内有散热套，具有一定压力的冷却液在散热套中循环流动，在冷却液散热器内将冷却液中的热量带走。

（a）　　　　　　　　　　　　　（b）

图 3-24　航空活塞式发动机的冷却形式

（a）气冷式发动机气缸排列；（b）液冷式发动机气缸排列

（5）启动系统。将发动机发动起来，必须借助外面动力，常用的有两种方式：一种是将压缩空气送入气缸推动活塞带动曲轴转动而使发动机启动；另一种是用电动机带动曲轴转动而使发动机启动。

（6）进、排气系统。进、排气系统是由曲轴带动凸轮盘推动推杆和摇臂，定时将进气门和排气门打开和关闭的机构。

> **小提示** 航空活塞式发动机采用独立的双点火系统（双火花塞）和双磁电动机。目的是使燃油更有效地燃烧，缩短燃烧时间，以提高发动机的功率和经济性，保证发动机工作可靠。

■ 二、空气螺旋桨

活塞式发动机只能提供轴功率，还要通过空气螺旋桨或旋翼将轴功率转化为飞机的推力或拉力，或者直升机的升力和拉力。因为它在空气中工作，所以称为空气螺旋桨。由于发动机转速比空气螺旋桨或旋翼的转速大得多，因此要通过一级或多级减速器减速。但随着高速螺旋桨的发展，小型活塞式发动机的减速器有的已经被省去。

当螺旋桨旋转时，将空气推向后方，按照牛顿第三定律，桨叶用力把空气推向后方，空气必将给桨叶施加一个大小相等、方向相反的力。这就产生了推力或拉力，如图 3-25 所示。桨叶也可看作高速旋转的"机翼"，每个桨叶剖面像机翼一样在空气中高速运动，会产生一个力 R，它可以分解为沿飞行方向的分力 F 和在旋转面上但与旋转方向相反的分力 D。各剖面上分力 F 之和就是螺旋桨推动飞行器前进的推力，各剖面上分力 D 之和就是螺旋桨的阻力，形成阻止螺旋桨旋转的力矩，要靠发动机的动力来克服它。

图 3-25　螺旋桨产生推力的示意
1—桨叶剖面；2—桨叶旋转面；3—桨叶；4—桨毂；5—翼剖面弦线

知识拓展：螺旋桨三种工作状态：正桨、反桨和顺桨

单元三　喷气式航空发动机

■ 一、推力的产生

涡轮喷气发动机的推力是气流作用在发动机内、外表面上作用力的合力，它是作用和反作用原理在喷气发动机工作时的一种应用，在其他很多事物上也经常表现出来。例如，步枪抵在肩上射击，扳机一勾，子弹头出膛，子弹壳向后的反作用力传到肩上，就会感到

一股力量的冲击，这就是步枪的后坐力。又如，人站在小船上向后扔东西，当用力向后抛出物体时，便有一股反作用力推着小船向前走。

另外，有一种气球玩具，也靠反作用力起作用。把气球吹足了气，用手捏紧吹气口，使气体跑不出来，气球内部各个方向的力都是平衡的，这时它静止不动。如果一放手，气球内部的力失去平衡，气体便膨胀加速从吹气口向外排出，这是气球给了气体一个向后的作用力使气体加速向后流出的。这时，这股流出的气体就有一个大小相等、方向相反的力作用在气球上，使气球向相反的方向飞去，如图 3-26 所示。

平衡状态　　　　　反作用力　　作用力

图 3-26　气球的闭口和开口两种状态

以上三个实例，都是因为一方有了作用力，另一方就产生了反作用力。例如，气球对气体施加了作用力，使气体向一个方向喷出去，气体就对气球产生了一个大小相等、方向相反的反作用力，使它向相反的方向飞去，这也是力学中牛顿第三定律的具体运用。

喷气发动机产生推力的基本原理与上述三个实例完全一样，如图 3-27 所示。假若将一台喷气发动机安装在地面试车台上，当它工作时，即将远前方静止不动的空气吸入，这股空气被压缩使压力提高，喷入燃料并点火，燃料燃烧产生的热能使燃气的动能增大，以很大的喷射速度（550～600 m/s）从尾喷口喷出。也就是流过发动机的这股气流经过发动机工作后，速度从零增加到 550～600 m/s，根据牛顿第二定律可知，这是由于发动机作用于这股气流有一向后的力，才使它的速度增加的。由牛顿第二定律"作用于物体上的力 F，等于物体质量 m 和它由于受到这个力的作用而在单位时间内产生的速度变量的乘积"，即

$$F = m(V_0 - V) \tag{3-2}$$

式中，F 为作用在物体上的力（N）；m 为单位时间流过发动机气流的质量（kg/s）；V_0 为气流流入发动机的速度（m/s）（当发动机在地面试车台上时，$V_0 = 0$）；V 为气流流出发动机的速度（m/s）。

反作用力　　　　作用力

图 3-27　喷气发动机产生推力的基本原理

再从"两个物体的相互作用力必然是大小相等而方向相反"的牛顿第三定律可知，这股流过发动机的气流必然有一个作用于发动机上与 F 大小相等、方向相反的反作用力，这就是喷气发动机产生的推力 P，且 $P = -F$。于是推力为

$$P = -F = m\,(V - V_0) \tag{3-3}$$

式中，P 为喷气发动机的推力（N）。

从式（3-3）可以看出，喷气发动机每秒喷出的燃气量越多，喷速越高，所产生的推力就越大，这种情况与试验结果和生活实践完全相符，如图 3-28 所示。

图 3-28　喷气发动机的推力

在这里要重点指出的是：有些人认为喷气发动机之所以能产生推力，是因为喷出的气体向后作用到外界的空气上，外界的空气再给它以反作用力，也就是推力，以此来推动飞机向前飞行，这是一种误解。实际上，是由于喷气发动机各部件的工作，流过发动机的空气流以很高的速度流出发动机，即发动机作用于这股流过发动机的气流一个很大的向后的力，这股气流即给发动机一个反作用力，这就是发动机的推力。由此也可以看出，推力是气流作用在发动机内、外表面上的轴向力之和（在某些部件上轴向力向前，在另一些部件上轴向力是向后的），这也就是发动机所产生的推动飞机向前运动的力。

■ 二、燃气涡轮发动机

要了解燃气涡轮发动机的工作过程和原理，首先要了解其热力循环。所有航空燃气涡轮发动机都按共同的热力循环进行工作，这个循环包括三个热力过程：一是空气在进气道和压气机内的压缩过程；二是空气在燃烧室与燃料混合燃烧的加热过程；三是所形成的高温高压燃气在涡轮的排气装置内的膨胀过程。各种类型的燃气涡轮发动机均设有由压气机、燃烧室和涡轮组成的燃气发生器。燃气发生器出口的燃气气流，压力大且温度高，也就是说势能大，这是因为燃气拥有的膨胀功比压气机需要的空气压缩功要大得多。各种类型的燃气涡轮发动机可以采用不同的方法，把这些剩余的势能（热力循环有效功）转换成发动机的喷气推力。根据结构不同，燃气涡轮发动机可分为涡轮喷气发动机、涡轮风扇发动机、涡轮螺旋桨发动机。其中，涡轮螺旋桨发动机除部分喷气推力外，大部分推力由螺旋桨产生。此外，还有供垂直起落飞机使用的升力风扇发动机。

1. 涡轮喷气发动机 （涡喷发动机）

涡轮喷气发动机按其压气机的类型不同，可分为离心式涡轮喷气发动机和轴流式涡轮喷气发动机；按发动机转子结构不同，又可分为单转子涡轮喷气发动机和双转子涡轮喷气发动机。

采用离心式压气机的涡轮喷气发动机叫作离心式涡轮喷气发动机，如图 3-29 所示。离心式压气机结构简单，制造方便，坚固耐用，工作稳定性较好。但离心式压气机单位迎风面积大，效率、增压比和流通能力不如轴流式压气机，推力受到限制。早期的涡轮喷气发动机大多为离心式压气机，从 20 世纪 50 年代后，大、中型涡轮喷气发动机都不用离心式压气机了，只有小型涡轮螺旋桨发动机和涡轮轴发动机才采用离心式压气机或轴流加离心组合式压气机。

图 3-29　离心式涡轮喷气发动机

轴流式涡轮喷气发动机即采用轴流式压气机的涡轮喷气发动机，如图 3-30 所示。由于轴流式压气机具有效率高、增压比大和流通能力强等优点，目前推力稍大一些的涡轮喷气发动机均采用轴流式压气机。

图 3-30　轴流式涡轮喷气发动机

轴流式涡轮喷气发动机又有单转子涡轮喷气发动机和双转子涡轮喷气发动机之分。单转子涡轮喷气发动机的压气机和涡轮共用一根轴，其结构简单，造价低，早期的涡轮喷气发动机多是单转子涡轮喷气发动机。但其稳定工作范围窄，随着增压比的提高，它已经被双转子涡轮喷气发动机所取代，法国"幻影"战斗机所使用的 M53 发动机是目前世界上唯一还在服役的单转子涡轮风扇发动机。

双转子涡轮喷气发动机是有两个只有气动联系且具有同心轴转子的涡轮喷气发动机，如图 3-31 所示。它把一台高增压比的压气机分为两个低增压比的压气机，即低压压气机和高压压气机，分别由各自的低压涡轮、高压涡轮所带动，以各自的最佳转速工作，形成两个只有气动联系的高压转子、低压转子。

图 3-31　双转子涡轮喷气发动机

图 3-32 所示为双转子涡轮喷气发动机的转子结构示意。低压压气机及低压涡轮连接而成低压转子，高压压气机及高压涡轮连接而成高压转子，低压转子的传动轴从高压转子中穿过，两个转子分别以各自的最佳转速工作。这种发动机具有总增压比高、效率高、稳定工作范围宽、启动功率小、加速

图 3-32　双转子涡轮喷气发动机的转子结构示意

性好等优点，世界上第一台双转子涡轮喷气发动机是美国在 1952 年定型的 J57 涡轮喷气发动机。除早期发展的涡轮喷气发动机外，绝大多数涡轮喷气发动机是双转子涡轮喷气发动机。

涡轮喷气发动机由进气道、压气机、燃烧室、涡轮、加力燃烧室、尾喷管、附件传动装置和附属系统等组成，其结构、功能和基本工作原理简单叙述如下。

（1）进气道。进气道又叫作进气扩压器，它利用整流罩将飞机远前方自由流空气引入发动机，并将气流减速增压。也就是当飞机飞行时，气流以飞机飞行的速度流向发动机，气流在进气道前和进气道里滞止，部分动能转变为压力的升高，这时进气道还用来提高气流的压力。另外，由于进气道位于发动机的最前端，流入发动机的空气中如含有水分且在温度适宜时，在进气道内就会结冰。为保证发动机进气道的畅通，防止因结冰而导致发动机性能变坏，以及冰块脱落而打伤发动机，在进气道里还装有防冰、防撞的装置。

（2）压气机。压气机是向气体传输机械能、完成发动机热力循环中的气体工质压缩过程，以提高气体压力的机械装置。气流从压气机流过时，压气机的工作叶片对气流做功，而使气流的压力、温度提高。压气机可将进入发动机的空气压力提高几倍到数十倍（目前已高达 30 倍以上），为燃烧室提供高压空气，以提高发动机热力循环的效率。

根据气流在压气机中的流动方向，压气机可分为轴流式压气机和离心式压气机。空气轴向流入又轴向流出压气机的压气机称为轴流式压气机；轴向流入而沿离心方向流出压气机的压气机称为离心式压气机。由轴流式压气机和离心式压气机组合起来的称为混合式或组合式压气机。表征压气机性能好坏的主要参数有空气流量、增压比、效率和喘振裕度。其中，轴流式压气机应用较为广泛。

图 3-33 所示为轴流式压气机的示意。轴流式压气机主要由不旋转的静子和高速旋转的转子组成。静子由机匣与安装在它上面的一排排的静子叶片排组成；转子由多个轮盘、长轴或前、后轴颈与装在轮盘上的转动叶片组成。压气机转子与涡轮轴相连，在涡轮的带动下高速旋转，叶片在高速转动中对空气做功而使气体增压、增速。

图 3-33　轴流式压气机

（3）燃烧室。燃烧室是将从压气机流出来的高压空气与燃料混合，并进行燃烧的装置。在燃烧室里，燃料（如航空煤油）中的化学能经过燃烧转变为热能，使气体温度大大提高。由燃烧室流出的高温、高压（基本上与压气机出口压强相同）燃气，具有很高的能量（热能与势能），用于在燃烧室后的涡轮和尾喷管中膨胀做功。

图 3-34 所示为燃烧室的示意。燃烧室主要由扩压器、燃油喷嘴、涡流器、火焰筒和燃烧室外套等组成。发动机工作时，由压气机出来的气流在燃烧室进口处分为两股，一股（约为 25%）进入火焰筒头部及其小孔与燃油混合进行燃烧；另一股（约为 75%）在火焰筒与燃烧室外套之间的通道中流动，以冷却火焰筒，然后由火焰筒后部孔进入火焰筒，与燃烧室的第一股气流掺混后流向涡轮。这样，就不致使火焰筒壁的温度过高。扩压器使压气机出口的气流流速降低、压强增高，便于燃烧；火焰筒是空气与燃油（如航空煤油）燃烧的地方，火焰筒头部装有喷入燃油的喷嘴和火焰稳定装置，使气流流速进一步降低并形成回流区，以保持火焰的稳定。燃烧室按其结构特点可分为单管燃烧室、环形燃烧室和环管燃烧室，它们在结构上有所不同，但其基本工作原理是相同的。

图 3-34　燃烧室的示意

1）单管燃烧室：又称为分管燃烧室，多用于早期的发动机中，它的火焰筒很像一个底端开口的热水瓶瓶胆，如图 3-35 所示。火焰筒安装在一个围绕其外的燃烧室外套（或称为机匣）中，为便于装拆，外套由前、后两段组成。一台发动机上一般安装 8 ～ 10 个单管燃烧室，均匀地安排在发动机机匣外围，位于压气机与涡轮之间。各燃烧室间有传焰管连通，以便将在几个燃烧室中点燃的火焰传到其他火焰筒中，点燃所有燃烧室，同时，还起到均衡各个燃烧室压力的作用。

图 3-35　单管燃烧室

2）环形燃烧室：是现代涡轮风扇发动机中使用得最为广泛的燃烧室，如图 3-36 所示。它的火焰筒由两个围绕发动机轴线的同心圆壳体所组成，形成一个环形腔道，内、外壳体分别称为火焰筒内、外壳。在火焰筒外壳外面围绕一个环形的外机匣，在火焰筒内壳里面安装有一个环形的内机匣，因此整个燃烧室是由 4 个同心圆环组成的。

图 3-36　环形燃烧室

3）环管燃烧室：又称为联管燃烧室，它是介于单管燃烧室与环形燃烧室之间的一种燃烧室，如图 3-37 所示。在围绕发动机轴线的两个同心圆机匣（燃烧室内、外机匣）中，装有 10 个左右的火焰筒。它的火焰筒类似单管燃烧室的火焰筒，各火焰筒间也用传焰管相互连通。20 世纪 50 年代末期，环管燃烧室逐步替代了单管燃烧室。20 世纪 70 年代以后，发展的大型发动机多采用环形燃烧室。但在地面用燃气涡轮发动机仍有部分采用环管燃烧室。

图 3-37　环管燃烧室

课堂讨论：现在民航客机上涡扇发动机的燃烧室大多是哪种？这种燃烧室有什么优势？

（4）涡轮。涡轮又称为透平，主要作用是将燃烧室流出的高温、高压燃气的大部分能量转变为机械功，使涡轮高速旋转并产生大的功率，由涡轮轴输出。涡轮输出的机械功可以用来驱动风扇、压气机、螺旋桨、桨扇、直升机的旋翼及其他附件。在航空燃气涡轮发动机中，涡轮部件所承受的热负荷、气动负荷和机械负荷都是最大的。

与压气机一样，涡轮也是由不动的静子（又称为涡轮导向器）和转动的转子组成，如图 3-38 所示。静子由导向器与固定它的机匣组成；转子由工作叶片、轮盘与轴组成，又称为涡轮转子。一个导向器和一个涡轮转子组合成一个涡轮级，涡轮可由一个或几个涡轮级组成，分别称为单级涡轮或多级涡轮。与压气机不同的是涡轮导向器在转子之前，且叶形面和气流通道与压气机也不同，两个叶片之间形成的通道呈收敛形，即入口处面积比出口处面积大，燃气流在收敛通道中流过时，速度提高、压力降低。

图 3-38　涡轮导向器和工作叶轮

136

在涡轮喷气发动机中，气流在涡轮中膨胀所做的功正好等于压气机压缩空气所消耗的功，以及传动附件和克服摩擦所需要的功。燃气在涡轮中的膨胀比远小于压气机中的增压比，涡轮出口处气流的压力和温度，都比压气机进口高很多。从涡轮中流出的高温、高压燃气，在尾喷管中继续膨胀，以高速沿发动机轴向从喷口向外喷出，这一速度比气流进入发动机的速度要大得多，因而使发动机获得了反作用推力。

式（3-3）是在不考虑喷气口气流压力变化的前提下，推得的喷气发动机推力。实际上，喷气口气流压力（静压）P_c 比进气口气流压力（静压）P_0 要大，设喷管出口面积为 A，则涡轮喷气发动机的推力计算，应修正为

$$P = m(V - V_0) + A(P_c - P_0) \tag{3-4}$$

涡轮发出的功率大小与涡轮进口（燃烧室出口）的燃气温度及涡轮前后压力之比（又称落压比）成正比，燃气温度和落压比越大，涡轮产生的功率也越大，发动机总体性能也就越好。为了得到大功率，要求涡轮进口的燃气温度尽可能高，但是涡轮叶片（包括导向叶片、工作叶片）长期处于高温燃气冲击和侵蚀之下，尤其工作叶片本身还承受很大的离心力，涡轮叶片的材料就会承受不了，这又限制了燃气温度的提高，从而影响了发动机性能的提高。

长期以来，为了不断提高发动机的性能，要求不断提高涡轮进口处的燃气温度。通常采取两方面的措施来实现这一要求：一方面提高涡轮叶片材料的耐高温性能；另一方面加强冷却，提高涡轮叶片的冷却效果。在对涡轮叶片进行冷却方面，航空燃气涡轮发动机大多采用气冷涡轮，通常要从压气机引出高压空气来对涡轮叶片进行冷却。气冷式涡轮导向器叶片和涡轮工作叶片的冷却空气流路，如图 3-39 所示。

图 3-39 涡轮导向器叶片和涡轮工作叶片的冷却空气流路

课堂讨论： 航空发动机压气机和涡轮有何异同点？

（5）加力燃烧室。在发动机涡轮或风扇后的气流中喷油燃烧，使气流温度大幅升高，从喷口高速喷出，以获得额外推力的装置称为加力燃烧室，又称为后燃室或补燃室。采用

加力燃烧室，至今仍是使飞机能突破声速的主要手段。图 3-40 所示为涡轮风扇发动机的加力燃烧室。通常，加力燃烧室由扩散器、掺混器（对于涡轮风扇发动机而言）、喷油装置、火焰稳定器、点火器、隔热防振屏和加力筒体等组成。

图 3-40　用于涡轮风扇发动机的加力燃烧室

加力燃烧室的工作原理：在燃烧室中，由压气机出来的高压空气，大约只有 1/4 进入火焰筒与喷入的燃油混合燃烧，余下的空气由火焰筒后部的小孔流入火焰筒与燃烧气体掺混，将燃气温度降低到涡轮工作叶片能够承受的能力，因此流出燃烧室的燃气中还有大量可用的氧气。在涡轮后已经没有了高速转动部件，可以利用这部分气流中的氧气再喷入燃油进行补充燃烧，以提高燃气温度，增加燃气流出尾喷管前的能量，加大喷气速度，从而增加发动机的推力。图 3-41 所示为斯贝 MK 202 加力式涡轮风扇发动机的加力燃烧室结构。为了获得更大的加力状态推力，应尽量提高加力燃烧室出口的燃气温度（一般可达到 1 750 ℃以上），以使由喷口排出的燃气速度达到最大。

图 3-41　斯贝 MK 202 加力式涡轮风扇发动机的加力燃烧室结构

（6）尾喷管。尾喷管又称为排气喷管，简称喷管。一般由中介管和喷口组成，如果发动机安装在飞机中部或较长的发动机短舱内，为了将燃气引出机外，在中介管与喷口之间，需要有一个延伸管，如图 3-42 所示。其

图 3-42　带有延伸管的排气系统

主要作用是将由涡轮流出的、仍有一定能量（势能、热能）的燃气膨胀加速，以较大的速度（一般为 550 ~ 600 m/s）排出发动机，用以产生推力。

尾喷管有多种类型：流道面积沿着流向逐渐缩小的喷管，称为收敛型喷管；流道面积沿着流向先收敛、后扩张的喷管，称为收敛—扩散型喷管，又称为拉瓦尔喷管或超声速喷管；能使发动机排气向前折转、使推力反向的喷管，称为反推力喷管，通常又称为反推力装置；能够改变排气方向，进行推力矢量控制的喷管，称为矢量喷管；喷口可向上、向下转动 90° 或以上的喷管，称为转向喷管，它是矢量喷管中的一种特殊情况。

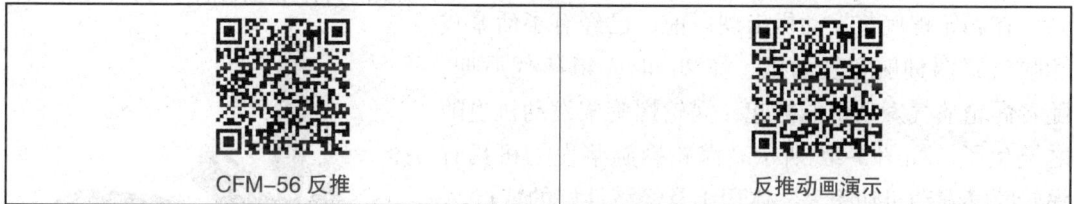

CFM-56 反推

反推动画演示

图 3-43 所示为喷口可垂直转动的"飞马"涡轮风扇发动机。在发动机风扇出口处的左、右两侧，以及尾喷管的左、右两处各装有一个可以向后、下、前转动（转动角度为 95° ~ 110° ）的喷口，共有 4 个。风扇出口处的 2 个喷管排出外涵气流，尾喷管处的 2 个喷管排出内涵气流。当飞机起飞或着陆时，4 个喷口均转向下方，气流向下喷出产生升力；当飞机水平飞行时，4 个喷口均转向后方，气流向后喷出产生向前的推力。

图 3-43　喷口可垂直转动的"飞马"涡轮风扇发动机

（7）附属系统和附件传动装置。要保证涡轮喷气发动机正常工作，只有主要部件还不够，还需要一些保证发动机正常工作的附属系统，如燃油系统、滑油系统、调节系统、启动系统等。这些系统中又有许多称为发动机附件的器件，如燃油系统中的燃油泵、燃油滤、各种开关和阀门、调节机构和管路；滑油系统中的滑油泵、滑油滤、滑油箱、滑油管路和散热器等。

有些发动机附件是不转动的，但有许多发动机附件是转动的，如滑油泵、燃油泵、启动机等。这些附件不仅对传动功率、转速有一定的要求，而且对旋转方向也有规定。为了安装并传动需要转动的发动机附件或一些飞机附件，如液压泵、真空泵、发电机等，在发动机上均设有附件传动机匣，机匣中装有一系列相互啮合的、大小不同的齿轮（包括伞形齿轮），由发动机的高压转子轴通过伞形齿轮及传动轴来驱动，带动各种附件，如图3-44所示。

图3-44 发动机的传动机匣及其齿轮

2．涡轮螺旋桨发动机（涡桨发动机）

在涡轮螺旋桨发动机出现以前，已经有了活塞式和喷气式两种航空发动机。在20世纪40年代后期，随着涡轮喷气发动机的崛起，涡轮螺旋桨发动机也随之诞生了，如图3-45所示。涡轮螺旋桨发动机具有涡轮喷气发动机功率大、体积小及经济性好的特点。

（1）涡轮螺旋桨发动机的工作原理。在燃气发生器后加装一套涡轮（一级或多级），一般称为动力涡轮或低压涡轮。燃气在这动力涡轮中膨胀，驱动动力涡轮高速旋转并发出一定的功率，动力涡轮的前轴（称为动力轴）穿过核心机转子，通过压气机前的减速器驱动螺旋桨，就组成了涡轮螺旋桨发动机，如图3-46所示。人们习惯将燃气涡轮发动机的高压转子

图3-45 一种老式的涡轮螺旋桨发动机

部分称为核心机，在单转子燃气涡轮发动机中，核心机就是燃气发生器。但是，在双转子燃气涡轮发动机中的核心机，并不是它的燃气发生器。双转子燃气涡轮发动机的燃气发生器部分，还应该包括低压转子中的低压压气机和带动低压压气机的那一部分低压涡轮。因此，核心机与燃气发生器是两个不同的概念。

图3-46 涡轮螺旋桨发动机

在涡轮螺旋桨发动机中，将燃气发生器产生的大部分可用能量由动力涡轮吸收并从动力轴上输出，用于带动飞机的螺旋桨旋转；螺旋桨旋转时把空气排向后面，由此产生向前的拉力，使飞机向前飞行。涡轮出口的燃气在尾喷管中膨胀加速并喷出，产生反作用推力。由于燃气的温度和速度极低，所产生的反作用力（推力）一般比较小。这个推力转化为推进功率时，仅约占涡轮螺旋桨发动机功率的10%，正因为排出发动机的能量大大降低了，所以涡轮螺旋桨发动机的经济性好。

大多数的涡轮螺旋桨发动机，其动力涡轮与燃气发生器的涡轮是分开的，且以不同的转速工作。由于动力涡轮与核心机没有机械地连接成一体，因此也称其为自由涡轮，图 3-46 所示的动力涡轮即这种类型的涡轮螺旋桨发动机。少数的涡轮螺旋桨发动机，将动力涡轮与燃气发生器的涡轮机械地连接在一起，称为定轴式或单轴式涡轮螺旋桨发动机，如图 3-47 所示。

图 3-47　定轴式涡轮螺旋桨发动机

在具有自由涡轮（动力涡轮）的涡轮螺旋桨发动机中，自由涡轮的转速较高，一般为 6 000 ～ 12 000 r/min。在定轴式涡轮螺旋桨发动机中，燃气发生器的涡轮转速更高，一般为 8 000 ～ 18 000 r/min（小功率的涡轮螺旋桨发动机，转速高的可达 40 000 r/min），但是螺旋桨的转速必须很低，一般只有 1 000 r/min 左右。因此，在涡轮螺旋桨发动机中，均要有减速器，以便将动力涡轮（在具有自由涡轮的涡轮螺旋桨发动机中）或燃气发生器涡轮（在定轴式涡轮螺旋桨发动机中）的转速降低到螺旋桨所要求的工作转速。图 3-48 所示是 20 世纪 40 年代末，由英国罗 - 罗公司开始研制的"达特"定轴式涡轮螺旋桨发动机，用作"子爵"号旅客飞机的动力。

图 3-48　"达特"定轴式涡轮螺旋桨发动机

（2）涡轮螺旋桨发动机的基本结构。定轴式涡轮螺旋桨发动机由燃气发生器（包括进气道、压气机、燃烧室和涡轮）、尾喷管、减速器、附属系统和附件传动装置等部件组成；而自由式涡轮螺旋桨发动机在定轴式涡轮螺旋桨发动机的组成部件基础上，还包括一组自由涡轮（一级或多级）。涡轮螺旋桨发动机的燃气发生器、涡轮、尾喷管、附属系统和附件传动装置与涡轮喷气发动机是一样的，只有涡轮螺旋桨发动机的减速器部件和用于涡轮螺旋桨发动机的螺旋桨例外。

（3）螺旋桨。螺旋桨是将航空发动机（活塞式或燃气涡轮式）的轴功率转化为航空器拉力或推进力的叶片推进装置，又称为空气螺旋桨。螺旋桨由桨叶、桨毂、操纵机构等构成，它可将所得到的功率转变成推进飞机前进的拉力。

图 3-49 所示为螺旋桨产生拉力的原理示意。当螺旋桨桨叶旋转时，将前方空气吸入，然后作用于气流一个向后的力，使气流加速排向后方。与此同时，气流作用于桨叶一个反作用力，这个反作用力就是螺旋桨的拉力。在涡轮螺旋桨发动机中，螺旋桨通常为单排四片桨叶，在大功率（10 000 kW 左右）的涡轮螺旋桨发动机中，为了能使桨叶有高的效率，需要将螺旋桨制造成转向相反的双排，每排四片桨叶。

气流加速流出

图 3-49　螺旋桨产生拉力的原理示意

螺旋桨的操纵机构利用转速敏感元件，感受螺旋桨转速的变化，用以改变、调节桨叶的桨叶角（桨距），达到调节发动机转速和螺旋桨拉力的目的。在发动机启动时，桨叶安装角变小，使螺旋桨转动阻力矩最小，便于启动；当飞机起飞时，桨叶安装角变大，使螺旋桨产生最大拉力；当飞机降落在地面滑跑时，还可将桨叶调到负桨位置以产生负拉力，对飞机进行刹车，缩短滑行距离；在飞机飞行中，一旦发动机因故障而停车时，操纵机构自动将桨叶前缘调整到与飞行方向一致的位置（称为顺桨）以免桨叶被气流吹转，形成飞机的阻力。

（4）减速器。减速器是使涡轮螺旋桨发动机输出轴的转速降低，且达到飞机推进器或附件所需转速和转向的齿轮装置。飞机推进器可以是飞机的螺旋桨，也可以是直升机的旋翼。涡轮螺旋桨发动机的减速器均采用齿轮传动，要求减速器在高负荷、高转速下工作可靠、效率高。减速器与发动机置于一体，成为发动机的一部分，称为机内减速器。涡轮螺旋桨发动机均为机内减速器。当发动机安装在重型飞机的机翼上或安装在飞机的机身内，距离螺旋桨较远时，一般采用机外减速器，它主要用于直升机，又称为主减速器。

3. 涡轮风扇发动机（涡扇发动机）

涡轮喷气发动机在工作时，由涡轮流出来的、仍有一定能量的燃气（燃气的温度仍然较高，还有一定的压强），在尾喷管中继续膨胀，将热能与势能转变成动能，以较高的速度（550～600 m/s）由尾喷管喷出产生反作用推力，这就是涡轮喷气发动机的工作原理。如果在这个涡轮的后面，再加装一套涡轮（一级或多级），让燃气在这加装的涡轮中膨胀，驱动这加装的涡轮高速旋转并发出一定的功率，将这加装涡轮的前轴从原来的涡轮、压气机转子轴中穿过，带动一个直径比压气机大的风扇，这样就变成涡轮风扇发动机，如图 3-50 所示。

图 3-50　涡轮风扇发动机

（1）涡轮风扇发动机的组成与工作原理。在图 3-50 中，由压气机、燃烧室和高压涡轮组成的核心机，以及由低压涡轮及其所带动的风扇共同组成的发动机称为涡轮风扇发动机。在涡轮风扇发动机中，空气在风扇中增压后，由风扇出口流出时可分为两股气流向后流，一股气流流入核心机和带动风扇的低压涡轮，最后由尾喷管流出，这股气流称为内涵气流；另一股气流则由围绕核心机机匣与外涵机匣之间的环形通道中流过，称为外涵气流。由于涡轮风扇发动机中有内、外两个涵道，因此涡轮风扇发动机有时又称为内外涵发动机。图 3-51 所示为典型的涡轮风扇发动机的风扇、高压压气机结构。从图 3-51 中可以看出，风扇实际上是直径较大、叶片较长的轴流压气机，风扇可以有 1～5 级。

图 3-51　涡轮风扇发动机的风扇、高压压气机结构

内、外涵气流可以分别排出，也可以在排气系统内混合后排出。图 3-50 所示的涡轮风扇发动机，外涵气流通过掺混器进入内涵道燃气流，与内涵气流混合后由尾喷管排出。图 3-52 所示为典型的内、外涵气流分别排出的涡轮风扇发动机后部结构。在图 3-52 中，

143

从涡轮流出的燃气直接由其后的内涵喷管排出，外涵气流则由外涵道内、外壳体之间的环形外涵道喷管流出，内、外涵气流在发动机内相互不掺混，这种排气方式也称为平行排气。

（2）涵道比。外涵与内涵空气流量之比称为涵道比，又称为流量比。它是影响涡轮风扇发动机性能好坏的一个重要循环参数。涵道比小于3的称为低涵道比涡轮风扇发动机；高于4的称为高（大）涵道比涡轮风扇发动机。

高涵道比涡轮风扇发动机排气速度低、推进效率高、经济性好，适用于大型远程旅客机和运输机。其涵道比为 $4\sim9$，增压比为 $30\sim45$，推力最高可达 $30\ 000\sim$

图 3-52　平行排气的排气结构

$45\ 000$ daN，起飞耗油率降低到 0.30 kg/（daN·h）左右。这种发动机的涵道比、增压比和推力还有进一步增大的趋势，可以大大改善飞机的加速性能，有利于满足歼击机的作战要求。

高涵道比涡轮风扇发动机的迎风面积大，不宜用于超声速飞行，所以，一般战斗机用的加力涡轮风扇发动机的涵道比大多小于 1.0，甚至在 0.3 以下。只有要求在空中做较长时间巡逻的战斗机用发动机，其涵道比选择为 1.0 左右。

（3）总增压比。流进涡轮风扇发动机的空气先在风扇中增压，然后在高压压气机中进一步增压，因此，涡轮风扇发动机有一个重要的循环参数，那就是"总增压比"，简称"总压比"，它相当于涡轮喷气发动机中的"增压比"。

在多转子涡轮风扇发动机中，最后一个压气机的出口压强与第一个压气机（风扇）的进口压强之比就是总增压比，它也是涡轮风扇发动机的一个重要设计参数，对发动机的耗油率和单位推力都有显著的影响。目前，加力涡轮风扇发动机的总增压比为 $25\sim35$，高涵道比涡轮风扇发动机的总增压比已高达 $35\sim45$，未来高涵道比涡轮风扇发动机的总增压比可能要提高到 $50\sim100$。

（4）双转子涡轮风扇发动机。双转子涡轮风扇发动机是指有两个只有气动联系且具有同心轴转子的涡轮风扇发动机。其工作原理和结构特点与双转子涡轮喷气发动机基本相同。在双转子涡轮风扇发动机中，由于风扇后的压气机进口空气压强为风扇出口的压强，比大气压强高许多，因此这个压气机称为高压压气机。在燃烧室后，驱动高压压气机的涡轮称为高压涡轮，由高压压气机转子与高压涡轮转子组成高压转子；位于高压涡轮后，驱动风扇的涡轮称为低压涡轮，由风扇转子与低压涡轮转子组成低压转子。目前，世界上绝大部分涡轮风扇发动机采用这种结构形式。

（5）三转子涡轮风扇发动机。三转子涡轮风扇发动机是指有三个只有气动联系且具有同心轴转子的涡轮风扇发动机。其工作原理和结构特点与双转子涡轮风扇发动机基本相同。

只是将高压压气机又分为中压、高压两个转子，分别由中压、高压两个涡轮转子带动。

图 3-53 所示为三转子涡轮风扇发动机转子的示意。由图 3-53 可以看出，在发动机中部，连接高压压气机和高压涡轮的轴直径很大，以便中、低压涡轮轴能从中穿过，最后形成三个转子的轴一个套一个，结构比较复杂，但采用三转子结构的涡轮风扇发动机性能较好、零件数目少、质量也轻。目前，世界上只有少数几种涡轮风扇发动机采用这种结构形式。

图 3-53　三转子涡轮风扇发动机的三个转子示意

（6）涡轮风扇发动机的工作特点。在涡轮风扇发动机中，由高压涡轮流出来的燃气先在低压涡轮中膨胀做功，然后到尾喷管中膨胀加速，由于在低压涡轮中已将高压涡轮流出来的燃气能量用掉很多，因此由低压涡轮流出来的燃气，其温度与压强大大降低了。所以，由尾喷管排出的燃气温度（300 ～ 400 ℃）、速度（350 ～ 450 m/s）均低于涡轮喷气发动机由尾喷管排出的燃气温度和速度，因此，在涡轮风扇发动机中，尾喷管的排气能量损失小得多。

由于排气速度低，内涵道中流过的气体所产生的推力比涡轮喷气发动机的更小。但是，流过外涵道的空气，在风扇的作用下受到压缩，压强提高了，在尾喷管中膨胀加速，以一定的速度流出喷口，因而，外涵道的空气也产生一定的推力。内、外涵道两股气流产生的推力之和，即涡轮风扇发动机的推力，它大于纯涡轮喷气发动机的推力。涡轮风扇发动机的推力大了，而能量损失又降低了，所以，它的经济性优于涡轮喷气发动机，其耗油率一般约为涡轮喷气发动机的 2/3，说明涡轮风扇发动机的推进效率高、经济性好。

由于涡轮风扇发动机是一种能产生大的推力而耗油率又较低的发动机，而且由于排气速度低，发动机的噪声也大大低于涡轮喷气发动机，非常适用于旅客机。正因为如此，当第一种涡轮风扇发动机（英国罗－罗公司的康维发动机）在 1960 年首次用于旅客机后，很快就被各种新型旅客机所选用，形成了民航客机发动机"风扇化"的浪潮。在这种形势下，一些原来采用涡轮喷气发动机做动力的旅客机，也纷纷换装成涡轮风扇发动机。同时，涡轮风扇发动机还广泛应用于各种巡航导弹和军用飞机。目前，新发展的或正在研制中的推重比达到 10 级或 10 级以上的涡轮风扇发动机，已装备到第四代战斗机或第五代战斗机。

CFM56-7B 高涵比涡轮风扇发动机仿真系统 V1.0

4. 桨扇发动机

桨扇发动机是一种既具有涡轮螺旋桨发动机耗油低，又具有涡轮风扇发动机适用于高速飞行特点的发动机。虽然涡轮螺旋桨发动机在低速飞行时，有较低的耗油率，经济性好，但随着飞行速度的提高，螺旋桨效率将变低，耗油率则增加。在 20 世纪 70 年代后期，航空界开始大力研制新型的、称为桨扇的发动机，以缓解当时面临的石油危机对航空运输业带来的冲击。

为了使桨扇发动机适用于高亚声速飞行（飞行速度大于 800 km/h），需要发展新型的螺旋桨。新型螺旋桨由两个旋转方向相反的螺旋桨在一起工作，螺旋桨的桨叶较多（一般为 6 ~ 8 片），每片桨叶形状较宽，弯曲后掠呈马刀形。桨扇发动机的螺旋桨直径小于涡轮螺旋桨发动机的螺旋桨直径，但大于涡轮风扇发动机的风扇直径。初期设计时，两排螺旋桨的叶片数量一般均采用 8 片，但前、后排叶片对气流的扰动会激起较大的噪声，在后来的设计中将两排叶片取不同的片数。

图 3-54 所示为由美国通用电气公司与法国国营航空发动机研究制造公司合作研制的 GE36 桨扇发动机。由于螺旋桨（或称风扇）外部不像高涵道比涡轮风扇发动机有一个外涵机匣，因此又称这种发动机为"无涵道风扇（UDF）发动机"。因为桨扇发动机的噪声、振动及减速器性能差，特别是没有外涵机匣，使用安全性没有保证等问题未能得到很好的解决，加之世界燃油的价格不仅没有像人们想象那样飞涨，反而有回落的趋势，所以在西方国家一直未将其投入使用。

图 3-54　GE36 桨扇发动机

但是，苏联始终不懈地开展将桨扇发动机应用到军用运输机上的研制工作，并且取得了较好的结果。安 -70 是苏联于 1988 年开始研制的、采用桨扇发动机为动力的中程军用运输机。它是世界上第一种成功使用桨扇发动机的飞机，这种发动机集涡轮螺旋桨发动机的高经济性和以前只有涡轮风扇发动机才能达到的高速度性能等优点于一身。

5．垂直起落飞机使用的升力风扇发动机

飞机起飞一般依靠机翼的升力，而机翼升力的产生要依靠飞机前进的速度。但是，为了缩短飞机起飞和着陆滑跑距离，就必须降低飞机起飞速度和降低飞机着陆速度。如果飞机在起飞和着陆时，发动机能够产生垂直方向的推力，必能更有效地缩短飞机起飞和着陆滑跑距离。如果垂直方向的推力大于飞机重力，飞机就能够实现垂直起飞、垂直着陆和悬停。

为了达到飞机垂直起落的目的，需要有一套提供升力的升力系统。图 3-55 所示为美国研制的 F-35 战斗机。它的整套动力装置采用了升力风扇和带转向矢量喷管的加力式涡轮风扇发动机，升力风扇垂直地装于座舱后的机身中，由主发动机风扇前伸的传动轴通过一套离合器及一对锥形齿轮驱动。装升力风扇的机身上、下设有可以开关的窗口，当飞机起飞或着陆时，窗口打开，空气被风扇从上窗口吸入，经风扇加速后由下窗口高速喷出，为飞机起飞、降落时的机身前部提供升力；正常飞行时，上、下窗口关闭。主发动机安装于飞机机身后部，其转向矢量喷管伸出机尾，飞机起飞或着陆时，转向矢量喷管转向下方，为飞机后部提供举力。

图 3-55　美国研制的 F-35 战斗机

（a）F-35 战斗机；（b）升力系统的结构；（c）动力装置在飞机上的布局

　　F-35 战斗机所用的升力风扇为二级对转的风扇，由于风扇工作时吸入 230 kg/s 的空气，所以，升力风扇的出口将产生一股柱状的"冷空气柱"，阻止主发动机垂向下面的转向矢量喷管喷出的燃气吸入飞机的进气道。升力风扇的喷管做成可以从向前 15° 到向后 30° 范围内转动，主发动机的转向矢量喷管在垂直平面内可以从 0°～95°（垂直后再向前转 5°，可以产生反推力或实现后退飞行）范围内转动，并可左右偏转 10°。当飞机上升到一定高度后，传动风扇的离合器脱开啮合，升力风扇停止工作，转向矢量喷管转向水平位置，主发动机推进飞机高速飞行。

　　升力风扇工作时约产生 8 000 daN 的升力，主发动机转向矢量喷管向下 90° 时，产生向上的举力也约为 8 000 daN，而 F-35 战斗机的短距起飞、垂直着陆型起飞的总质量约为 23 t，因此在飞机全载时，它不能垂直起飞，只能短距起飞。

　　课堂讨论：现在世界上能实现垂直起降的飞机都有哪些？它们实现垂直起降的原理有什么不同？

6．燃气涡轮发动机的辅助系统

为了保证燃气涡轮发动机安全、顺利的工作，必须要有一系列辅助系统，主要有启动点火系统、燃油系统、滑油系统、防冰系统、防火系统和发动机安装结构。

（1）启动点火系统。发动机没有工作时，燃烧室内气体压力低，无法点火燃烧，要依靠其他动力（称为启动机）来驱动核心发动机，使其转子转动，压气机将空气增压；压缩空气进入燃烧室开始喷油点火，燃烧后的气体驱动涡轮工作带动压气机，这时压气机由启动机和涡轮两者发出的功率带动，转速继续提高，压气机出口气体压力也不断增加；当涡轮已能够发出较大功率时，启动机退出工作，发动机进入稳定工作，这个过程称为启动过程，如图 3-56 所示。

图 3-56　发动机启动过程

常用的启动机有直流电动机和高压空气启动机。直流电动机通过离合器与发动机相连接，到一定转速后，离合器自动脱开。目前，大多数民用飞机和一些军用飞机用压缩空气启动。高压空气来自一个动力辅助装置，结构简单，质量较轻。高压空气启动机驱动涡轮，使发动机启动。

（2）燃油系统。燃油系统的功用是根据发动机不同工作状态的要求，供给合适的油量，以保证发动机启动、加速和稳定燃烧。供油量的大小由进入发动机的空气量决定，以维持飞行员所选择的转速或发动机的排气和进气总压之比。在驾驶舱内除油门操纵杆外，有时还有一个单独的停车开关油门杆（两者也可合为一个）。图 3-57 所示为燃气涡轮发动机的燃油系统示意。随着飞机的飞行速度、飞行高度和进口空气温度的变化，使进入发动机的空气密度变化，于是供油量也应随之变化。

（3）滑油系统。发动机工作时，轴承和齿轮都在高速下运动，由于摩擦产生大量的热量，如果不及时将这些热量带走，就会产生过热现象导致机件磨损。滑油系统工作的目的是将具有一定压力的滑油输送到轴承和齿轮工作点，减小摩擦和冷却机件。工作后的滑油由回油泵从油箱抽回，抽回的滑油混入大量的气泡，必须用离心式油气分离器将气体分离出去，然后经过滑油散热器将其温度降低，再由进油泵将这些滑油送到轴承和齿轮工作点，周而复始形成循环。图 3-58 所示为燃气涡轮发动机的滑油系统示意。其滑油回路：回油泵抽回滑油→油气分离器→网状低压油滤→进油泵→散热器→高压油滤→轴承和齿轮。

图 3-57　燃油系统示意

图 3-58　滑油系统示意

（4）防冰系统。图 3-59 所示为发动机的防冰系统示意。飞机在通过含有水滴的云层或含有大量雾滴的地面空气且气温接近冰点时，在进气道前或在管道中会出现结冰现象。这会影响进入发动机的空气流量而使发动机性能恶化，严重时吸入冰块而打坏压气机叶片，发生事故。因此，在进气道整流罩的内部和压气机进口导流叶片处，引入从压气机后几级流出来的高温气体，以防止结冰。

前整流罩

进口导向叶片

鼻锥

调压阀门

空气进气总管

至前整流罩的引气口

图 3-59　发动机的防冰系统示意

小提示　航空发动机常见防冰方法有两种：除文中介绍的热空气防冰外，还有电加热防冰。电加热防冰是将电加温垫黏结在整流罩的外蒙皮上，为了防止加温垫受到雨水腐蚀，在它的表面涂有特殊的聚氨基甲酸乙酯漆涂层。

（5）防火系统。图 3-60 所示为发动机灭火装置的示意。所有燃气涡轮发动机及其附件都有着火的可能，因此必须要有预警装置。为防止着火隐患，滑油管和燃油管放在压气机的周围（发动机冷端），中间由防火隔板与燃烧室隔开，燃烧室和涡轮（发动机热端）的外围要通风良好。在热端附近安装有着火预警装置，当温度过高时，电路中的电阻变化发出警告（在座舱仪表板上显示），飞行员立刻操纵停车开关将油路切断，同时，灭火器喷出灭火剂（臭甲烷）灭火。

多路灭火喷管

防火隔板

灭火瓶工作指示器

灭火瓶控制手柄
第一次喷射
第二次喷射

卸压指示器

灭火瓶

火药点火器

图 3-60　发动机灭火装置的示意

（6）发动机安装结构。发动机的安装与它安装在飞机上的位置有关，如图3-61所示。它可以用吊架安装在机翼下，可以安装在机身两侧，也可以安装在机身或机翼内，或者安装在机身后部与尾翼的交接处；涡轮螺旋桨发动机只能安装在机身头部或机翼下。无论安装在什么部位，发动机推力必须传递到飞机的主要承力结构上。在飞行中，发动机与飞机连接处要承受几倍于发动机自重的荷载，而且发动机机匣温度变化很大，所以连接处不仅要牢固可靠，而且要在纵向和径向提供能自由膨胀的可能。一般发动机有两个安装点：一个为主要安装点，在压气机机匣后端，靠近发动机重心处；另一个为辅助安装点，在喷管机匣处。

图 3-61　发动机安装

7. 燃气涡轮发动机的主要性能参数及工作过程参数

表征燃气涡轮发动机性能的主要参数有推力（功率）、空气流量、单位推力（单位功率）、耗油率、质量、使用寿命和外廓尺寸等，但除耗油率外，其他参数只能表征发动机具有的能力（如推力）与特征（如质量、外廓尺寸），而不能表征发动机的好坏。

（1）推力 P。发动机的推力是作用于发动机内、外表面上压力的合力，如图3-62所示。根据动量定理，推力 P 可写为

$$P = (m_a + m_f)\, v_e - m_a v_0 + A\, (p_e - p_0) \qquad (3\text{-}5)$$

式中，m_a 为进入发动机的空气质量流量（kg/s）；m_f 为发动机的出口燃气质量流量（kg/s）；v_0 为进口气体速度；v_e 为喷管出口的燃气速度；A 为喷管出口处面积；p_e 为出口气流静压；p_0 为周围大气静压。

图 3-62　发动机的推力示意

（2）空气流量 m。空气流量是单位时间内通过发动机的空气质量。它用来确定发动机的功率和外廓尺寸（首先是直径）。现代航空燃气涡轮发动机的空气流量，为每秒 2 kg 至数百千克。

（3）单位推力 P_e。涡轮喷气发动机（加力式涡轮喷气发动机）和涡轮风扇发动机（加力式涡轮风扇发动机）平均每秒千克空气流量所产生的推力，可作为评定发动机性能的重要指标，由单位推力可确定发动机的径向尺寸。在推力不变的情况下，增大单位推力可减小通过发动机的空气流量，因而其径向尺寸得到减小，质量减轻。

（4）耗油率 C_f。耗油率是指涡轮喷气发动机（加力式涡轮喷气发动机）和涡轮风扇发动机（加力式涡轮风扇发动机）每产生 1 N 推力，每小时所消耗的燃料量。它是发动机经济性的表征，用于确定飞行器的航程和续航时间。

（5）当量功率（总功率）N_{eq}。当量功率用于涡轮螺旋桨发动机和涡轮轴发动机。总推力由螺旋桨推力和喷气推力组成（涡轮轴发动机的喷气推力接近零），设想总推力全由螺旋桨产生，我们就把这样的螺旋桨所需要的功率理解为当量功率。涡轮螺旋桨发动机的当量功率，由螺旋桨推力与喷气推力之比和螺旋桨的效率确定。

确定燃气涡轮发动机的工作过程参数有发动机的总增压比，涡轮前燃气温度，发动机的风扇、压气机和涡轮等部件的效率，进气装置、燃烧室、排气装置等的压力损失。对于加力式燃气涡轮发动机，工作过程参数还有加力燃烧室的燃气温度。而涵道比（外涵空气流量与内涵空气流量之比）和外涵增压比是涡轮风扇发动机的工作过程参数。随着设计技术和材料技术的发展，燃气涡轮发动机的工作过程参数在不断进行改善，从而促进了燃气涡轮发动机和航空技术的不断发展。

8. 燃气涡轮发动机技术的发展概况

20 世纪 50 年代，飞机追求高空、高速，要求发动机推重比超过 8，在 Ma 为 2 ~ 3 的速度下发动机能稳定工作。

20 世纪 60 年代初，出现了涡轮风扇发动机。民航机上采用高涵道比的涡轮风扇发动机，战斗机上则采用低涵道比的加力式涡轮风扇发动机，涡轮前温度由 1 127 ℃提高到 1 327 ℃。在发动机研制程序上，采用了核心机和验证机的研制方法，缩短了研制周期，提高了飞机的可靠性。

20 世纪 70 年代，各国普遍对发动机进行结构完整性研究，修改了通用规范，要求对发动机的性能、可靠性、耐久性、机动性和经济性之间进行综合平衡。在整机和部件试验方法上模拟更接近使用时的情况，采用加速任务试验的技术，来确定发动机的循环疲劳寿命。此期间由于出现了能源危机，国外进行了节能发动机的研究，使发动机的经济性、可靠性和维护性迈上了新的台阶。

20 世纪 80 年代，民航机从节油上考虑，出现了一股研制桨扇发动机热。这种发动机兼有涡轮风扇发动机和涡轮螺旋桨发动机两者之长处，但噪声和颤振问题突出，西方国家一直未将其投入使用，只有苏联始终不懈地开展研制工作，并成功地使用桨扇发动机装备安 -70 中程军用运输机。

20 世纪 90 年代，发动机的研制技术已处于成熟阶段，但飞机对发动机的技术要求更高了，战斗机除要求发动机的推重比提高到 10 ~ 12，涡轮前温度超过 1 530 ℃外，还要求发动机不加力持续进行超声速飞行。发动机的控制则采用了全功能数字式调节技术。为满足超声速垂直起落或短距起落和高生存能力飞机的需要，发动机上采用了二元推力转向喷管技术。

三、无压气机式空气喷气发动机

涡轮喷气发动机是依靠压气机压缩空气以提高压力，而无压气机式空气喷气发动机不使用压气机，用来带动压气机的涡轮也随之取消了，只有引进空气的进气装置、燃烧室和喷管，发动机的结构大大简化。按进气控制方式，这类发动机又可分为冲压式空气喷气发动机和脉动式空气喷气发动机两大类。

1. 冲压式空气喷气发动机

图 3-63 所示为冲压式空气喷气发动机的示意。冲压式空气喷气发动机简称冲压发动机，它由进气道（扩压器）、燃烧室和喷管组成。飞行器飞行时高速气流经过一系列激波，将速度滞止下来，而压力提高。高压空气通过进气道进入燃烧室内与燃油掺混后燃

图 3-63　冲压式空气喷气发动机的示意

烧，在喷管内膨胀后以高速喷出。飞行速度越大，冲压也越大，因而推力也就越大，所以冲压发动机适用于高速飞行。在低速时冲压作用小，压力低，耗油率高（经济性差）。其主要缺点是冲压发动机在静止时没有推力，要依靠其他动力将其加速，达到一定速度后才能工作，因而，冲压发动机要与其他发动机组合使用。

2. 脉动式空气喷气发动机

图 3-64 所示为脉动式空气喷气发动机的示意。脉动式空气喷气发动机简称脉动发动机，由进气道、进气阀门、燃烧室和尾喷管组成。当它工作时，依靠空气冲压作用将由弹性片构成的进气阀门打开，空气进入燃烧室与燃料混合燃烧，燃烧室内气体压力升高而将进气阀门关闭，高温、高压燃气从长筒形尾喷管中喷出产生推力；在燃气向外喷出的过程中，燃烧室内的压力降低，进气阀门又重新打开，进入另一股空气，又与燃烧室的燃料混合燃烧，循环重新开始。利用这种间歇燃烧原理，形成周期性的脉动推力。

图 3-64　脉动式空气喷气发动机的示意

脉动发动机的特点是在速度为零（静止）时，也能够产生推力。因为在燃烧室内空气与喷入的燃料点燃后，燃气压力提高，产生压力波将进气阀门关闭；由于尾喷管做得很长，燃气不能迅速排出，近似等容积燃烧过程；但随后高压燃气便以较高的速度向后排出，产生推力，使飞行器向前飞行。

脉动发动机的构造简单、质量轻、成本低，其推力随飞行速度的增加而增大，最大飞行速度为 220 m/s。但在飞行中当进气阀门关闭时，气动阻力很大；高速时性能急剧变坏，不如冲压发动机有效，只适用于亚声速飞行；加上振动剧烈、进气阀门容易疲劳损坏等，都限制了其应用范围。

课堂讨论：无压气机式空气喷气发动机一般用在哪些航空器上？请举例说明。

知识拓展：
航空燃油

单元四　直升机用发动机

■ 一、直升机所使用的发动机

自 1936 年世界上诞生了第一架直升机以来，由于其具有能垂直起落和悬停等优点，不受场地限制，使用方便，在军用和民用领域都得到了广泛的应用。作为驱动直升机旋翼而产生升力和推进力的动力装置，发动机可分为活塞式发动机和涡轮轴发动机。20 世纪 50 年代中期以前，直升机的发动机都是活塞式发动机。20 世纪 50 年代中期，涡轮轴发动机开始用作直升机的动力。与活塞式发动机相比，涡轮轴发动机具有质量轻、体积小、功率大、振动小，易于启动，便于维修和操纵等一系列优点。因此，涡轮轴发动机在直升机动力装置领域，便逐渐代替活塞式发动机，成为直升机主要的动力装置。到 20 世纪 60 年代以后，新研制的直升机绝大多数采用了涡轮轴发动机作为动力。

1. 涡轮轴发动机

涡轮轴发动机是航空燃气涡轮发动机中的一种，简称涡轴发动机。在核心机或燃气发生器后，加装一套涡轮（一级或多级），燃气在加装的涡轮（一般称为动力涡轮或低压涡轮）中膨胀，驱动它高速旋转并发出一定的功率。动力涡轮的前轴（称为动力轴）穿过核心机转子，通过压气机前面的减速器减速后由输出轴输出功率，就组成了涡轮轴发动机。

在涡轮轴发动机中，燃气发生器产生的可用能量基本上全被动力涡轮吸收并从动力轴输出，通过直升机上的主减速器减速后驱动直升机的旋翼和尾桨；由尾喷管中喷射出的燃气的温度和速度极低，基本上不产生推力。

大多数涡轮轴发动机的动力涡轮与核心机的涡轮是分开的，而且以不同的转速工作。由于动力涡轮与核心机没有机械地连接成一体，因此也称为动力涡轮为自由涡轮。少数的涡轮轴发动机，将动力涡轮与核心机的涡轮机械地连接成一体，成为定轴式或单轴式涡轮轴发动机。图 3-65 所示为涡轮轴发动机的示意。

（a）

（b）

图 3-65　涡轮轴发动机的示意

（a）自由涡轮式涡轮轴发动机；（b）定轴式涡轮轴发动机

在有的涡轮轴发动机中，动力涡轮不是通过前轴穿过燃气发生器向前输出功率，而是由涡轮转子的后轴向后输出功率。国产直 -9 直升机使用的涡轴 8 发动机的动力涡轮，即是向后输出功率的。其结构如图 3-66 所示。

图 3-66　后输出轴的自由涡轮式涡轮轴发动机的示意

2．自由涡轮式涡轮轴发动机

自由涡轮式涡轮轴发动机［图 3-65（a）］由燃气发生器和自由涡轮组成。产生输出功率的自由涡轮安装在发动机功率输出轴上，这根轴与核心机转子没有机械联系，它们之间仅有气动联系。由于自由涡轮是输出轴功率的，因此又称自由涡轮为动力涡轮。自由涡轮式涡轮轴发动机与定轴式涡轮轴发动机相比，启动性能好，工作稳定，加速性能较好，调节性能和经济性好，但其结构比较复杂。

3．定轴式涡轮轴发动机

定轴式涡轮轴发动机［图 3-65（b）］也称为固定涡轮式涡轮轴发动机，其涡轮既驱动压气机又驱动功率输出轴。定轴式涡轮轴发动机的涡轮产生的功率远大于压气机所需要的功率，通过减速器将其剩余的功率输出，用于带动直升机的旋翼和尾桨。由于其功率输出轴与核心机为机械连接，因此具有功率传送方便、结构简单、操纵和调节简单等优点。但也存在着启动性能差（启动加速慢），加速性不好，功率输出轴转速高而需要大的减速器等缺点。

■ 二、涡轮轴发动机的基本构造

涡轮轴发动机由进气装置、压气机、燃烧室、排气装置、燃气发生器、涡轮、动力涡轮（自由涡轮）、体内减速器和附件传动装置等部件构成，如图 3-67 所示。

图 3-67　国产涡轴 8 发动机基本构造的示意

1．进气道

当直升机工作时，旋翼将大量空气吹向下方，一般情况下，对发动机的工作影响不大。但是，当直升机在野外（非水泥地面），特别是在多沙地带或沙漠中起飞、着陆或近地悬停时，下吹的空气流会将地面的沙尘吹扬起来，扬起的沙尘会随着空气流进发动机，对发动机的工作非常不利。

流进发动机的空气在流向压气机时流速很高，空气夹带的沙尘在高速度流向高速旋转的压气机工作叶片时，大颗粒的沙石会打坏叶片，粉末似的沙尘会磨蚀叶片，破坏正常的叶片型面，使压气机效率降低。更严重的是，沙尘会随着空气流向涡轮工作叶片中细小的冷却通道，造成冷却通道堵塞，使涡轮工作叶片超温甚至烧毁；有时沙尘还会随着空气流入涡轮轴内，不均匀地沉积于涡轮轴的内表面上，破坏转子的平衡，造成发动机振动值突增，严重时会造成发动机空中停车。

为了防止沙尘进入发动机，破坏发动机的工作，涡轮轴发动机的进气道处除设置防止沙尘的滤网外，还经常采用粒子分离装置，阻止沙尘进入发动机。图 3-68 所示为涡轮轴发动机的进气粒子分离器示意。它安装在发动机进气道的前端，流入发动机的空气，首先在进口旋流叶片的作用下，打着旋涡向后流入，再经出口旋流叶片的作用打着旋涡流出。空气流打着旋涡产生的离心力，就将空气中的沙尘甩向边缘，随同部分空气通过鼓风机吹出机外。

图 3-68　进气粒子分离器示意

2. 压气机

涡轮轴发动机与其他航空燃气涡轮发动机一样，为使发动机获得较高的热效率和单位功率，其压气机需要不断提高增压比和效率。涡轮轴发动机的压气机历经了纯轴流式压气机，轴流加离心的组合式压气机，单、双级离心式压气机的过程。一般来说，纯轴流式压气机效率较高，大功率的燃气发生器绝大多数采用纯轴流式压气机。

对于要求高增压比的小型涡轮轴发动机来说，随着压气机的级数增加，其转子跨度过长而出现了转子动力学上的难题，而且带来了结构复杂、稳定工作范围窄等问题。因而，在 20 世纪 70 年代末出现了轴流加离心的组合式压气机，较好地解决了小型涡轮轴发动机转子动力学的难题。

在轴流加离心的组合式压气机的基础上，为了进一步提高涡轮轴发动机转子动力学特性和抵抗外物的能力，且为了提高总增压比，随着离心式压气机设计和制造技术的提高，现代和下一代涡轮轴发动机开始采用双级离心式压气机，涡轮轴发动机的性能得到了大幅度提高。图 3-69 所示为英、法、德三国联合研制的 MTR390 新一代涡轮轴发动机。它的双级离心式压气机的总增压比达到了 13，用二级压气机达到这么高的增压比确非易事。美国于 20 世纪 90 年代研制的 T800 新一代涡轮轴发动机，也采用了双级离心式压气机，其总增压比达到了 14.1。

燃气发生器涡轮

第2级离心压气机

第1级离心压气机

动力涡轮
（2级）

功率输出轴

燃烧室

进气防尘网

附件齿轮箱

图 3-69　MTR390 涡轮轴发动机

3．燃烧室

在涡轮轴发动机中，由于进入发动机的空气流量小，而且压气机采用轴流加离心的组合式压气机或双级离心式压气机的较多，因此广泛采用回流式燃烧室和折流式燃烧室。

（1）回流式燃烧室。图 3-70 所示为回流式燃烧室的示意。在回流式燃烧室中，火焰筒的头部置于燃烧室的后端，压气机出来的空气先流到燃烧室的后端进入火焰筒头部，燃油通过喷嘴也喷入火焰筒头部，空气与燃油混合气在火焰筒头部点燃后，燃气沿着火焰筒向前流。燃气在向前流动的过程中，两股空气由火焰筒中部的若干小孔中流入与燃气掺混降低燃气温度。最后，燃气流到燃烧室的前端，即向内、向后折转 180° 向后流出，流入燃气发生器涡轮的导向器。

图 3-70　回流式燃烧室的示意

由于在燃烧室中，气体（空气）首先是向后流，然后燃气向前流，最后又折回向后流，因此称这种燃烧室为回流式燃烧室。因为离心式压气机出口的直径很大，而涡轮轴发动机的涡轮直径小很多。这样，在压气机出口与涡轮外径之间就有较大的径向空间，可以放得下回流式燃烧室。所以，回流式燃烧室非常适合与离心式压气机配合使用。

（2）折流式燃烧室。图 3-71 所示为折流式燃烧室的工作原理。自离心式压气机出来的空气由轴向扩压器流入燃烧室后分成两路：一路空气向内折，由火焰筒外壳体前壁与压气机径向扩压器后壁间向内流，然后向后折转通过火焰筒前进气锥上的搓板式进气缝隙而进入火焰筒，与甩油盘甩来的燃油相混合并点火燃烧构成主燃烧区。另一路空气沿着火焰

158

筒和机匣之间的环形通道向后流，它又分成两股空气流。其中一股空气向内流过涡轮导向器叶片的空心内腔后折向前，由火焰筒内壳体前锥体上的搓板孔进入火焰筒内部，也与甩油盘甩出的燃油混合燃烧；另一股空气则由掺混孔进入，与燃烧的燃气掺混，降低燃气的温度，使燃烧室的出口温度场达到涡轮的要求。

图 3-71　折流式燃烧室的工作原理

4．排气装置

排气装置用以排出燃气，涡轮轴发动机的排气装置与涡轮喷气、涡轮风扇发动机有着明显的不同。它为了使动力涡轮输出更多的轴功率，要求排气速度越低越好。这样动力涡轮的落压比可以取得更高，输出的功率则更大。涡轮轴发动机排气装置的通道大多做成喇叭状的扩散形结构，以便于最大限度地进行排气扩压。

在大多数发动机中，动力涡轮的传动轴是穿过燃气发生器转子中心而向前伸出的。这时，排气装置做成与一般航空燃气涡轮发动机中的排气装置一样，即尾喷管的轴心线与发动机轴心线一致，燃气水平地向后排出。但是，在有些发动机中，动力涡轮的传动轴是向后伸出的。这时，动力涡轮后要安装支承转子的轴承及减速齿轮等，排气装置不能直接向后安排，需要与轴心线呈一定角度斜向安排，或做成裤衩状的两个喷口，由轴心线的两侧排出。图 3-72 所示为国产的涡轴 8 发动

图 3-72　国产的涡轴 8 发动机

机。从图 3-72 中可以清楚地看出排气装置是斜着向上的，那么它的动力涡轮传动轴是向后伸出的。

三、涡轮轴发动机技术的发展概况

涡轮轴发动机作为直升机的动力，由于直升机的特点决定了它的用途十分广泛。通常将涡轮轴发动机的发展划分为四代：20 世纪 50 年代投入使用的为第一代，20 世纪 60 年代研制生产的为第二代，20 世纪 70—80 年代研制生产的为第三代，其后统称为第四代。为了满足 21 世纪军用直升机的需求，世界上有关国家均在对现有涡轮轴发动机进行改进改型的同时，努力发展新一代涡轮轴发动机。新一代涡轮轴发动机的特点主要如下：

（1）在性能方面。压气机的增压比、涡轮前温度将有较大幅度的提高，由此单位功率和功重比也将有较大的提高，耗油率将显著下降。

（2）在结构方面。新材料和新工艺的使用，将会使新一代涡轮轴发动机的质量更轻，工作更为可靠。

（3）在价格和维护性方面。新一代涡轮轴发动机的单位寿命价格应能进一步降低，而且便于维护。

（4）新一代涡轮轴发动机可能采用的新方案。有变循环涡轮轴发动机方案和可转换的涡轴、涡扇发动机方案，这些方案力图使新的发动机在降低耗油率、提高直升机飞行速度等方面取得突破性进展。

（5）为克服涡轮轴发动机和直升机传统的传动减速装置十分笨重的缺点，国外已开始研究喷气旋翼发动机和翼尖喷气发动机，以及液压传动减速系统。如果这些技术能够实施，则会给直升机的动力装置（涡轮轴发动机）带来一场革命。

知识拓展：航空燃气涡轮发动机上的新材料

单元五　火箭发动机

空气喷气发动机工作时，其燃料（也称燃烧剂）燃烧主要依靠空气中的氧气（也称氧化剂），因而不能在大气层外工作。火箭发动机是一种不依赖外界空气，不仅自身携带燃烧剂，而且自带氧化剂（氧化剂和燃烧剂统称为推进剂）燃烧而产生推力的喷气发动机。它不但能在大气层内工作，也可以在没有空气存在的太空中工作。

现代火箭发动机按其所使用的推进剂的物理状态不同，可以分为液体火箭发动机、固体火箭发动机和固、液混合火箭发动机。

一、火箭发动机的主要性能参数

（1）推力。火箭发动机的推力是作用在发动机内、外表面上各种力的合力。随着高度的增加，外界大气压力逐渐降低，推力随之逐渐增大，这是火箭发动机的一个重要特点。火箭发动机产生推力的原理与空气喷气发动机一样，只是火箭发动机推进剂进入发动机时的速度为零，根据动量定理推力 P 可表示为

$$P = mV_c + A_c (p_c - p_0) \tag{3-6}$$

式中，m 为推进剂的质量流量（kg/s）；V_c 为高温燃气在喷管出口处的喷气速度；A_c 为喷管出口面积；p_c 为喷管出口处燃气的静压；p_0 为外界大气的静压。

（2）冲量、总冲。火箭发动机的冲量决定于推力的大小和工作时间的长短，用符号 I 表示，定义为推力对工作时间的积分。

火箭发动机的全部工作时间里的冲量为火箭发动机的总冲量，简称总冲。在某些情况下，推力 P 可视为常量，这时发动机的总冲就等于推力 P 与工作时间 t 的乘积，可写为

$$I = P \cdot t \tag{3-7}$$

总冲综合了火箭发动机的推力及其维持的时间，因此反映了火箭发动机工作能力的大小，是火箭发动机的一项重要的性能参数，其决定火箭射程的长短或有效荷载的大小。

（3）比冲、比推力。比冲是火箭发动机的一项重要的性能参数。比冲越高，表明产生一定的总冲所要消耗的推进剂越少，或者说，消耗 1 kg 质量的推进剂所产生的总冲越大。比冲是指火箭发动机燃烧 1 kg 质量的推进剂所产生的冲量，用符号 I_s 表示，可写为

$$I_s = \frac{I}{m_p} \tag{3-8}$$

式中，I 为火箭发动机的总冲（N·s）；m_p 为推进剂的总有效质量（kg）。

比推力的含义是指每秒钟消耗 1 kg 质量的推进剂所产生的推力大小，即推力 P 与推进剂的质量流量 m 之比，用符号 P_s 表示，其大小与量纲同比冲，但物理意义有区别。

比冲和比推力可以取瞬时值，也可以取火箭发动机工作过程中某一时间间隔的平均值，视应用场合而定。固体火箭发动机不便直接测量其推进剂的质量流量，可采用平均比冲；液体火箭发动机直接测量推力及推进剂的质量流量都很方便，可以求出比推力的值。

若火箭发动机的总冲限定，比冲越高，则所需推进剂的质量越少，因此，火箭发动机的尺寸和质量都可以减小；若推进剂的质量给定，比冲越高，则火箭发动机的总冲就越大，可以使火箭的射程或有效荷载相应地增加。普通液体、固体火箭发动机的比冲为 2 500～5 000 m/s，电火箭和核火箭发动机的比冲为 4 000～250 000 m/s。

> **小提示** 火箭为什么通常在低纬度发射？一是纬度越低地球的自转速度越快，火箭飞行速度是运载火箭的速度与地球速度的转动分量相加，运载火箭速度相同的情形下，地球的转动速度越快，被发射卫星的轨道速度越大；二是飞行距离短，从靠近赤道的发射场发射地球静止轨道卫星时，可以使卫星的飞行轨道靠近地球静止同轨道，从而节省卫星发射所需的能量。

二、液体火箭发动机

按采用推进剂组元的数目，液体火箭发动机可分为单组元、双组元和三组元液体火箭发动机。单组元液体火箭发动机工作时，只靠一种推进剂组元自身分解进入燃烧，或先分解而后进入燃烧。单组元推进剂在使用条件下稳定，进入推力室后又能立即分解、燃烧。常用的单组元推进剂有浓过氧化氢、无水肼、硝酸异丙酯等。但是，单组元的推进剂一般能量低，即比冲较小，系统相对简单，因而一般只用于小型辅助火箭发动机或燃气发生器。三组元推进剂是在双组元推进剂的基础上，再加入第三组元以提高比冲，由于增加组元数目使系统复杂，所以一般也不采用。应用最广泛的是双组元推进剂。双组元液体火箭发动机主要由推进剂输送系统、液体推进剂等组成，如图 3-73 所示。

图 3-73 液体火箭发动机的示意

1. 推进剂输送系统

液体火箭发动机正常工作时，要有一定的压力把液体推进剂输送到燃烧室，这就要依靠输送系统来完成。正常地输送液体推进剂到燃烧室中，是保证液体火箭发动机正常工作的先决条件。目前，液体火箭发动机的推进剂输送系统有挤压式和泵式输送系统两种。

（1）挤压式输送系统。借助于高压气体的压力，将推进剂由贮箱经过管路、阀门、喷注器送入燃烧室混合并燃烧。高压气体应选用与氧化剂、燃烧剂都无作用的惰性气体，如氮气、氦气或空气等。高压气瓶质量大，同时，由于贮箱压力高，所以质量也相应增大，这是挤压式输送系统的重大缺陷。高压气源也可以用燃气发生器取代，采用固体推进剂或液体推进剂燃烧产生所需要的高压气体，当然也要求燃气相对于被挤压的推进剂是惰性的。由于取消了高压气瓶，所以质量也相应减轻了。

挤压式输送系统结构简单可靠，容易实现多次启动，适用于推力不大、工作时间短的推进系统，如战术导弹和姿态控制发动机。在真空条件下工作的航天飞行器，由于燃烧室内的压力低（一般为 0.7 ~ 1.0 MPa），所以输送推进剂所需的压力也相应降低，这样，气瓶的质量就减小了，因此航天飞行器上多采用挤压式输送系统，如图 3-74 所示。

（2）泵式输送系统。用泵式输送系统提高来自贮箱的推进剂的压力，使推进剂按规定的流量和压力进入燃烧室混合并燃烧。

涡轮泵系统入口压力要求不高（一般为 0.3 ~ 0.5 MPa），因而推进剂贮箱压力低，总结构质量轻。但是系统结构较复杂，适用于推力大、工作时间长的推进系统。当前由于设计及制造技术水平提高，泵式输送系统的可靠性已达到较高的水平，它已经成功应用于航天飞行器，如图 3-75 所示。

图 3-74　挤压式输送系统的示意

1—高压气瓶；2—高压爆破阀门；3—减压器；

4—低压爆破阀门；5—隔膜；6—燃烧剂贮箱

7—氧化剂贮箱；8—流量控制板；9—燃烧室

图 3-75　泵式输送系统的示意

1—燃烧剂贮箱；2—氧化剂贮箱；3—增压阀门；

4—涡轮；5—齿轮箱；6—氧化剂泵；7—燃烧剂泵；

8—主阀门；9—推力室；10—燃气发生器；

11—蒸发器；12—火药启动器

2．推力室

液体推进剂在推力室完成能量转换和产生推力，也就是说，推力室是液体推进剂进行混合、燃烧，并使燃气膨胀以高速喷出产生推力的部件。它由喷注器、燃烧室和喷管三个部分组成，如图 3-76 所示。

（1）喷注器。喷注器又称为推力室头部，位于燃烧室的前端，其作用是把液体推进剂喷入燃烧室，使之雾化、混合。喷注器的设计质量，对推力室的正常工作和液体推进剂的完全燃烧性、稳定性影响很大。此外，喷注器的设计还应兼顾燃烧室壁的内冷却，使液体推进剂在燃烧室内壁上形成冷却保护膜。喷注器在结构上还要承受和传递推力，安装阀门、点火装置等。

（2）燃烧室。燃烧室的形状和容积对液体推进剂的燃烧效率和完全燃烧的程度有重要影响。从结构质量考虑，应该在给定的容积下使壳体表面积尽量小、壁厚尽量薄，所以大的火箭发动机的燃烧室通常为球形或椭球形；短时间工作的小推力火箭发动机，为了结构及工艺简单，经常采用圆筒形。

喷注器

燃烧室

喷管

图 3-76　推力室的示意

163

燃烧室的壳体结构通常有波纹板式和管束式。波纹板式燃烧室即在内外壁间夹一层波纹板，波纹板和内、外壁用钎焊连接成一体，冷却剂可由波纹板与内、外壁间形成的纵向通道中流过。管束式燃烧室是由许多根弯成推力室母线形状的变截面薄壁镍管或不锈钢管，组合钎焊而成。每根管子构成一个冷却通道，冷却剂从燃烧室头部的环形进口支管流入，沿着管子向下流到喷管出口部的环形返回支管，再引入燃烧室头部通过喷注器进入燃烧室。这种结构质量轻，但管件成型工艺要求高，装置较复杂，整体性不如波纹板式结构。

推进剂组元在进入喷嘴以前先起冷却剂作用，这种外冷却方式也称为再生冷却，冷却剂组元所吸收的热量并没有浪费掉，而是增加了推进剂自身的能量，这是液体火箭发动机推力室壁的主要冷却方式。当热流很大，推力室某些部位仅用再生冷却不能满足要求时，常在喷注器近壁周边钻一圈小孔，或在喷管喉部上方位置钻一圈小孔，使壁面形成内冷却液膜，以进一步保护燃烧室及喷管壁。

（3）喷管。喷管和燃烧室经常是做成一体的，这也是液体火箭发动机结构上的一个特点。液体火箭发动机的喷管都是超声速喷管（收敛-扩散型喷管），从工艺考虑，收敛段往往和燃烧室合在一起形成平滑过渡，收敛角一般为70°～90°。扩散段型面应该尽量和气流的特征线相重叠。对于小推力及工作时间短的液体火箭发动机，为了工艺简单，扩散段有时采用简单的截锥形，锥面扩张角一般为20°～30°，扩张角太大会出现燃气流与壁面分离的现象，造成额外的能量损失。

3．液体推进剂

对液体推进剂的要求要从飞行性能、推进剂使用性能和经济性三个方面综合考虑。液体推进剂包括氧化剂和燃烧剂，作为氧化剂的氧化元素是氧、氯和氟，常用的氧化剂主要有液氧、液氟、硝酸，此外还有过氧化氢、四氧化二氮等。作为燃烧剂的燃烧元素主要有碳、氢、氮和硼等，包含在碳氢类、氮氢类和硼氢类化合物中，常用的燃烧剂主要有液氢、航空煤油、肼及其衍生物等。

液体推进剂特别是低沸点和具有腐蚀性的组元，必须在使用前才能向贮箱中加注。这对于导弹等战术武器是十分不利的，不仅贻误战机，而且还要配备一套庞大的加注和运输设备。目前已经发展了液体推进剂的预包装技术，产生了预包装推进剂。这在很大程度上克服了液体火箭发动机作战使用性能差的缺点。

预包装推进剂就是在火箭或导弹出厂前，预先包装在它的贮箱中的可贮存液体推进剂。要求在密封贮箱中保存五年以上不变质，可以随时启动工作。因此，预包装推进剂必须是可贮存推进剂，要求在50℃下稳定、不分解，比较典型的预包装推进剂有偏二甲肼、醇、烃、胺类和硝酸等。

■ 三、固体火箭发动机

固体火箭发动机的主要特征之一，就是固态推进剂被直接充填在燃烧室内。固态推进剂燃烧后释放出大量的能量（燃烧产物的高温高压），同时，燃烧产物又作为工质经喷管向后喷出而产生推力。

1. 固体火箭发动机的组成

图 3-77 所示为现代固体火箭发动机的示意。其主要组成部分有燃烧室壳体 1、前底（顶盖）13，在它们内部都带有隔热层；固体推进剂装药 2，在其外侧面有包覆层 3；燃烧室内有装药固定组件 4 和点火器 12；喷管组件 7 中，包含有堵盖 8 和喉部镶块 9；使喷管摆动可以控制火箭飞行时的俯仰和偏航的传动机构 6，其侧面的摆动喷管 10 用于控制火箭的滚动；推力终止装置 11；燃烧室壳体 1、喷管底部 5 和前底 13，它们密封连接构成固体火箭发动机的壳体。

图 3-77 现代固体火箭发动机的示意

1—燃烧室壳体；2—固体推进剂装药；3—包覆层；4—装药固定组件；5—喷管底部；6—传动机构；7—喷管组件；
8—堵盖；9—喉部镶块；10—摆动喷管；11—推力终止装置；12—点火器；13—前底

装药可以由一种或几种固体推进剂组成，成型后的装药一般称为药柱。固体推进剂可以采取贴壁浇注式的办法充填在燃烧室内，药柱的几何形状靠专门的模具保证。也可以在发动机以外成型，事先制成药柱，在发动机装配时充填在燃烧室内，这称为自由装填式办法。为了保证药柱装填的需要，燃烧室结构应具有足够的开口尺寸。贴壁浇注式办法，使装药和壳体黏结为一体，发动机工作时装药本身又起到了保护层的作用，使燃烧室壳体避免受热。药柱的某些表面，可以用缓燃或难燃材料包覆起来，称为包覆层（或阻燃层），用以控制燃烧面积的大小和变化规律，以保证满足推力规律的要求。

发动机工作时首先启动点火装置，点火装置工作产生的燃气形成一定的压力和温度，使装药点燃并进入燃烧。装药进入燃烧以后，一般不容易自动熄火。有时为保证命中目标的精度，要求发动机准确熄火时，就要依靠推力终止装置进行工作。通常，在燃烧室上设置一些特制的窗口或反向喷管，打开窗口或反向喷管，突然降压，使装药熄火。窗口或反向喷管打开的瞬间，还能产生反向推力，使发动机推力迅速平衡（消失）。

根据用途，目前的固体火箭发动机分类如下：

（1）用于地地（含地对舰、舰对地等）导弹的固体火箭发动机：按其射程可分为近、中、远程导弹（包括洲际导弹）的固体火箭发动机，巡航导弹用的主发动机和续航固体有火箭发动机。

（2）用于地空的固体火箭发动机：按其用途可分为宇宙飞船和运载火箭用的固体火箭发动机、防空导弹的固体火箭发动机、反弹道导弹的固体火箭发动机。

（3）机载导弹的固体火箭发动机：可分为空空导弹的固体火箭发动机、空地和空舰导弹的固体火箭发动机。

（4）潜载导弹的固体火箭发动机：其特点是在深水中，周围环境压力很大的条件下工作。

（5）飞行器用固体火箭发动机：飞行器起飞时、在轨道上急剧加速时或机动飞行时用的固体火箭加速器。

（6）辅助用固体火箭发动机：主要有舵用固体火箭发动机，多级火箭加速级间分离用固体火箭发动机，飞行器或宇宙飞船软着陆时使用的制动固体火箭发动机，航天员或有效荷载救险系统用的固体火箭发动机，飞行器定向和稳定系统用的固体火箭发动机。

（7）民用火箭用的固体火箭发动机：例如，驱冰雹使用的固体火箭发动机，钻探设备使用的固体火箭发动机等。

2．固体火箭发动机的结构特点

由于固体推进剂直接装填在燃烧室，形成了固体火箭发动机结构上的一系列特点和优越性。例如，结构比较简单，省去了复杂的推进剂输送系统，喷管组件通常不需要强制冷却。除推力矢量控制机构外，固体火箭发动机中没有其他的活动部件。

装有固体火箭发动机的导弹，使用起来操作简单，这是由于发动机的结构简单，不需要复杂的定期检验，系统的发射准备工作和发动机本身的启动都极其简单。导弹可长期处于发射准备状态，因为现代固体推进剂的性能稳定，可以使装填状态下的固体火箭发动机在发射阵地上贮存。

另外，固体火箭发动机的可靠性和安全性高。任何装置的可靠性都等于组成这个装置的零、组件的可靠性的乘积。所以零、组件的数目越多，这个装置的可靠性就越低，因为零、组件的可靠性总是小于1。

固体火箭发动机也有其先天性的缺陷，主要表现在固体推进剂的能量特性比液体推进剂低，因此，固体火箭发动机的比冲就比较低。一些固体火箭发动机的真空比冲目前为 $2\,760 \sim 3\,000$ m/s，而液体火箭发动机的真空比冲可达 $4\,000$ m/s 或更高。

另外，装药的初始温度对燃烧室的压力和发动机工作时间的影响很大；调节推力的大小和方向比较复杂；实现多次重复启动比较困难。

由于现代科学技术的发展，如采用新型材料、高效率生产新工艺、新的高能推进剂和试验检测方法等，使固体火箭发动机的技术性能不断提高，应用范围更加广泛。现代固体火箭发动机推力可以从数牛到数千万牛，工作时间也能长达数分钟。固体火箭发动机推力的大小和方向都可以控制，并且已经有很多型号的固体火箭发动机实现了多次启动。

3．固体火箭发动机的推进剂

固体推进剂包含两大类，即胶体（双基）推进剂和复合推进剂。胶体推进剂为一种有机物的固态溶液（混合物），它是同类均质体系。目前，固体火箭发动机使用的胶体推进剂，都是硝化纤维在某些炸药（硝化甘油、硝化二乙醇、硝基胍等）中的胶状溶液。除此以外，还掺入一些添加剂，其作用有的是为提高推进剂的贮存安定性（安定剂或称稳定剂），有的是为提高燃速（催化剂），有的是为减小吸湿性、提高热塑性（增塑剂），以及降低爆炸危险性（钝化剂）等。

复合推进剂的特点是氧化剂的微粒均匀地分布在固体燃烧剂中，是燃烧剂和氧化剂微粒的机械混合物，是一种不均匀的固态体系。复合推进剂的氧化剂通常采用具有正氧平衡的固体物质，这种物质主要是硝酸盐和氯酸盐。复合推进剂的燃烧剂则是具有一定机械性能和黏附性能的胶粘剂，在复合推进剂中采用合成有机聚合物，如橡胶、树脂和塑料。金属燃烧剂有铍、钾、铝和镁，具有最高的能量特性。铝是固体推进剂中使用最广、价格最低的金属燃烧剂。

复合推进剂和胶体推进剂的主要区别：复合推进剂能够稳定燃烧的初始温度和压力范围更宽，燃烧温度更高、比冲更大。目前最好的胶体推进剂，在压力为 7 MPa 时的真空比冲是 2 200 ～ 2 300 m/s；而含金属的复合推进剂，真空比冲在 2 500 m/s 以上。

目前广泛研究和使用了改性胶体推进剂，即以胶体推进剂为胶粘剂基体，另加氧化剂（如过氯酸铵）和高能添加剂（如铝粉）或高能炸药（如黑索金等）制成的推进剂，能量大大提高，也有较好的机械性能，可以采用贴壁浇注式的办法成型，是双基装药发展的一个方向。

由于固体推进剂直接装填在燃烧室内，所以不仅能量特性，而且推进剂的密度、燃烧特性、燃烧温度及力学性能等，都密切的影响发动机的装药及结构。固体火箭发动机装药的几何形状、尺寸直接决定着发动机的各项主要性能参数，因此，药形的选择必须根据推进剂的性能和发动机的原始参数（推力、工作时间等）进行。固体火箭发动机装药的构形极多，从设计角度考虑，对药形的要求有能满足发动机推力变化的规律；装药在燃烧室内能可靠地固定；装药受力状态良好；燃烧产物对发动机壳体的热作用小；未燃烧的推进剂剩余量最少；装填的密度高（指装药的体积与燃烧室容积之比）。

另外，燃烧产物沿装药通道的流动速度应尽量小，以避免侵蚀燃烧。这项要求并非一成不变，目前有些设计恰恰是利用推进剂的侵蚀燃烧效应来调节燃烧室压力，配合装药燃面变化而实现推力规律的要求。

大型的固体火箭发动机推进剂装药量可达数十吨甚至数百吨，为了解决推进剂浇注和发动机壳体加工，以及运输等问题，固体火箭发动机一般采取分段制造的办法，将整个发动机壳体沿长度分成若干段，各段单独浇注推进剂、固化成型，然后组装。各段的装药两端均采取有效的包覆阻燃措施，整个装药内通道的截面也可以是变化的。

■ 四、固、液混合火箭发动机

固、液混合火箭发动机简称混合火箭发动机，是使用固体组元推进和液体组元推进剂的火箭发动机。图 3-78 所示为一种挤压式混合火箭发动机的示意。发动机启动时，高压气瓶 1 中的高压气体，通过减压器 2 降低至所需要的压力进入氧化剂贮箱 3；受挤压的液体组元经阀门 4 进入燃烧室，经喷注器 5 形成雾化射流和液滴，喷入药柱（燃烧剂）6 的内孔通道；药柱点燃后，内孔表面生成的可燃气体与通道内的液体氧化剂组元射流互相混合，在燃烧室 7 中燃烧，高温高压燃气从喷管 8 喷出。与液体火箭发动机一样，也可以用泵式输送系统。

固体组元药柱装填在燃烧室内，要求有一定的汽化表面积，以便受热后汽化和液体组元混合、燃烧。这和固体推进剂药柱的

图 3-78　挤压式混合火箭发动机的示意

1—高压气瓶；2—减压器；
3—氧化剂贮箱；4—阀门；
5—喷注器；6—药柱；
7—燃烧室；8—喷管

燃烧不同，由于固体推进剂内同时包含氧化剂和燃烧剂，因此燃烧在固态就开始进行，燃烧反应在贴近药柱表面的气体层内就完成了。而混合发动机内，固体组元推进剂只含有燃烧剂或氧化剂中的一种，没有固相反应。在燃烧过程中，首先由燃烧区放出的热量使药柱往内通道表面加温，随后开始汽化；汽化产物在通道内与液体组元推进剂的蒸气互相混合才进入燃烧反应。因而，固体组元推进剂药柱并不是燃烧，而是汽化。由于固体组元推进剂汽化的速度一般都很低，所以为满足一定流量的要求，汽化面积要大，而药柱厚度不一定很大。

因此，药形设计上不同于一般的固体火箭发动机，而要求燃烧面要大，药柱的厚度可以较小。为了使汽化表面上的气体组元与液体组元蒸气混合均匀、燃烧完全，经常在燃烧室内设计有扰流器。

固、液混合火箭发动机的主要性能要优于固体火箭发动机或液体火箭发动机。因为：混合推进剂的性能较好，比冲与液体推进剂相近（比固体推进剂高得多），而密度比液体推进剂高；结构上比固体火箭发动机多了一个喷注器组合，但可以利用液体组元（一般为氧化剂）冷却喷管和燃烧室，总体结构仍比液体火箭发动机简单；可以较方便地实现多次启动、停车和调节推力，只需关闭或调节液体组元的流量。

课堂讨论：结合能源技术的发展，讨论还有哪些其他能源的火箭发动机？

张贵田院士：我国液体火箭发动机领域的主要开拓者	聆听超级火箭发动机的"冰与火之歌"	新中国第一台航空发动机试制成功
揭秘中国最强液体火箭发动机	多款新发动机亮相打造直升机最强"心脏"	歼–20换装"中国心"！"航空发动机是要不来的、求不来的"

思考题与习题

一、选择题

1. 发动机按照其产生推力的方法，可以分为（　　）两大类。

A. 活塞式发动机　　　　　　　　B. 冲压式喷气发动机

C. 喷气发动机　　　　　　　　　D. 燃气涡轮发动机

拓展阅读：青春助力强劲"中国心"

2. 1883 年，（　　　）研制出以汽油为燃料的四冲程活塞式发动机，才使人类的飞行柳暗花明，出现了成功的曙光。

A．戴姆勒 B．乔治·凯利

C．兰利 D．李林塔尔

3. 1913 年，（　　　）获得第一个喷气发动机专利，它属于无压气机式空气喷气发动机，与后来的冲压发动机基本相同。

A．雷恩·罗兰 B．弗兰克·惠特尔

C．汉斯·冯·奥海因 D．查尔斯·泰勒

4. 在航空燃气涡轮发动机中，（　　　）所承受的热负荷、气动负荷和机械负荷都是最大的。

A．涡轮部件 B．燃烧室 C．压气机 D．尾喷管

5.（　　　）除部分喷气推力外，大部分推力由螺旋桨产生。

A．涡轮螺旋桨发动机 B．涡轮风扇发动机

C．桨扇发动机 D．升力风扇发动机

6.（　　　）既有涡轮喷气发动机功率大、体积小的优点，而又有活塞式发动机经济性好的优点。

A．涡轮喷气发动机 B．涡轮风扇发动机

C．涡轮螺旋桨发动机 D．涡轮轴发动机

7.（　　　）在直升机动力装置领域，逐渐代替活塞式发动机，而成为直升机主要的动力装置。

A．涡轮轴发动机 B．涡喷发动机

C．涡扇发动机 D．涡桨发动机

8. 为了防止沙尘进入发动机内，破坏发动机的工作，（　　　）的进气道处除设置防止沙尘的滤网外，还经常采用粒子分离装置，阻止沙尘进入发动机。

A．涡轮轴发动机 B．涡桨发动机

C．涡喷发动机 D．涡扇发动机

二、填空题

1. 航空航天发动机包括_____、_____和_____，喷气发动机又分_____和_____。

2. 涡轮喷气发动机在军用战斗机上广泛应用的同时，也被其他机种所选用。首先是_____，然后是_____、_____和_____。

3. 迄今为止，在航空交通运输工具上，人类仍然没能发现有什么东西可以代替_____，也没能发现有什么东西可以代替作为其推进系统的_____。

4. _____是依靠活塞在气缸中的往复运动使气体工质完成_____，将燃料的化学能转化为机械能的_____。

5. 在航空活塞式发动机的工作过程中，对于每个气缸，发动机每转两转完成一个工作循环，在一个循环的四个行程中，只有_____行程是做功的，而_____、_____和_____三个行程是由其他气缸对曲轴做功而带动的。

6. 涡轮喷气发动机的推力是气流作用在发动机内、外表面上作用力的_____，它是_____和_____原理在喷气发动机工作时的一种应用。

7. 外涵与内涵空气流量之比称为涵道比，又称为流量比，它是影响_____性能好坏的一个重要循环参数。

8. 在20世纪70年代后期，航空界开始大力研制新型的、称为"桨扇"的发动机，以缓解当时面临的_____对航空运输业带来的冲击。

9. 表征燃气涡轮发动机好坏的性能参数是_____，其他参数只能表征发动机具有的_____与_____。

10. 现代火箭发动机按其所使用的推进剂的物理状态不同，可分为_____、_____和_____。

三、问答题

1. 往复式活塞发动机是如何产生发动机推力的？

2. 用哪些性能参数衡量往复式活塞发动机性能的好坏？

3. 旋转活塞式发动机在结构上较往复式活塞发动机有哪些简化？

4. 航空燃气涡轮发动机三个热力循环的热力过程是什么？

5. 进入涡轮喷气发动机燃烧室的气流为什么要分成两股？

6. 涡轮喷气发动机由哪些结构组成？它们的功能是什么？

7. 涡轮风扇发动机的工作特点是什么？

8. 为什么冲压发动机不能够单独使用，而要和其他发动机组合使用？

9. 为什么空气喷气发动机不能在大气层外工作，而火箭发动机不但能在大气层内工作，也可以在没有空气存在的太空中工作？

四、思考题

涡扇10（太行发动机）是中国首个具有自主知识产权的高性能、大推力、加力式涡轮风扇发动机，主要用于装备中国第三代高性能战斗机，它结束了国产先进涡扇发动机的空白。

请结合涡扇10发动机的研制，思考航空活塞式发动机为什么会被航空燃气涡轮发动机所取代？

飞机的基本构造

【学习目标】

1. 了解飞机结构的基本组成。
2. 掌握机翼、尾翼、机身的结构特点及其荷载。
3. 培养独立思考、发现问题和解决问题的能力。
4. 培育和传承空天报国情怀，激发爱国热情，树立远大理想。

【案例导入】

C919 是中国首款按照国际通行适航标准自行研制、具有自主知识产权的喷气式中程干线旅客机。C919 机长 38.9 m、翼展 35.8 m、机高 11.95 m，空机质量 45.7 t、最大商载 18.9 t，为 C 类飞机。C919 有机头、前机身、中机身、中后机身前段、中后机身后段、后机身前段、后机身后段、垂尾、平尾和外翼 10 个大部段。中机身位于机身中部，全长 5.99 m，宽 3.96 m，由中机身筒段、龙骨梁、中央翼、应急门组成，是全机结构载荷传递的中枢。

案例分析：

C919 飞机的机翼采用了前缘缘翼、后缘襟翼和可变前缘翼等最新技术，以提高飞机的升力和稳定性。同时，采用了先进的液压和电传操纵系统，提高了控制精度和减少了操纵阻力。

单元一　飞机结构的基本组成

■ 一、飞机结构的组成及其功用

飞机是一个庞大而复杂的、驶离地面的飞行器系统，是人类制造的复杂的产品之一。飞机自诞生以来，结构形式虽然在不断变化，但到目前为止，除极少数特殊形式的飞机外，大多数的飞机由机翼、机身、尾翼、动力装置、操纵系统和机载设备几个部分组成。图 4-1 所示为一架喷气式旅客机的示意。

图 4-1　飞机的主要组成部分

1—驾驶舱；2—发动机；3—垂直尾翼；4—方向舵；5—升降舵；

6—水平尾翼；7—襟翼；8—副翼；9—机翼；10—机身

（1）机翼。机翼的主要功用是产生升力，以支持飞机在空中的飞行，而且还起一定的稳定和操纵作用。通常，在机翼上还装有副翼、襟翼、起落架、武器及副油箱等。机翼的平面形状多种多样，常用的有矩形翼、梯形翼、后掠翼、三角翼、双三角翼、箭形翼、边条翼等。现代飞机一般都是单翼机，但历史上也曾流行过双翼机、三翼机和多翼机。根据与机身的连接方式，单翼机的机翼可分为下单翼、中单翼、上单翼和伞式上单翼（机翼在机身的上方，由一组撑杆将机翼和机身连接在一起）。

（2）机身。机身用来装载人员、物资和各种设备，它还把飞机其他部分连接起来组成一个整体。早期的飞机仅有一个连接各部件的构架，这样的机身目前在初级滑翔机和超轻型飞机上还可以见到。为了减少阻力，后来发展成为流线外形的机身，并用于装载货物、人员和设备等体积较大的承载物。如果机翼足够大，能将人员、货物、燃油等全部装在机翼内部，则可以取消机身，成为机翼式飞机，简称飞翼。

（3）尾翼。尾翼是安装在飞机后部、起稳定和操纵作用的部件。尾翼一般分为垂直尾翼和水平尾翼。垂直尾翼简称垂尾，它由固定的垂直安定面和可动的方向舵组成，它在飞机上主要起方向稳定和方向操纵的作用。根据垂尾的数目，飞机可分为单垂尾、双垂尾、三垂尾和四垂尾飞机。水平尾翼简称平尾，它由固定的水平安定面和可动的升降舵组成，在飞机上主要起纵向稳定和俯仰操纵的作用。

有的飞机为了提高俯仰操纵效率，采用的是全动平尾，即平尾没有水平安定面，整个翼面均可偏转。现代不少超声速战斗机，为增加垂尾面积以加强方向静稳定性，采用双垂尾布置，如苏 -27、米格 -25、F-15、F-18 等飞机。还有一些飞机采用无平尾或前置鸭翼、V 形尾翼等。有一种特殊的 V 形尾翼，它既可以起垂直尾翼的作用，也可以起水平尾翼的作用。水平尾翼一般位于机翼之后，但也有飞机把水平尾翼放在机翼之前，这种飞机称为鸭式飞机。这时，将前置"水平尾翼"称为"前翼"或"鸭翼"。没有水平尾翼（甚至没有垂直尾翼）的飞机，称为无尾飞机。这种飞机的俯仰操纵、方向操纵、滚转操纵均由机翼后缘的活动翼面或发动机的推力矢量喷管控制。

（4）动力装置。动力装置包括产生推力的发动机，以及保证发动机正常工作所需要的附属系统和附件传动装置，其中包括发动机的启动、操纵、固定、燃油、滑油、散热、防火、灭火、进气和排气等装置和系统。

（5）操纵系统。操纵系统包括驾驶杆（盘）、脚蹬、拉杆、摇臂或钢索、滑轮等。驾驶杆（盘）控制升降舵（或全动水平尾翼）和副翼，脚蹬控制方向舵。为了改善操纵性能和稳定性能，现代飞机操纵系统中还配备有各种助力系统（包括液压式和电动式）、增稳装置和自动驾驶仪。

（6）机载设备。机载设备包括飞行仪表、通信、导航、环境控制、生命保障、能源供给等设备，以及与飞机用途有关的一些机载设备，如战斗机的武器和火控系统、旅客机的客舱生活服务设施等。

直升机的机身、动力装置和起落架与飞机的相似，但飞机没有旋翼。直升机操纵系统的工作原理与飞机完全不同。直升机的着陆装置一般采用轮式起落架，而轻型直升机一般采用滑橇式起落架，在飞行中起落架一般不收回。涡轮螺旋桨飞机的桨叶构造与大展弦比直升机的旋翼类似。

■ 二、荷载、变形和应力的概念

1．荷载与荷载分类

任何结构和结构中的各个构件，在工作过程中都会受到其他物体对它的作用力，这种作用力通常称为荷载（或外部荷载）。例如，飞行中机翼上的空气动力、起落架等部件的重力都是作用于机翼上的荷载。各种构件在荷载的作用下，它的支点都会对它产生反作用力。构件承受的各种荷载和支点的反作用力，统称为作用于该构件的外力。

按作用方式，荷载主要分为集中荷载和分布荷载，如图4-2所示。集中荷载是指集中作用于一点上的荷载；分布荷载是指作用在一个面积或长度上的荷载。如果分布荷载的作用面积相对较小，可以把它近似看作是集中荷载，这样在实际中可使问题简化。例如，吊装在机翼上的发动机，对机翼的荷载可认为是集中荷载。

图4-2　作用于机翼上的荷载

根据荷载作用于构件性质的不同，荷载可以分为静荷载和动荷载。如果荷载是逐渐加到构件上去的，或者荷载加到构件上后，它的大小和方向不变或变化很小，这个荷载称为静荷载。如飞机停放时起落架所承受的荷载，就是一种静荷载；又如，千斤顶顶飞机时，千斤顶所承受的荷载是逐渐增大的，它也属于静荷载。

　　如果荷载是突然加到构件上去的，或者荷载加到构件上后，它的大小和方向（或其一）有显著变化，这样的荷载称为动荷载。如飞机着陆时起落架所受到的地面撞击力；飞机着陆滑跑时因为跑道不平，使飞机各部分承受的力都属于动荷载。

2．构件在荷载作用下的变形

　　构件在荷载作用下，其尺寸和形状都会有不同程度的改变，这种尺寸和形状的改变称为变形。构件在荷载作用下所产生的变形，当荷载去掉后即能消失的变形称为弹性变形；不能消失的变形称为塑性变形（或永久变形），如图 4-3 所示。

图 4-3　弹性变形与塑性变形

　　构件承受荷载的情况不同，它所产生的变形形式也不一样，但其基本变形为拉伸、压缩、剪切、扭转和弯曲五种（图 4-4）。实际上，飞机结构受力时，各构件的变形，往往是比较复杂的，常常是几种变形的组合，称为复合变形。

图 4-4　构件承受荷载所产生的变形

3．内力和应力的概念

当构件受到外力作用而变形时，材料分子之间的距离发生变化，这时分子之间会产生一种反抗变形、力图使分子间的距离恢复原状的力，这种力称为内力。构件受力变形时所产生的内力，可以利用截面法求得。

要判断构件受力的严重程度，仅知道内力的大小是不够的。构件在外力作用下，单位横截面面积上的内力叫作应力。如果内力是均匀分布的，则构件任意截面上的应力等于截面上的总内力除以横截面面积。应力可分为垂直于所取截面和平行于所取截面的两个分量：垂直于横截面的应力称为正应力，平行于横截面的应力称为剪应力（图4-5）。

图4-5　正应力和剪应力

4．强度和刚度的概念

构件在传力过程中，横截面上的应力要随着荷载的增大而增大。对于一定材料制成的构件来说，当截面上的应力增大到一定限度后，构件就会损坏（产生显著的永久变形或断裂）。构件在外力作用下，抵抗破坏（或断裂）的能力叫作构件的强度。构件的强度越大，表示它开始损坏时所受到的荷载越大。为了使构件在规定的荷载作用下工作可靠，应保证它具有足够的强度。

构件即使强度足够，但在荷载作用下还可能由于变形量过大而影响工作。因此，构件还应具有足够的抵抗变形的能力，构件在外力作用下抵抗变形的能力称为构件的刚度。构件的刚度越大，在一定的荷载作用下产生的变形越小。

构件在外力作用下保持其原有平衡形式的能力，称为构件的稳定性。细长杆和薄壁结构受压后容易突然失去原有的平衡形式，这种现象叫作失去稳定性，简称失稳。飞机蒙皮在受压后会产生皱折的现象，就是由于蒙皮受压失稳造成的。

要保证构件正常工作，构件必须具有足够的强度、刚度和稳定性。构件的强度、刚度、稳定性与其材料的性质、截面尺寸和形状有关。另外，构件的强度和刚度还与使用、维护的条件有关。例如，构件装配不当，受到划伤或腐蚀等，强度和刚度就会减弱。因此，维护和使用过程中，应根据构件的性质和受力特点等，注意保持其强度和刚度。

5．飞机承受的主要应力

所有飞机都要承受拉伸应力、压缩应力、扭转应力（扭矩）、剪切应力和弯曲应力（弯矩）五种主要应力。其中，拉伸应力是抵抗试图拉断物体的应力；压缩应力是抵抗压力的应力；扭矩是产生扭转变形的应力；剪切应力是抵抗试图引起材料某一层与相邻一层产生相对错动之力的应力；弯曲应力是压缩应力和拉伸应力的组合。当杆件受到弯曲作用时，弯曲的内侧面缩短（压缩），而弯曲的外侧面拉长（拉伸）。

飞机结构强度的极限挑战

175

三、对飞机结构的基本要求

1．飞机的战术技术和使用技术要求

为了完成各种不同的任务，对于不同的飞机有不同的技术要求。对于军用飞机称为战术技术要求，对于民用飞机称为使用技术要求。军用、民用飞机除满足飞机最大速度、升限、航程、起飞着陆、载重、机动性（对战斗机）等主要技术特性外，军用飞机还应满足使用部门根据国家的战略方针，以及将来面临的作战环境而对飞机提出的任务和使命等战术技术要求；民用飞机还应满足其使用技术要求。

2．空气动力要求和设计一体化要求

飞机结构应具有良好的空气动力外形，以及必要的准确度和表面质量。飞机的气动外形，主要决定于飞机性能要求和飞行品质（操纵性、稳定性等）。如果飞机结构达不到必要的气动要求，将会导致飞行阻力增加，升力降低，飞行性能和飞行品质变坏。

为了提高军用飞机的生存能力和战斗力，世界各国正努力发展低可见度的隐身技术。提出了飞机设计向综合性和一体化方向的发展，对飞机结构提出了新的要求。图1-11中的F-117A隐身攻击机，因隐身要求，机翼下表面与机身上表面均为许多小平面构成的三棱锥面，并采用了不设任何外挂架的埋入式布局，提出了隐身、结构一体化的要求。

苏-30MK飞机所采取的翼、身融合技术，要求机翼、机身圆滑过渡融合为一体，并要求机身沿轴向的形状符合面积律规律，大大改善了飞机的气动性能，但增加了结构的复杂性。飞机、发动机的一体化设计，对既是机体结构的一部分，又是推进系统组成部分的进气道、喷管，强调其形状、结构与发动机的匹配设计，用以优化控制飞机与发动机之间气动性能的相互影响。还有飞控、火控、结构一体化设计等发展趋势，使飞机结构设计在满足气动和飞机性能等要求方面增加了新的内容和难度。

3．结构完整性要求

结构完整性是指关系到飞机安全使用、使用费用和功能的机体结构的强度、刚度、损伤容限及耐久性（或疲劳安全寿命）等飞机所要求的结构特性，它是飞机结构特性的总体要求。

在第二次世界大战以后的10年中，世界各国的军用和民用飞机相继出现因疲劳而造成的灾难性事故，尤以1954年英国的"彗星"□号客机连续两次坠入大海引人注目。之后，大量的分析和研究表明，只按静强度、刚度设计的飞机并不安全。随着飞机使用寿命的提高（飞机的使用寿命，战斗机由以前的1 500飞行小时提高到5 000～8 000飞行小时；运输机由2 000飞行小时提高到30 000～60 000飞行小时），加之高强度材料的应用（一般疲劳性能较差）和使用应力水平的提高，均增加了结构疲劳破坏的可能性。因此，飞机设计在静强度、刚度的基础上，又引入了抗疲劳的安全寿命设计理念。安全寿命设计理念从20世纪50年代起，一直延续至今，已经积累了丰富的经验。

从20世纪60年代末期起的几年当中，按疲劳安全寿命设计的多种美国空军飞机出现了某些断裂事故，经分析和研究表明，按安全寿命设计并不能确保飞机的安全，因为它没

有考虑到实际结构在使用之前，由于材料、生产制造和装配过程中已存在有不可避免的漏检的初始缺陷和损伤；同时，使用的高强度或超强度合金的断裂韧性降低等。这些缺陷、损伤在使用过程中，重复荷载作用下将不断扩展，初始缺陷和损伤会扩展失控造成结构破坏和灾难性事故，因此又引入了损伤容限设计概念。

损伤容限设计概念承认结构在使用前就带有初始缺陷，但必须把这些缺陷或损伤在规定的未修使用期内的增长，控制在一定的范围内，在此期间，受损结构应满足规定的剩余强度要求，以保证飞机结构的安全性和可靠性。

4．最小质量要求

在满足飞机的空气动力要求和结构完整性的前提下，应使结构的质量尽可能减轻，即达到最小质量要求。因为结构质量的增加，在总质量不变的情况下，就意味着有效荷载的减小，或飞行性能的降低。减轻结构质量是飞机设计和制造人员的重要使命，也是飞机型号研制成败的关键。世界各国所有的飞机设计和制造部门，都有一个共同的口号："为减轻飞机的每一克质量而奋斗"。

合理的结构布局是减轻结构质量最主要的环节，飞机通常用结构质量系数来表示结构设计水平。结构质量系数是用飞机结构重量与飞机正常起飞质量之比的百分比来表示，统计结果表明，第一代歼击机的结构质量系数平均在35%左右，第二代歼击机的结构质量系数平均在33%左右，第三代歼击机的结构质量系数平均在30.5%左右。目前发展的第四代歼击机，如美国的F-22飞机，据悉结构质量系数为28%。

5．使用维修要求

飞机的各部分（包括主要结构和装在飞机内的电子设备、燃油系统等各个重要设备和系统），必须分别按规定的周期检查、维护和修理。良好的维修性可以提高飞机在使用中的安全可靠性和保障性，并可以有效地降低保障使用成本。对于军用飞机，尽量缩短每飞行小时的维修时间和再次出动的时间，还可以保证飞机及时处于临战状态，提高战备完好性。为了使飞机有良好的维修性，在结构上需要布置合理的分离面与各种舱口，在结构内部安排必要的检查、维修通道，增加结构的开敞性和可达性。

6．工艺要求

要求飞机结构有良好的工艺性，便于加工、装配。这些工艺要求，必须结合产品的数量、机种、需要的迫切性与加工条件等综合考虑。对于复合材料等新材料，还应对材料、结构的制作和结构修理的工艺性予以重视。

7．经济性要求

经济性要求，过去主要是指生产和使用成本。近年来，提出了全寿命周期费用（LCC）概念（也称全寿命成本）。全寿命周期费用，主要是指飞机的概念设计、方案论证、全面研制、生产、使用与保障等五个阶段，直到退役或报废期间所付出的一切费用之和。其中，生产费用与使用、保障费用占全寿命周期费用的85%左右。而减少生产费用最根本的是结构设计的合理性；影响使用和保障费用的关键是可靠性和维护性，也与结构设计直接有关。

高镇同 飞机寿命
与结构可靠性专家

拓展阅读：飞机构
件常用材料性能

单元二　机翼、尾翼及其荷载

■ 一、机翼荷载

（1）空气动力荷载。空气动力荷载是分布荷载，单位为 Pa。它可以是吸力或压力，直接作用在机翼的表面上，形成机翼的升力和阻力，其中升力是机翼最主要的外荷载。

（2）部件、装载传来的集中荷载。机翼上连接有其他部件（如起落架、发动机）、副翼、襟翼等，以及布置在机翼内、外的各种装载（如油箱、炸弹）。由于这些部件、装载一般都是以有限的连接点与机翼主体结构相连接，因此，无论是起落架传来的地面撞击力，或副翼等翼面上的气动荷载，以及机翼上各部件、装载本身的质量力（包括重力和惯性力），都是通过连接点以集中荷载的形式传给机翼。机翼整体油箱的燃油荷载（包括燃油的质量力和油箱增压荷载等），则为分布荷载。

（3）机翼结构的质量力。机翼本身结构的质量力为分布荷载，其大小与分布情况取决于机翼结构质量的大小与分布规律，它的数值比气动荷载要小得多。在工程计算中，其分布规律可近似认为与弦长成正比。

（4）机翼的总体受力。机翼的各种外荷载都在机翼和机身的连接处，由机身提供支持来平衡。这样，就可以把机翼看作固定在机身上的一个"梁"。当机翼分成两半，与机身在其左、右两侧相连接时，可把每半个机翼看作支持在机身上的悬臂梁；若左、右机翼连接成一个整体时，则可把它看作支持在机身上的双支点外伸梁。这两种情况虽然在支持形式上有所不同，但对机翼结构来说，都可以看作固定在机身上的悬臂梁，因而要产生弯曲和扭转变形。因此，机翼在各种外荷载作用下，机翼的各截面要承受剪力、弯矩和扭矩。由于机翼结构沿水平方向尺寸较大，那么水平剪力和水平弯矩对飞机结构受力影响较小，在受力分析时只分析垂直剪力、扭矩和垂直弯矩，如图4-6所示。

机翼瞬间被拉断——运-20极限荷载试验画面

图 4-6　机翼上所受的剪力、弯矩和扭矩

■ 二、机翼受力构件的基本构造

机翼结构的受力构件主要分蒙皮和骨架结构，如图4-7所示。骨架结构中，纵向构件有翼梁、桁条（长桁）、腹板（纵墙），横向构件有翼肋（普通翼肋和加强翼肋）。

图4-7　机翼结构的基本组成构件

1．翼梁

在各种形式的机翼结构中，翼梁是单纯的受力构件，主要承受剪力和弯矩。在有的结构形式中，它是机翼主要的纵向受力构件，承受机翼的全部或大部分弯矩，翼梁大多是根部与机身牢固连接。翼梁的结构形式可以分为腹板式、整体式和桁架式三种，如图4-8所示。

现代飞机的机翼一般采用腹板式金属翼梁，由缘条和腹板铆接而成。缘条用铝合金或合金钢的厚壁型材制成，用于承受拉力和压力。腹板用铝合金板制成，用于承受剪力。薄壁腹板上往往还铆接了许多铝合金支柱，以增强其抗剪稳定性和连接翼肋。为了合理地利用材料和减轻机翼的结构质量，缘条和腹板的截面面积一般是沿翼展方向改变，即翼根部分的横截面面积较大，翼尖部分的横截面面积较小。

图4-8　翼梁的构造
（a）腹板式翼梁；（b）整体式翼梁；（c）桁架式翼梁

179

腹板式翼梁的构造简单，制造方便，受力特性好，同时可作为整体油箱的一块隔板。

某些飞机上采用了整体式翼梁，它是一种用高强度的合金钢锻造制成的腹板式翼梁。它的刚度大，截面尺寸可以更好地符合等强度要求。此外，在翼型较厚的低速重型飞机上，也常采用桁架式翼梁。这种翼梁由上、下缘条和许多直支柱、斜支柱连接而成。翼梁受剪力时，缘条之间的支柱承受拉力和压力。缘条和支柱，有的采用铝合金管或钢管制成，有的则用厚壁开口型材制成。

2. 长桁

图 4-9 所示为各种长桁的示意。长桁（也称桁条）是与蒙皮和翼肋相连接的构件，其上作用有气动荷载。在现代机翼中，它一般都参与机翼的总体受力，承受机翼弯矩引起的部分轴向力，是纵向骨架中的重要受力构件之一。长桁支持蒙皮，防止蒙皮在承受局部空气动力时产生过大的局部变形，并与蒙皮一起把局部空气动力传给翼肋，提高蒙皮的抗剪和抗压稳定性。

3. 纵墙

纵墙（包括腹板）是纵向骨架构件之一，纵墙与翼梁的区别在于其凸缘很薄，或者没有凸缘，只有腹板。纵墙的缘条比翼梁的缘条弱得多，但大多强于一般的长桁，纵墙与机身的连接被看作为铰接（只能传递力，不能传递力矩）。腹板或没有缘条，或缘条与长桁的强度一样。墙和腹板一般都不能承受弯矩，但与蒙皮组成封闭盒段以承受机翼的扭矩，后墙则还有封闭机翼内部容积的作用。图 4-10 所示为纵墙的示意。

图 4-9　各种长桁的示意

图 4-10　纵墙的示意
1—腹板；2—很弱的缘条

4. 翼肋

翼肋按其功用可分为普通翼肋和加强翼肋两种，翼肋的构造形式有腹板式普通翼肋、腹板式加强翼肋和桁架式翼肋，如图 4-11 所示。普通翼肋的功用是构成并保持规定的翼型，把蒙皮和长桁传给它的局部空气动力传递给翼梁腹板，而把局部空气动力形成的扭矩通过铆钉以剪力的形式传给蒙皮，支持蒙皮、长桁和翼梁腹板，以提高它们的稳定性。加强翼肋除具有普通翼肋的作用外，还要承受和传递较大的集中荷载，在开口边缘处的加强翼肋则要把扭矩集中起来传给翼梁。

腹板式普通翼肋通常都用铝合金板制成，其弯边用来同蒙皮和翼梁腹板铆接。周缘弯边和与它铆接在一起的蒙皮，作为翼肋的缘条承受弯矩；翼肋的腹板则承受剪力。这种翼肋的腹板，强度一般都有富余，为了减轻质量，腹板上往往开有大孔。利用这些大孔，还可以穿过副翼、襟翼等的传动构件。为了提高腹板的稳定性，开孔处往往还压成卷边，有时腹板上还铆着加强支柱，或者压成凹槽。腹板式加强翼肋的缘条，是铝合金型材制成的。为了承受较大的集中荷载，加强翼肋的腹板较厚，有时还采用双层腹板，或者在腹板上用支柱加强。

桁架式翼肋的构造与桁架式翼梁相似，也由缘条、直支柱和斜支柱组成。有些翼型较厚的机翼，采用这种翼肋来承受较大的集中载荷。

5．蒙皮

蒙皮是覆盖在骨架外的受力构件，蒙皮的直接功用是形成流线型的机翼外表面。为了使机翼的阻力尽量小，蒙皮应力求光滑，减小它在飞行中的凹凸变形。从受力看，气动荷载直接作用在蒙皮上，因此，蒙皮受垂直于其表面的局部气动荷载。此外，蒙皮还参与机翼的总体受力，它和翼梁或翼墙的腹板组合在一起，形成封闭的盒式薄壁结构承受机翼的扭矩；当蒙皮较厚时，它与长桁、翼梁、缘条一起组成壁板，承受机翼弯矩引起的剪切力。

图 4-11　翼肋的构造示意

（a）腹板式普通翼肋；（b）膜板式加强翼肋；
（c）桁架式翼肋

现代飞机的机翼通常采用铝合金蒙皮，它的厚度随机翼的结构形式和它在机翼上的部位确定。由于机翼前缘承受的局部空气动力较大，飞行中又要求它能够更准确地保持外形，而翼根部位承受的扭矩和弯矩通常较大，所以一般机翼的前缘和翼根部位蒙皮最厚，后缘和翼尖部位的蒙皮较薄。为了避免由于各块蒙皮的厚度不同而影响机翼表面的光滑性，某些飞机还采用了变厚度的过渡蒙皮。复合材料蒙皮，由于其特殊的优异性能，被广泛地用于第四代战斗机和近些年来设计的飞机的机翼翼面结构上。图 4-12 所示为蒙皮的示意。

图 4-12　蒙皮的示意

（a）金属蒙皮；（b）整体蒙皮（整体壁板）

■ 三、机翼结构的基本构造形式

机翼在荷载作用下，由某些构件起主要受力作用，其他的构件起次要受力作用。所谓机翼结构的受力形式，是指结构中这些起主要受力作用的构件的组成形式。各种不同的受力形式表征了机翼结构不同的总体受力特点，受力形式比相应的真实机翼结构简单得多。传统机翼的受力形式有薄蒙皮梁式机翼、多梁单块式机翼和多墙厚蒙皮式机翼等结构，此外还有混合式构造的机翼。

1. 薄蒙皮梁式机翼

薄蒙皮梁式机翼的主要构造特点是纵向有强度较强的翼梁（有单梁、双梁或多梁等）；蒙皮较薄，长桁较少且弱，梁缘条的剖面与长桁相比要大得多；有时还布置有纵墙。薄蒙皮梁式机翼通常不做成一个整体，而是分为左、右两个机翼。机翼在机身的左、右侧边设计有分离面，并在分离面处，借助几个梁、墙根部传递集中荷载的对接接头与机身连接，如图 4-13 所示。

图 4-13　薄蒙皮梁式机翼

薄蒙皮梁式机翼中的翼梁是主要受力构件，承受剪力及弯矩引起的轴向力，薄蒙皮和弱长桁均不参加机翼总体弯矩的传递。由于翼梁之间的跨度较大，因此便于利用机翼的内部容积。与其他结构的受力形式相比，薄蒙皮梁式机翼便于开口收藏其他机构（如起落架），而不至于破坏原来的主要传力路径。机翼、机身通过几个集中接头连接，因而连接简单、方便。

2. 多梁单块式机翼

从构造上看，多梁单块式机翼的长桁较多且强度较大，蒙皮较厚，长桁、蒙皮与翼梁缘条组成可以承受轴向力的壁板而承受总体弯矩。一般翼梁缘条的剖面面积与长桁的剖面面积接近或略大，有时就只布置有纵墙，翼梁或纵墙与壁板形成封闭的盒段，增强了翼面结构抵抗扭矩的刚度。为了充分发挥多梁单块式机翼的受力特点，左、右机翼一般连成整体贯穿机身。有时为了使用、维护的方便，在展向布置有设计分离面，分离面处采用沿翼盒周缘分散连接的形式将整个机翼连成一体，然后整个机翼另外通过几个接头与机身相连接，如图 4-14 所示。

图 4-14　多梁单块式机翼
1—长桁；2—翼肋；3—纵墙或翼梁的腹板

多梁单块式机翼的上、下壁板成为主要的受力构件，刚度特性好（这对后掠机翼很重要）。同时，由于结构分散受力，能更好地利用剖面结构高度，因而在某些情况下（如飞机速度较大时）材料利用率较高，质量可能较轻。此外，多梁单块式机翼比薄蒙皮梁式机翼的生存力更强，但它也有不便于开口的缺点。

3. 多墙厚蒙皮式机翼

多墙厚蒙皮式机翼有时称多梁厚蒙皮式机翼，这类机翼布置了较多的纵墙（一般多于 5 个），蒙皮厚（可从几毫米到十几毫米）；无长桁，翼肋很少，但结合受集中力的需要，每侧机翼上要布置 3 ～ 5 个加强翼肋。当左、右机翼连成整体时，与机身的连接与多梁单块式机翼类似。但有的与薄蒙皮梁式机翼类似，分成左、右机翼，在机身侧边与之相连。这时往往由多纵墙式过渡到多翼梁式，用少于纵墙数量的几个翼梁的根部集中对接接头在根部与机身相连接，如图 4-15 所示。

图 4-15　多墙厚蒙皮式机翼
1—纵墙；2—蒙皮；3—襟翼；4—副翼；5—纵墙的缘条

多墙厚蒙皮式机翼主要由上、下厚蒙皮承受弯矩，它与薄蒙皮梁式机翼和多梁单块式机翼相比，材料分散性更大。一般来说，多墙厚蒙皮式机翼的刚度大，材料利用率也更好一些。然而，也存在类似多梁单块式机翼的缺点。

■ 四、机翼上的活动面

副翼和襟翼是附属于机翼的常见活动小翼面，它们的主要受力构件与机翼相似。但因位于机翼前、后缘，故外形具有窄、长、薄的特点，在气动力的作用下容易弯曲变形，导致操纵时偏转不灵活，甚至出现"卡死"现象。所以，某些大型飞机常将襟（副）翼分成几段，以减少自由长度。

有些翼展短的飞机，常将副翼和襟翼合为一体，称为襟副翼。当左、右机翼上的襟副翼同时向下偏转时，襟副翼起襟翼作用；当左、右机翼上的襟副翼向相反方向偏转时，襟副翼起副翼的作用。

在无尾三角翼飞机上，襟副翼与升降舵合为一体，称为升降副翼。

大部分飞机会在翼梢位置安装一个竖直的小翼称为翼梢小翼，其作用主要是减小飞机飞行过程中的诱导阻力。此外，为了增大飞机着陆的阻力，减少飞机滑跑距离，使飞机安全快速降落，飞机在后缘位置安装有扰流片（扰流板）。活动面如图4-16所示。

图4-16　飞机机翼上活动面

■ 五、尾翼荷载及尾翼结构

飞机的尾翼是重要的部件之一，其主要功用是保证飞机的纵向和航向平衡，并使飞机在纵向、横向两个方向具有必要的稳定性和操纵性。一般飞机的尾翼包括水平尾翼（简称平尾）和垂直尾翼（简称垂尾或立尾），通常低速飞机的尾翼都是分为可动的舵面（方向舵、升降舵）和固定的安定面（垂直安定面、水平安定面）两个部分，如图4-17所示。但是在超声速飞机飞行时，因为舵面的操纵效能大大降低，有时甚至降低1/2，要保证尾翼的操纵能力，就必须使整个尾翼都偏转，于是在高速飞机上就出现了全动尾翼。

尾翼上的空气动力荷载按其作用分为三类：第一类是平衡荷载，用以保证飞机纵向气动力矩平衡作用在水平尾翼上的荷载。这时水平安定面上的荷载往往与升降舵的荷载相反，因而水平尾翼承受有较大扭矩。第二类是机动荷载，在不平静气流或机动飞行时，偏转升降舵或方向舵产生的荷载，这是尾翼的主要受力情况。第三类是不对称荷载，对水平尾翼来说，由侧滑或滚转引起的荷载是不对称荷载，它们一般比机动荷载小得多。但这个不对称荷载引起的扭矩却较大，对机身结构有一定影响。垂直尾翼除滚转影响外，还有不对称的发动机也会引起垂直尾翼上的荷载。

尾翼结构一般也是由梁、肋、桁条和蒙皮组成的，而构成的方法与机翼相似，如图4-18所示。尾翼承受的应力也与机翼相似，由气动荷载引起的弯矩、扭矩和剪力，从一个构件传到另一个构件。每个构件分担一部分应力，而把剩余的应力传给其他构件，最终传给翼梁，翼梁再把它传到机身结构上。

图 4-17　尾翼的组成

图 4-18　垂直安定面和方向舵结构

单元三　机身及其载荷

■ 一、机身荷载

机身是飞机的一个重要部件，它的主要功用是安置空勤人员、旅客，装载燃油、武器、设备和货物等；将机翼、尾翼和起落架（对歼击机，一般还有发动机）连接在一起，构成一架完整的飞机。机翼、尾翼和起落架部件通过固定在机身上的接头，把作用在其上的荷载都传到机身上，和机身上的其他荷载一起达到受力平衡，因而，机身是整架飞机的受力基础。机身上的主要荷载有以下四种。

（1）空气动力荷载（气动荷载）。由于机身基本上为对称流线体，因而机身上除局部位置外，空气动力荷载都较小，只有在机身头部和一些曲度较大的凸出部位（如座舱盖）等处的局部空气动力荷载较大，因此，空气动力应作为这些部位的主要设计荷载之一。但是机身分布的气动荷载对机身的总体荷载基本没有影响，如图 4-19 所示。

图 4-19　机身表面的压力分布（对称情况）

（2）装载加给机身的力。机身内的各种装载与机身结构本身都会产生质量力，其中尤以各种装载的质量力影响较大。质量力的大小与荷载因数成正比，而沿机身轴线各点上的装载大小与方向不一定相同，故也会影响到质量力的大小与方向。它们有的为集中力形式（如装载通过集中接头连接到机身结构上时），有的为分布力形式（如客舱、货舱内载重的质量力）。

（3）其他部件传来的力。这里主要指在飞行或起飞、着陆滑跑中，由机翼、尾翼或起落架上传来的力。若发动机安装在机身上，则还有发动机推力和陀螺效应产生的集中力。

（4）增压荷载。它在机身增压舱部位，基本自身平衡，而不影响机身的总体荷载，但它会在机身增压舱结构内产生轴向正应力和机身横截面内的环向正应力，对气密舱的前、后端框产生侧压力。对于旅客机的气密舱而言，这是一个重要的疲劳荷载。

机身的总体受力特点是机身上的全部荷载在与机翼连接处得到平衡，因此可将机身看成是支持在机翼上的双支点或多支点外伸梁。支点数及支点提供的支反力性质，视机身、机翼的连接接头的具体情况而定。当机身受到各种情况下的荷载时，机身结构会产生在垂直对称面内和水平面内的弯曲，以及绕机身轴线的扭转。相应的在机身结构中，引起两个平面内的剪力、弯矩和绕轴向直线的扭矩等内力，如图4-20所示。

图4-20 机身对称平面内的荷载及内力图

综上所述，机身的受力一般与机翼很相似。但对机翼来说，水平荷载较其垂直荷载（如升力）小得多，而机翼结构在水平方向的尺度较垂直方向大，因而在结构分析时，常略去水平荷载。对于机身来说，垂直方向和水平方向的荷载为同一数量级，且机身结构在这两个方向上的尺度又相差不大，因此在机身结构分析时，两个方向上的荷载都要考虑。

提速减重！解码运-20采用的超临界机翼

二、机身受力构件的基本构造

现代飞机的机身结构是由纵向构件（沿机身纵轴方向，如长桁、桁梁），以及垂直于机身纵轴的横向构件如隔框、蒙皮组合而成。机身结构各构件的功用相应地与机翼结构中的长桁、翼肋、蒙皮的功用基本相同。

1. 隔框

作为横向构件的隔框分为普通框和加强框。普通框主要用于维持机身的截面形状，承受蒙皮的局部荷载。一般沿机身周边的空气压力对称分布，这时空气动力在框上自身平衡，不再传到机身的其他结构上去。普通框一般都为环形框，如图4-21所示。当机身为圆截面时，普通框的

图4-21 普通框的构造

内力为环向拉应力；当机身截面有局部是接近平直段时，则普通框内就会产生弯曲内力。此外，普通框还受到因机身弯曲变形而引起的分布压力 P_1，P_1 是自身平衡的力系，如图 4-22 所示。普通框还对蒙皮和长桁起支持作用，且隔框的间距影响长桁的总体稳定性。

图 4-22　普通框的荷载
（a）空气压力荷载；（b）机身弯曲变形引起的压力 P_1；（c）压力 P_1 的分布

图 4-23 所示为加强框的构造。加强框除有普通框的作用外，其主要功用是将装载的质量力和其他部件（如机翼、尾翼等）上的荷载，经连接接头传递到机身结构上的集中力加以分散，然后以剪流的形式将力传给机身蒙皮。

为何机翼和机身
要融为一体？

图 4-23　加强框的构造
（a）整体式刚框式加强框；（b）腹板式加强框
1—外缘条；2—内缘条；3—腹板；4—支柱

2．长桁与桁梁

长桁作为机身结构的纵向构件，在桁条式机身中主要用来承受机身弯曲时引起的轴向力。另外，长桁对蒙皮有支持作用，它提高了蒙皮的受压、受剪失稳临界应力。其次，它承受了部分作用在机身蒙皮上的空气动力并传给隔框，与机翼的长桁相似。桁梁的作用与长桁相似，只是截面面积比长桁大。

3．蒙皮

机身蒙皮在构造上的功用是构成机身的气动外形，并保持表面光滑，它承受局部空气动力。在增压密封座舱部位的蒙皮将承受内压荷载，蒙皮将其传递给机身骨架。蒙皮在机身总体受载中起着很重要的作用，它承受垂直和水平两个平面内的剪力和扭矩。同时，它和长桁等一起组成壁板，承受垂直和水平两个平面内的弯矩引起的轴向力。但是随构造形式的不同，机身承受弯矩时它的作用大小也不同。

三　机身结构的基本构造形式

根据蒙皮参加承受弯矩的程度不同，机身可分为桁梁式机身、桁条式机身和硬壳式机身三种构造形式，如图 4-24 所示。

(a)

(b)　　　　　　　　　　　　(c)

图 4-24　机身的构造形式

（a）桁梁式机身；（b）桁条式机身；（c）硬壳式机身
1—桁梁；2—长桁；3—普通隔框；4—蒙皮；5—加强隔框

1．桁梁式机身

桁梁式机身［图 4-24（a）］的结构特点是有几根强度较大的桁梁，桁梁的截面面积较大。而机身结构上的长桁数量较少，强度较弱，甚至长桁可以不连续，且蒙皮较薄。这种结构的机身，由弯曲引起的拉、压轴向力主要由桁梁承受，蒙皮和长桁承受很小一部分的轴向力，而剪力全部由蒙皮承受。普通隔框的作用是维持机身外形，支持纵向构件。加强隔框除维持外形外，主要承受集中荷载，如机翼、尾翼和机身连接的接头等都安排有加强隔框。

从桁梁式机身的受力特点可以看出，在桁梁之间布置大开口不会显著降低机身的抗弯强度和刚度。虽然因大开口会减小结构的抗剪强度和刚度而必须补强，但相对桁条式机身和硬壳式机身的结构来说，同样的开口，桁梁式机身的补强引起的质量增加较少，因此桁梁式机身便于开较大的舱口。

2. 桁条式机身

桁条式机身 [图 4-24 (b)] 的特点是没有桁梁，而长桁布置得较密、强度较大，蒙皮较厚。这时机身弯曲引起的拉、压轴向力，将由许多长桁与较厚的蒙皮组成的壁板来承受，剪力则全部由蒙皮承受。普通隔框和加强隔框的作用与桁梁式机身相同。

从其受力的特点可以看出，蒙皮上不宜开大口。但与桁梁式机身相比，它的弯、扭刚度（尤其是扭转刚度）比桁梁式机身大。由于蒙皮较厚，在空气动力的作用下，蒙皮的局部变形也小，有利于改善空气动力性能。

3. 硬壳式机身

硬壳式机身 [图 4-24 (c)] 的结构由蒙皮与少数隔框组成，其特点是没有纵向构件。蒙皮较厚，由蒙皮承受机身的总体弯、剪、扭引起的全部轴向力和剪力。普通隔框和加强隔框用于维持机身的截面形状，支持蒙皮和承受、扩散隔框平面内的集中力。

硬壳式机身的优点是结构简单，气动外形光滑，内部空间可全部利用。但因为机身的相对荷载较小，而且机身不可避免地要大开口，会使蒙皮材料利用率不高。因为开口补强增重较大，所以，硬壳式机身实际上用得很少，只在机身结构中某些气动荷载较大、要求蒙皮局部刚度较大的部位，如机身头部、机头罩、尾锥等处采用。

运 –20 如何做到毫米级机身调姿？数字化装配大显身手

拓展阅读：飞机机身连接件的航空科技与未来

单元四　起落架

起落架是供飞机起飞、着陆时，在地面上滑跑、滑行和移动、停放用的。它是飞机的主要部件之一，其工作性能的好坏以及可靠性直接影响飞机的使用和安全。飞机上安装起落架要达到的两个目的：一是吸收并耗散飞机与地面的冲击能量和飞机的水平动能；二是保证飞机能够自如而又稳定地完成在地面上的各种动作。现代飞机大部分在陆上起飞、着陆，也有在水上或航空母舰上起飞、降落的。在陆上起飞、着陆时通常使用带机轮的起落架，当在雪地上起飞、着陆时通常采用雪橇。

现代飞机的起落架不单纯只是一个机构，而且是一种相当复杂的机械装置，如图 4-25 所示。它包括缓冲系统、受力支柱（有时这两者合二为一）、撑杆、机轮、刹车装置和防滑控制系统、收放机构、电气系统、液压系统，以及其他一些系统和装置。因此起落架结构比飞机其他结构要涉及更多的工程，涉及起落架的技术是一门跨学科的综合技术。

图 4-25　小车式主起落架

图中标注：阻力支撑组件、收放转轴、减震器总成、缓冲支柱外筒、锁定弹簧、转向液压块、缓冲支柱内筒、转向执行缸、牵引装置、防扭臂、轮轴

一、起落架的配置形式

在飞机出现的初期，曾采用过四点式起落架。后来的实践证明，只要有三个支点，飞机就可以在地面稳定地运动。起落架按机轮支点数目和位置来分，一般有后三点式起落架、前三点式起落架和自行车式起落架三种。

1. 后三点式起落架

图 4-26 所示为后三点式起落架的示意。它的两个支点（主轮）对称地安置在飞机重心前面，第三个支点（尾轮）位于飞机机身的尾部。与前轮（主轮）相比，后三点式起落架的尾部受载小，结构简单，质量较轻，又短又小，容易布置和收藏。同时，着陆滑跑时迎角大，可利用较大的阻力来进行减速，缩短滑跑距离。对于小型低速装有活塞式发动机的飞机，一般采用后三点式起落架。

但是，采用后三点式起落架的飞机，在大速度滑跑时，为了缩短滑跑距离，在机轮上安装了刹车装置，结果却增大了飞机向前倒立（俗称"拿大顶"）的可能性。而且，起飞、着陆时操纵困难，滑行稳定性差。在停机、起落滑跑时，机身仰起，而向下的视线也不好。

2. 前三点式起落架

图 4-27 所示为前三点式起落架的示意。它的两个支点（主轮）对称地安置在飞机重心后面，第三个支点（前轮）位于飞机机身的前部。这样，飞机着陆时容易操纵，在地面运动的方向稳定性好。同时，飞机着陆时可猛烈刹车而不致使飞机发生倒立，从而可采用高效率刹车装置，以大大缩短着陆滑跑距离，这对高速飞机很有利。而且，飞机的纵向轴线接近水平位置，因此乘员较舒适，驾驶员的前方视界好。飞机滑跑阻力小，起飞加速快，可避免喷气发动机的喷流烧坏机场跑道。随着飞机速度的增大，为保证飞机的着陆安全，现代高速飞机广泛采用前三点式起落架。

但是，前三点式起落架承受的荷载较大，尺寸大，结构复杂，质量也较大，因而起

飞时飞机抬头难一些。在飞机（特别是战斗机）头部常装有雷达、电气、无线电设备和武器，特别是在飞机头部装有发动机时，所以，前三点式起落架的布置和收藏就更困难些。另外，前轮在高速滑跑中还会出现摆动现象，因此，需要有防止摆动的措施，使前三点式起落架的结构就更复杂了。

3．自行车式起落架

图 4-28 所示为自行车式起落架的示意。它的两个机轮（前、主起落架）分别安置在机身下的飞机重心前后，并收藏在机身内。为防止飞机在滑行和停放时倾斜，另有两个辅助轮对称地安置在机翼（通常是在翼尖处）下面。

自行车式起落架常配置于机翼较薄，而难于收藏起落架的飞机上。这种起落架也可用于上单翼的轰炸机上，以便减小起落架的长度。这种起落架基本上具备前三点式起落架的优点，但由于前机轮比前三点式起落架更靠近重心，因此要承担约 40% 的总荷载，起飞时抬头就困难一些。有时还要安装自动增大起飞迎角的装置，如采用起飞滑跑时前起落架支柱伸长或后起落架支柱缩短的方法来增加迎角。另外，因其不能采用左、右轮刹车阻力不同的方式来帮助飞机转弯，所以要在前轮上安装转弯机构而使结构复杂，质量增加。为使前、主起落架都收藏在机身内，所需的开口一般会使结构增重较多（与其他形式的起落架相比）。这种形式的起落架仅在个别飞机上使用，如英国的"鹞"式垂直、短距起落战斗机。

图 4-26　后三点式起落架　　　图 4-27　前三点式起落架　　　图 4-28　自行车式起落架

二、起落架的结构形式

起落架（机轮起落架）的结构，主要由受力支柱、缓冲器（当受力支柱和缓冲器合成一个构件时则称为缓冲支柱）、扭力臂或摇臂、机轮和刹车装置等主要构件组成。常用的起落架结构，有构架式起落架、支柱式起落架和摇臂式起落架三种。

1．构架式起落架

构架式起落架的受力支柱和缓冲器合为缓冲支柱，既承受飞机重力，又起缓冲作用，如图 4-29 所示。承力构件中的缓冲支柱及其他杆件（如撑杆），都是互相铰接的，机轮通过承力构件与机身和机翼

缓冲支柱

机轮

撑杆

图 4-29　构架式起落架

相连接（与机身的加强隔框或机翼的加强翼肋通过连接接头相连）。当机轮与地面撞击时，只承受拉伸或压缩的轴向力，不承受弯矩，因此构造较简单，质量也较轻。但这种起落架的外廓尺寸大，很难收入飞机内部，都是固定不能收放的。构架式起落架主要用于轻型低速飞机，对于现代高速飞机来说，因难于收放已不再采用。

2. 支柱式起落架

支柱式起落架的支柱就是由外筒和活塞杆套接起来的缓冲支柱，机轮直接安装在支柱下端，支柱上端固定在机身骨架上。支柱套筒式起落架分单支柱套筒式起落架和双支柱套筒式起落架。双支柱套筒式起落架的质量较重和体积较大，而且两个缓冲支柱的动作很难做到完全一致，因此目前已很少采用。

单支柱套筒式起落架又可分为张臂式起落架和撑杆式起落架两种，如图4-30所示。张臂式起落架的支柱就像一根一端固定在机身骨架上的张臂梁［图4-30（a）］。为了减小起落架支柱的受力，很多飞机上采用了撑杆式起落架［图4-30（b）］。这种起落架的支柱相当于一根双支点外伸梁，由于斜撑杆的支持作用，支柱所承受的侧向弯矩可大大减小。斜撑杆往往还作为起落架的收放连杆，或者斜撑杆本身就是收放作动筒。扭力臂的作用是制止缓冲支柱的外筒和内部活塞杆的相对运动，因而不影响机轮的滑跑方向。常用于起落架较长、使用跑道路面较好、前方撞击较小的飞机上，并更多地在主起落架上采用。

图 4-30　支柱式起落架
（a）张臂式起落架；（b）撑杆式起落架

支柱式起落架结构的特点：第一，结构紧凑，质量较轻，起落架收藏容易；第二，在飞机着陆和滑行过程中，起落架在承受水平撞击时，荷载通常不通过支柱轴线，起落架要承受较大的弯矩，缓冲支柱不能很好地起缓冲作用；第三，缓冲支柱要承受较大的弯矩，使活塞杆和支柱外筒接触的部位产生较大的摩擦力。这样，不仅缓冲支柱的密封装置容易磨损，而且它的工作性能也要受到很大影响。由于它的密封性较差，缓冲器内部灌充的气体压力将受到限制，因而缓冲器行程较大，整个支柱较长，质量增加。

3. 摇臂式起落架

摇臂式起落架的机轮不与缓冲支柱直接相连，而是通过一个摇臂悬挂在承力支柱和缓冲器下面，故叫作摇臂式起落架。它有两种形式，如图4-31所示。一种是缓冲器与承力支柱分开的摇臂式起落架［图4-31（a）］，这种形式大多用作主起落架；另一种是缓冲器与承力支柱合二为一的摇臂式起落架［图4-31（b）］，它往往用作前三点式起落架飞机的前起落架。另外，摇臂式起落架还适用于起落架高度较小、着陆速度较大或使用的跑道较差的飞机上。

图 4-31　摇臂式起落架
（a）分开的摇臂式起落架；（b）合二为一的摇臂式起落架

摇臂式起落架的特点如下：

（1）摇臂式起落架不仅对垂直撞击，而且对前方撞击（如在不平的跑道上颠簸）和刹车等均有不同的缓冲能力。机轮可随摇臂前支点上、下移动，提高了在不平跑道面上的适应性，减小了过载，改善了起落架的受力性能。

（2）缓冲器只承受轴向力，不承受弯矩。改善了受力性能，因而密封性较好，可提高缓冲器内部的充气压力。这样，缓冲器吸收同样的能量时，其行程较小，缓冲器尺寸可做得比较小，与构架式起落架、支柱式起落架相比，摇臂式起落架的整个高度可以减小。

（3）由于摇臂受力大且复杂，交点多，协调关系也多，因此它的构造和工艺均较复杂。一般比较重，起落架前后方向的尺寸也将有所增大。

■ 三、起落架的收放

早期飞机的起落架是不可以收放的。为了减小飞行阻力，以提高飞行速度、增大航程和改善飞行性能，现代飞机的起落架一般都是可以收放的。起落架收放机构是一个复杂的空间机构，要满足各方面的要求有时相当困难。现在由于计算机辅助设计与制造的应用发展，已能较方便地通过计算机计算协调，并直接用三维图像检查收放机构和起落架的运动轨迹，以及与机身的协调关系。起落架的收放一般是对于主起落架而言的，就是将起落架按预定的方式收藏于指定的飞机机身空间或起落架舱内，通常有以下几种收放形式。

（1）沿机身轴线方向收放：前起落架多装于飞机的机头部位，它一般沿机身轴线方向向前或向后收藏于机身内，如图 4-32 所示。前轮收放应与主起落架配合好，在前主轮收放过程中，应尽量使飞机重心前后移动不要太大。自行车式起落架的两个机轮（前、主起落架）收放也是这种收放形式。

图 4-32　前起落架
1—主减摆器；2—回轮杆；3—节流阀；4—传动摇臂；5—收放作动筒

（2）沿翼展方向收放：主起落架沿翼展方向收入机翼，或将支柱收入机翼，而把尺寸较大的机轮直接或转一角度后收入机身侧边或下方，如图 4-33 所示。

图 4-33　沿翼展方向收入起落架时，转动轮面的机构
1—缓冲支柱；2—可转轮轴；3—收放作动筒

（3）沿翼弦方向收放：主起落架沿弦向收入机翼、专用短舱或发动机短舱内，如图 4-34 所示。但这时，机轮必须相对支柱转动一定角度，使机轮平面大致与机翼弦平面平行，有利于收入有限的空间。

图 4-34　弦向收入起落架

■ 四、起落架的缓冲系统

1. 缓冲原理

物体相撞，总要产生撞击力。然而不同的物体相撞时，撞击力的大小往往不一样。如果两个质量相等的钢球从同一高度自由落下，甲钢球掉在石块上，乙钢球掉在弹簧上，它们与石块和弹簧接触时的速度都相同，而且最终都要减小到零。但甲钢球与石块相撞，两者都很硬，不容易产生变形，甲钢球的速度势必在极短的时间内消失，负加速度很大；而乙钢球与弹簧相撞，弹簧较软，容易产生变形，乙钢球的速度是在这段变形的过程中逐渐消失的，时间较长，负加速度较小。

起落架到底有多复杂？

牛顿第二定律告诉我们：物体产生的加速度与外力成正比，与物体质量成反比（$F=ma$）。甲、乙两钢球的质量相等，而乙钢球的负加速度较小，则乙钢球受到的撞击力也较小。乙钢球所撞击的弹簧越软，受到的撞击力就越小。起落架缓冲装置减小撞击力的道理也是如此：轮胎和缓冲器像弹簧那样产生压缩变形，增长垂直分速度的消失时间，从而减小撞击力。

当然，起落架缓冲装置的缓冲原理并不仅仅是减小撞击力，而是起落架上的缓冲器设计有专门装置，来增大消耗能量的能力。也就是有很好的热耗作用，将撞击能量转换成热能而消耗掉，以减小飞机着陆接地后产生的强烈颠簸跳动。因而，缓冲原理的实质是产生尽可能大的变形来吸收撞击动能，以减小物体受到的撞击力；尽快地消散能量，使物体碰撞后的颠簸跳动迅速停止。

2. 对缓冲系统的基本要求

飞机起落架的缓冲系统由缓冲器和轮胎组成。其中，缓冲器（旧称减震器）是所有现代飞机的起落架所必须具备的构件，也是最重要的构件。某些起落架可以没有机轮、刹车、收放系统等，但是它们都必须具备某些形式的缓冲器。当飞机以一定的下沉速度着陆时，起落架会受到很大的撞击，并来回颠簸跳动。缓冲装置的主要作用就是用来吸收飞机着陆和滑行时的撞击能量，以使作用到机身上的荷载减小到可以接受的程度，同时，必须使飞机因撞击而引起的颠簸跳动很快衰减。一般的起落架缓冲装置在性能方面应满足以下要求：

（1）缓冲装置在达到最大压缩量时，应能吸收完规定的最大能量，而荷载不超过规定的最大值。如果荷载超过规定值，飞机各部分受力就会过大；如果吸收不完规定的最大能量，则会产生刚性撞击，同样要使飞机各部分的受力增大。

（2）缓冲装置要有尽可能大的热耗作用。缓冲装置的热耗作用越大，就越能减弱飞机的颠簸跳动，而使飞机迅速平稳下来。

（3）缓冲装置要有连续接受撞击的能力，应有必要的能量和伸展压力使起落架恢复到伸出状态，伸展释放能量时柔和，这样可消除回跳。缓冲装置完成一次压缩和伸张的时间（工作周期）不能太长，一般不能大于 0.8 s。

（4）缓冲装置在压缩过程中承受的荷载，应随压缩量的增大而逐渐增大。如果在压缩量不大时，就承受很大的荷载，则缓冲装置即使在吸收较小的撞击动能（如飞机在不平的地面上滑行）时，也会使各部分经常受到很大的力。若长期如此，飞机的某些结构就会因疲劳而提前损坏。

（5）工作性能受外界因素（如大气温度）变化的影响小；密封装置应保证缓冲器不漏气、不漏油，不因摩擦力过大而妨碍缓冲器的正常压缩和伸张等。

3. 缓冲器的类型

（1）橡胶缓冲器和钢质弹簧缓冲器，即由橡胶或钢制的固体弹簧式缓冲器。其构造简单，工作可靠性高，维护要求低，价格低。但由于耗散能量小等缺点，只适用于轻型低速飞机及后三点式起落架的尾轮，在速度较高的飞机上基本不采用。

钢质弹簧缓冲器是利用钢质弹簧作为介质，而由弹性变形来吸收振动能量。其中，装有弹簧的摩擦垫圈，与内筒的内壁摩擦，以增大耗能作用，如图 4-35 所示。但它吸收的能量少，转化为热能而消散的能量更少，所以回跳比较厉害。

橡胶缓冲器是利用橡胶作为介质，而由弹性变形来吸收振动能量。它吸收动能的能力比钢质弹簧要大，但仍然不够。同时低温时橡胶弹性减弱，遇到滑油容易腐蚀。

（2）全油液式缓冲器、气体式缓冲器和油气式缓冲器，即使用气体、油液或两者混合的流体"弹簧"式缓冲器。气体式缓冲器是利用气体作为介质，靠介质的变形来吸收振动能量，靠介质内的分子摩擦来消耗能量。它的耗散能量差，可靠性也较差，目前已不再使用。

图 4-35　钢质弹簧缓冲器
1—内筒；2—缓冲弹簧；
3—外筒；4—摩擦垫圈

油气式缓冲器主要是依靠压缩空气受压时，产生的变形来吸收撞击动能；并利用油液高速流过小孔时，产生的摩擦发热来消耗动能。吸收能量大而回跳小，是目前性能最好、使用最广泛的缓冲器，如图 4-36 所示。

这种缓冲器由外筒（上接飞机）、活塞杆（下接机轮）、换向阀和密封装置等组成，内充以空气（或氮气）及油液（甘油、酒精和水的混合液或矿物油）。当飞机着陆接触地面后，撞击荷载压缩缓冲器，活塞杆向上滑动，使气体的体积缩小，气压随之增大，吸收了撞击动能。同时，活塞杆迫使下室油液冲开阀门［图 4-36（a）］，由阀门座上的小孔流到上室，油液和小孔发生强烈摩擦，使部分撞击能量转变为热能消散掉。当活塞杆上升到一定位置时，飞机便停止下沉，接着压缩气体要开始膨胀，体积增大，将飞机顶起，即活塞下行，上室油液迫使阀门关闭 [图 4-36（b）]，油液以更高的速度经过阀门上更小的孔流向下室，这样能消散更多的能量。这样一正一反两个行程，完成了一个循环。如此经过若干个循环，就可以将全部的撞击动能转化为热能消散掉，只要很短的时间，就可以使飞机平稳下来。

图 4-36　油气式缓冲器的工作原理
（a）压缩行程；（b）伸展行程

全油液式缓冲器的构造和油气式缓冲器的构造基本相同。在全伸展的状态下，筒腔内全部充满油液。缓冲器工作时，油液被来回挤压流过油孔而起到吸功散能、缓冲的作用。这种缓冲器对于油液压力要求较高，需要高压密封装置。目前，这类密封装置的摩擦系数比较高，维护不太理想，常会在密封盖处漏油。且还要考虑经久耐用性能，其质量较重，并且在低温时液体溶剂的改变会影响缓冲器性能，因此限制了它的使用。

（3）自适应缓冲器。现代飞机由于质量增加，起飞和着陆滑跑速度增大，跑道不平度引起的起落架和机身的动响应荷载等，已成为影响起落架承力结构寿命的主要因素。因而，研究起落架缓冲系统动响应荷载的理论计算方法，控制非线性振动系统中的主要参数，以求得最优动响应，从而提高起落架的寿命是当前起落架缓冲系统研究的一个重要方面。

但是着陆撞击与地面滑跑的两种工作状态下，对于起落架缓冲器的填充、阻尼系数的要求会有所矛盾。解决的方法是采用自适应技术，国外对此已进行了多年的研究。目前，这种自适应控制方法，基本上是在常规油气式缓冲器上增加一个或几个额外的油气室。将飞机在着陆和滑跑过程中，测得的响应量作为反馈信息，由传感器反馈给控制系统作为系数调整的依据。然后，按事先设计的最优规律调整油、气流量，形成一个闭环系统，从而达到改善缓冲器性能的目的，如图 4-37 所示。

图 4-37　自适应控制原理

■ 五、起落架的刹车装置

飞机着陆接地时，具有较大的水平分速度。但滑跑过程中，气动阻力与机轮滚动阻力对飞机的减速作用比较小。如果不想办法增大飞机的阻力，使之迅速减速，则着陆滑跑的距离和滑跑时间势必很长，其起落的跑道也将很长。因而，飞机的起落架都装有减速装置，机轮刹车装置就是其中最重要的、应用最广泛的一种。

现代飞机不仅在主轮，有的甚至在前轮均装有刹车装置。刹车装置的功用是制动机轮，把飞机高速前进的动能大部分变为摩擦热能消耗掉，使飞机的速度很快慢下来，以减少滑跑距离和所需的跑道长度。另外，主轮单边刹车还可协助飞机滑行转弯，纠正滑行方向。飞机在起飞前开大车，以及地面试车和固定停放时均要使用刹车。

刹车装置一般装在机轮的轮毂内，通过静、动摩擦件的相互接触，起到刹车制动作用。刹车装置应能满足的要求：正常着陆时的刹车作用；中止起飞时，猛烈的刹车不应起火或破坏；能满足多次连续起飞和着陆的要求；在整个使用期内应保证必要的效率；当发动机在最大状态（或额定状态）下工作时，在起飞线上基本能刹住机轮。

（1）圆盘式刹车装置。图 4-38 所示为圆盘式刹车装置的结构示意。目前大多数飞机起落架都使用圆盘式刹车装置，分为单圆盘式刹车装置［图 4-38（a）］和多圆盘式刹车装置［图 4-38（b）］。它用冷气或液压动力驱使静、动两组刹车盘（也称散热片）挤紧，相互摩擦进行刹车，有时还在转动盘和固定盘的两侧安装有摩擦垫片。圆盘式刹车装置的结构紧凑，工作平稳，刹车力矩大，效率高，径向尺寸小，因而获得广泛的使用。但其结构质量较重，摩擦产生的热量不容易消散，容易引起刹车盘变形，产生裂纹，甚至热熔合。目前，正不断研究采用轻质的、热稳定性好的摩擦材料来弥补其不足。

图 4-38　圆盘式刹车装置的结构示意
（a）单圆盘式刹车装置；（b）多圆盘式刹车装置

（2）弯块式刹车装置。弯块式刹车装置由刹车盘和刹车套组成，如图 4-39 所示。它是用冷气或液压动力推动作动筒活塞，使弯块压住刹车套，利用弯块与刹车套之间的摩擦力形成刹车力矩。解除刹车时，压力消失，由恢复弹簧将弯块拉回到原来的位置。弯块式刹车装置的弯块表面很难与刹车盘同心，容易使摩擦面压力不均，因而效率不高。弯块与刹车盘的间隙需要仔细检查、调整，维护困难。但因其结构简单、质量轻，目前仍用于轻型低速飞机上。

图 4-39　弯块式刹车装置的示意

（3）软管式刹车装置。软管式刹车装置是用冷气或液压动力，将表面附有刹车块的软管鼓起，使其与刹车盘摩擦进行刹车。由于软管可调节各处的压力，故刹车柔和，摩擦面接触良好，各处的摩擦力较均匀，效率较高，质量也较轻。缺点是动作较慢，工作灵敏性稍差，刹车高温容易使软管老化变质，软管容易漏气、漏油。软管式刹车装置，现在多用于中型、轻型飞机。

拓展阅读: 前三点式、后三点式起落装置配置形式的优点、缺点

单元五　直升机的基本构造

一、直升机的组成

图 4-40 所示为一架单旋翼带尾桨的直升机结构示意。它的基本组成部分有旋翼、尾桨、动力装置、传动装置、操纵系统、起落装置、机身、仪表和特种设备等。

（1）旋翼。旋翼是产生升力的部件，它安装在机身上方的铅垂轴上，由动力装置驱动。当升力沿铅垂方向向上时，直升机作垂直升降运动（上升、下降或悬停）；当旋翼倾斜时，升力产生某一方向的水平分量，使直升机前进、后退、左飞或右飞。有的直升机还装有辅助机翼，直升机前飞时，可以提供部分升力。

（2）尾桨。尾桨是安装在直升机尾端的小螺旋桨，它产生拉力，用以平衡旋翼旋转时给直升机的反作用扭矩，保持预定的飞行方向；改变尾桨的安装角，可以改变拉力，实现

方向操纵。它也起飞机安定面的作用，保证飞行过程中的航向稳定性。有的直升机用反向旋转的旋翼平衡反作用扭矩，其形式有共轴式双旋翼（两副旋翼安装在同一根轴上）直升机、串列式双旋翼（前后各有一副旋翼）直升机、并列式双旋翼（左右各有一副旋翼）直升机等。

图 4-40　单旋翼带尾桨的直升机结构示意
1—旋翼；2—减速器；3—桨毂；4—自动倾斜器；5—发动机；
6—尾桨；7—传动装置；8—机身；9—起落架；10—机载设备

（3）动力装置。动力装置包括发动机和有关附件，发动机的功用是驱动旋翼并带动尾桨转动。现代直升机通常采用涡轮轴发动机，而轻型直升机常采用活塞式发动机。

（4）传动装置。传动装置的功用是将发动机产生的动力传给旋翼和尾桨，并且保证它们具有适宜的转速。例如，活塞式发动机主轴的转速为 2 400 r/min，经过主减速器传到旋翼后降为约 200 r/min；尾桨离发动机很远，要通过尾传动轴、换向器和尾减速器传动，其转速约为 1 000 r/min。

（5）操纵系统。操纵系统的功用是将飞行员对驾驶杆和脚蹬的操纵传到有关的操纵机构，用以改变直升机的飞行姿态和方向。操纵系统主要由驾驶杆、脚蹬、油门变距杆、自动倾斜器、液压助力器、加载机构、卸载机构、旋翼刹车、连杆、摇臂等组成。它可以分为三部分：油门变距系统，用来操纵直升机的升降；脚操纵系统，用来操纵航向；驾驶杆操纵系统，它可以使直升机朝飞行员所希望的方向飞行。

（6）起落装置。起落装置主要用于地面滑行和停放，同时在着陆时起缓冲作用。常见的形式是轮式起落架，在水面上降落的直升机采用浮筒式起落架。有的小型直升机采用滑橇式起落装置，它可以在泥泞的土地和松软的雪地上起降。另外，有的直升机还设有尾橇，以防止尾桨触地。由于直升机的飞行速度较低，常用固定式起落架，在飞行中不收起。当然，为了减小阻力，提高飞行速度，有的直升机也采用可收放式起落架。

通用直升机直-20，究竟"通用"在哪里？

（7）机身、仪表和特种设备。机身的功用是装载人员、货物、设备和燃油等，同时它将各个部分连接成一个整体。仪表和特种设备包括各种指示仪表、电气系统、防水和加温系统、灭火系统及与直升机用途相配合的特种设备，如武装直升机就必须有火控系统等。

二、旋翼的构造

旋翼由桨毂和桨叶组成。当发动机工作时，通过减速器和旋翼轴，使桨毂和桨叶一起旋转。根据桨毂的构造形式不同，旋翼可分为全铰接式旋翼、无铰接式旋翼、半铰接式旋翼（跷跷板式旋翼）和无轴承式旋翼四种。其中，全铰接式旋翼目前使用得最多。

1. 全铰接式旋翼的基本结构

图 4-41 所示为全铰接式三桨叶旋翼的构造示意。它的桨毂上有三个双耳片，分别通过铰接构件与三片桨叶相连接。当桨毂绕旋翼转轴转动时，带动桨叶一起旋转。同时，桨叶还可以绕三个铰（轴向铰、垂直铰和水平铰）的轴线，相对于桨毂在一定范围内做相对运动。

（1）水平铰的作用。当发动机工作时，旋翼便以一定的转速转动。在飞行过程中（如前飞），由于飞行速度的存在，旋翼前行桨叶的相对气流速度大于后行桨叶的相对气

图 4-41　全铰接式三桨叶旋翼的构造示意

流速度，从而使前行桨叶产生的升力大于后行桨叶产生的升力。若没有水平铰，则由两侧桨叶升力大小不等所构成的滚转力矩，将使直升机倾斜。有水平铰时，情况则不同。前行桨叶升力大，便绕水平铰向上挥舞；后行桨叶升力小，便绕水平铰向下挥舞。这样，横侧不平衡的滚转力矩就不会传到机身，从而避免了直升机在前飞中产生倾斜。

（2）垂直铰的作用。当直升机前飞时，桨叶在绕旋翼轴转动的同时还要绕水平铰挥舞。桨叶做挥舞运动时，桨叶重心距旋翼轴的距离不断变化。由理论力学得知，旋转着的质量对旋转轴沿径向有相对运动时，会受到科里奥利力（简称科氏力）的作用。

而挥舞运动引起的科氏力是周期交变力，有关直升机空气动力的资料表明，一片桨叶的科氏力的最大幅值可以高达桨叶自重的 7 倍以上。这样大的科氏力会在旋转平面内造成很大的交变弯矩，在没有垂直铰的条件下，容易使桨叶根部因材料疲劳而提前损坏；传到机身，还会引起机身振动加剧。有垂直铰时，就可以使桨叶绕垂直铰前后摆动一个角度，从而使桨叶根部承受的沿旋转方向的交变弯矩大为减小。

（3）轴向铰的作用。通过操纵机构，可以使桨叶绕轴向铰偏转，以改变桨叶角（或称为桨距角）的大小，从而改变桨叶的拉力。若桨叶角增大，则拉力增大；反之，若桨叶角减小，则拉力减小。

2. 桨叶的构造

桨叶的结构与大展弦比直机翼类似。早期常采用钢管梁、木质骨架和蒙布制成。后来发展为以铝合金压制梁为基础，蒙皮参与受力的金属结构。到 20 世纪 70 年代，开始采用

玻璃钢结构、夹芯结构、整体结构等。由于在旋转运动中，桨叶承受周期变化的荷载，疲劳强度十分重要，使用疲劳强度较高的复合材料和钛合金也是解决这个问题的途径之一。

桨叶也存在弯扭颤振问题，其机理与大展弦比直机翼完全相同。防止颤振的积极方法是合理设计桨叶的构造，尽可能使质心轴处于刚心轴之前，或尽量靠近，同时，从构造形式和选材上提高桨叶本身的抗扭刚度。

3. 其他形式的旋翼

（1）与全铰接式旋翼相比，无铰接式旋翼留有轴向铰用来操纵桨叶角，取消了水平铰和垂直铰，桨叶的挥舞与摆振通过桨叶及桨毂有关部位的弹性变形来实现，如图 4-42 所示。由于材料问题，无铰接式旋翼目前仅在少量的中型、小型直升机上得到采用。

（2）半铰接式（跷跷板式）旋翼是用由上环、下环和桨毂组成的万向支架充当水平铰，两片桨叶安装在下环上，如图 4-43 所示。由于没有垂直铰，桨叶承受负荷较大，两片桨叶同连一环，不能按各自的规律挥舞，因而这种旋翼只在某些小型直升机上采用。

（3）无轴承式旋翼是取消了三个铰，桨叶变距依靠其根部的扭转变形来实现，另外两种运动则依靠其根部的弯曲变形来实现，如图 4-44 所示。桨叶相对于桨毂成为完全的固定支点悬臂梁，其构造大为简化，但要求桨叶根部的材料具有很高的抗弯强度和较低的抗扭强度。随着新材料的开发与应用，无轴承式旋翼的研究目前已经有了一定的进展。

图 4-42　无铰接式旋翼的示意　　图 4-43　半铰接式旋翼的示意　　图 4-44　无轴承式旋翼的示意

■ 三、自动倾斜器

直升机的控制是通过旋翼来实现的，而旋翼控制系统中最重要的部件就是自动倾斜器。通过它可以改变旋翼所有桨叶的桨距或周期改变每个桨叶的桨距，从而改变升力的大小和旋翼的倾斜方向，控制直升机的飞行。

自动倾斜器的主要零件包括旋转环连接桨叶拉杆，旋转环通过滚珠轴承连接在不旋转环上，不旋转环压在套环上；套环带有横向操纵拉杆和纵向操纵拉杆，滑筒的作用是操纵总桨距，如图 4-45 所示。

当旋翼转动时，通过与桨毂相连接的拨杆带动旋转环及变距传动杆一起转动，而自动倾斜器的其他部件不随旋翼转动。当上提总距杆时，旋转环和不旋转环向上抬起，通过变距传动杆使桨距变大，旋翼拉力增大，直升机上升；反之，当下放总距杆时，桨距变小，旋翼拉力减小，直升机下降。

图 4-45　自动倾斜器的构造及工作原理

1—旋转环；2—不旋转环；3—套环；4、5—操纵拉杆；6—滑筒；7—驾驶杆；8—油门变距杆

　　桨距的改变，不仅改变了旋翼拉力的大小，同时也要求发动机的功率相应改变。因此，在构造上常将油门杆与变距杆连接在一起，称为油门变距杆。这样，在上提油门变距杆增大桨距的同时，发动机的功率也相应增加；下放油门变距杆减小桨距的同时，发动机的功率也相应减小，从而在改变桨距时使旋翼转速接近常数。油门变距杆上有一旋转手柄，通过它可以在桨距不变的情况下，单独调节油门改变发动机的功率。

　　旋转环通过变距传动杆与桨叶连接，当向前推直升机的驾驶杆时，旋转环和不旋转环随同套环一起向前倾斜，通过变距传动杆周期性地改变桨叶的桨距，使每片桨叶的桨距进行周期性变化。这样，迫使桨叶挥舞，造成旋翼锥体及气动力方向前倾，使直升机机头下俯，向前飞行。同理，若向其他方向操纵驾驶杆，通过自动倾斜器，将会使旋翼锥体及气动力向驾驶杆的操纵方向倾斜，使直升机向驾驶杆操纵方向运动。

思考题与习题

拓展阅读：薛莹：用工匠精神践行大国航空梦

一、选择题

1. 要保证构件正常工作，构件必须具有足够的（　　　）。

A. 应力　　　　　B. 强度　　　　　C. 稳定性　　　　　D. 刚度

2. 机翼在各种外荷载作用下，其各截面要承受（　　　）。

A. 空气动力　　　B. 剪力　　　　　C. 扭矩　　　　　D. 弯矩

3. 现代飞机的机翼一般采用腹板式金属翼梁，由（　　　）铆接而成。

A. 缘条　　　　　B. 翼肋　　　　　C. 腹板　　　　　D. 桁条

4. 根据蒙皮参加承受弯矩的程度不同，机身可分为（　　　）三种构造形式。

A. 桁梁式机身　　　　　　　　　　B. 桁条式机身

C. 薄蒙皮梁式机身　　　　　　　　　　　D. 硬壳式机身

5. 飞机的起落架按机轮支点数目和位置来分，一般有（　　　）三种。

A. 四点式起落架　　　　　　　　　　　B. 后三点式起落架

C. 前三点式起落架　　　　　　　　　　D. 自行车式起落架

6. 直升机旋翼的桨叶还可以绕（　　　）三个铰的轴线，相对于桨毂在一定范围内做相对运动。

A. 横向铰　　　　　B. 轴向铰　　　　　C. 垂直铰　　　　　D. 水平铰

二、填空题

1. 与飞机比较，直升机的_____、_____和_____与飞机上的相似，而_____在飞机上没有，_____的工作原理与飞机完全不同。

2. 任何结构和结构中的各个构件，在工作过程中都会受到其他物体对它的作用力，这种作用力通常称为_____。

3. 机翼结构的受力构件主要分为_____和_____。_____中，纵向构件有_____、_____和_____，横向构件有_____。

4. 传统机翼的受力形式有_____、_____和_____等结构，此外，还有_____构造的机翼。

5. 一般飞机的尾翼包括_____和_____，通常低速飞机的尾翼都是分为可动的_____和固定的_____两个部分。

6. 常用的飞机起落架结构，有_____、_____和_____三种。

7. 起落架的收放，一般是对于主起落架而言的，就是将起落架按预定的方式收藏于指定的飞机机身空间或起落架舱内，通常有_____、_____和_____三种收放形式。

8. 飞机起落架的刹车装置有_____刹车装置、_____刹车装置和_____刹车装置三种。

9. 直升机的旋翼由桨毂和桨叶组成。根据桨毂的构造形式不同，旋翼可分为_____、_____、_____和_____四种。

10. 直升机的控制是通过_____实现的，而_____控制系统中最重要的部件就是_____。

三、问答题

1. C919飞机主要由哪些部分组成？各部分的主要功能是什么？

2. 飞机都要承受哪些主要应力？这些应力的作用是什么？

3. 对飞机结构的基本要求有哪些？为什么对飞机结构要提出这些基本要求？

4. 飞机机身上主要承受哪些荷载？机身的总体受力特点是什么？

5. 为什么说起落架结构比飞机其他结构要涉及更多的工程，涉及起落架的技术是一门跨学科的综合技术？

6. 飞机起落架缓冲装置的缓冲原理的实质是什么？

05

机载设备、机场和空中交通管理

【学习目标】

1. 掌握飞机飞行状态参数及相关测量原理。
2. 了解飞机各导航设备的基本组成及特征。
3. 了解飞机自动控制设备的基本逻辑及系统组成。
4. 了解飞机的机载设备基础及机场和空中交通管理的基本内容。
5. 培养认真分析、严谨创新的航空爱国精神。

【案例导入】

ARJ21 支线客机是我国在遵循国际标准下，展现自主知识产权的杰出成果。它的诞生，不仅标志着中国民用航空工业的一次重大突破，填补了此前在这一领域的空白，还激发了国内民机研制的自信心。同时，ARJ21 的研发与成功试飞，极大地推动了中国民机研制技术的提升，为后续的系列化开发和规模化生产奠定了坚实的基础，为中国民用航空工业的长足发展注入了强大的动力。

2014 年 1 月，ARJ21-700 型飞机的 103 架机成功转场至呼伦贝尔东山国际机场，并顺利完成了高寒环境下的试飞任务。同年 4 月 28 日，ARJ21-700 型飞机在北美温莎机场完成了自然结冰条件下的试飞，随后安全返回西安阎良机场。这次飞行任务不仅穿越了亚洲、欧洲、北美洲，还飞越了太平洋和大西洋，实现了长达 3 万千米的环球飞行。在整个飞行过程中，飞机途经了 10 个国家的 18 座机场，得到了沿途各国机场和空管单位的支持与协助，在他们的专业指挥下，ARJ21-700 型飞机成功完成了这一重要试飞任务，充分展示了其优越的性能和可靠性。

案例分析：

ARJ21 支线客机试飞取证的过程将飞机的几大模块带入我们的视野：试飞时飞行员用于了解飞机的飞行状态的航空仪表，在降落不同机场时指引飞机飞向正确目的地的导航系统，帮助飞行员安全着陆的安全带、高度表、温度探测器等机载设备，还有试飞过程中的起飞、降落、巡航时机场和空管对于飞机的指挥。本模块将通过航空仪表、飞机导航设备、飞机自动控制设备、其他机载设备、机场和空中交通管理等部分，介绍关于机载设备、机场和空中交通管理的内容。

一、航空仪表

飞行员需要不断地了解飞机的飞行状态、发动机的工作状态和其他自动控制系统的工作状态，以便按飞行计划操纵飞机完成飞行任务。各类自动控制系统需要检测控制信息，以便实现自动控制。

航空仪表（图 5-1）用来测量或调整飞机的运动状态和发动机的工作状态，或者自动计算飞机的飞行参数。航空仪表是飞机感知外部情况和控制飞行状态的核心，它相当于飞机的耳目、大脑和神经系统，对于保障飞行安全、改善飞行性能起着关键的作用。

航空仪表的发展历经了"机械仪表""机电型仪表"及"综合自动仪表"三个阶段。按功能的不同，航空仪表可

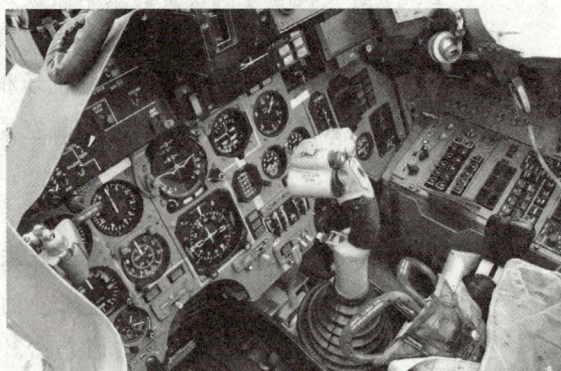

图 5-1　航空仪表

分为飞行状态参数测量仪表、发动机工作状态参数测量仪表、自动驾驶和控制仪表，以及导航仪表和其他仪表。

> 小提示 飞机上仪表显示出的数据大部分是依靠各种传感器测量所得出的。

1．飞机飞行状态参数测量

飞行状态参数是指飞机飞行时的线运动参数和角运动参数，一般来说有飞行高度、飞行速度和加速度、姿态角（俯仰角、滚转角、航向角）和姿态角速度。

（1）飞行高度和飞行速度测量。

1）全静压管。气压式高度表、空速表、升降速度表和马赫数表，都属于全静压系统仪表，均需依靠"全静压管"（又称为"空速管""皮托管"或"动静压管"）所收集的大气全压（又称为总压）和静压来工作。

全静压管是一根细而长的管子。它安装在机头外侧或机翼前缘受气流干扰最小的部位，以免所收集的气压受到影响。用于超声速飞机的全静压管头部较尖，这样可以减少头部激波的强度。正对气流的小口称为"全压口"，后面是"全压室"，这里感受到的是迎面气流的全压（总压），是动压与静压之和。离全静压管头部一定距离处，沿管周开的几个小孔称为"静压孔"，与"静压室"相通，在"静压室"中感受到的是大气的静压。与全压室相连的一根小管，称为"全压管"；与"静压室"相连的一根小管，称为"静压管"；

这两根管子再经过管子与仪表相连接。在全静压管中还装有加温电阻，以免结冰而影响工作。全压管和静压管把感受到的大气压力通往飞机内部，再加上应急全压管、应急静压孔、转换开关和导管，就组成了"全静压系统"，如图5-2所示。

图 5-2 全静压系统

2）飞行高度测量。飞行高度是指飞机重心在空中相对于某一基准平面的垂直距离。按照所选的基准平面的不同，飞行高度可分为绝对高度（选实际海平面为基准平面的高度）、相对高度（选某一指定参考面为基准平面的高度，如起飞或着陆机场的地平面）、真实高度（选飞机正下方的地面目标的最高点，且与地平面平行的平面为基准平面的高度）、标准气压高度（选标准海平面为基准平面的高度。标准海平面是人为设定的，不随温度和湿度的影响而变化，它与真实的海平面高度是不完全一致的。国际民航组织规定：当飞机进入航线后，一律使用标准气压高度）。飞机在起飞、着陆时需要使用相对高度；在执行搜索、轰炸、照相和救援等任务时，需要使用真实高度；空中交通管制分层飞行时，需要使用标准气压高度。

飞机上最常用的测量飞行高度的方法，就是气压测高。在重力场内，大气压力随高度增加而减小，且有确定的函数关系。用气压式高度表，通过测量气压来间接测量飞行高度，如图5-3所示。它的感受部分是一个真空膜盒，作用在真空膜盒上的气压为零时，真空膜盒处于自然状态。受大气压力作用后，真空膜盒收缩并

图 5-3 气压式高度表的构造

产生弹性力。当真空膜盒产生的弹性力与大气作用在真空膜盒上的总压力平衡时，真空膜盒的变形程度一定，指针就指出相应的高度。

当飞行高度增大时，大气压力减小，真空膜盒膨胀；当飞行高度减小时，大气压力增大，真空膜盒收缩。真空膜盒通过曲柄、连杆、齿轮传动放大机构带动指针，使之在刻度盘上指出相应的标准气压高度。为了提高读数分辨率，常采用双针、三针或指针、数码轮组合指示仪表的方法来测量飞行高度。另外，还有无线电测高、激光测高、同位素测高和垂直加速度积分测高等方法。

当选择的基准平面不同时，测量出的飞行高度也不同。若以标准气压平面为基准平面，则仪表指示出标准气压高度；若以某一机场的场面气压平面为基准平面，则仪表指示出的是对该机场的相对高度；若以修正的气压海平面为基准平面，则仪表指示出的是绝对高度。

3）飞行速度测量。飞行速度是指飞机重心运动轨迹切线方向的速度，按所选坐标系的不同，有不同的飞行速度。

①飞机相对于地球的运动速度，有升、降速度和地速。升、降速度（也称为高度变化率）是指飞机重心沿地垂线方向运动的速度分量，测量这个速度是为了保证飞机水平飞行；地速是指飞机重心沿地平面运动的速度分量，测量这个速度是为了执行导航、轰炸、照相等任务。

升、降速度是飞机在单位时间内变化的高度。升、降速度表主要用来测量飞机的升、降率，也可以用来辅助地平仪反映飞机是否在平飞。

飞行高度发生变化时，大气压随之变化，因此，只要测量出气压变化的快慢，就能测量出飞机上升或下降的垂直速度，升、降速度表就是根据这个原理制成的。图 5-4 所示为气压式高度表测量升、降速度的工作原理。在密封的仪表壳内有一开口膜盒，膜盒内腔通过粗管与大气静压相连通，膜盒外部通过一根内径很小的毛细管也与静压相连通。飞

图 5-4　气压式高度表测量升、降速度的工作原理
1—真空膜盒；2—连杆；3—通静压管；4—扇形齿轮；5—指示器

机上升或下降时，膜盒内腔的气压会很快随着高度的变化而改变；膜盒外部的气压由于毛细管的阻滞作用变化较慢，于是在膜盒内、外产生压力差。高度变化越快，压力差越大。在这个压力差作用下，膜盒膨胀或收缩，通过传动机构使指针指出相应的升、降速度值。升、降速度表的指示很灵敏，能够反映微小的高度变化。因此，飞行员还可以根据它的指示，比较正确地保持飞机的平飞、上升或下降。

②飞机相对于空气的运动速度，有侧滑速度和空速。侧滑速度是指飞机在垂直截面内横轴相对于气流的速度；空速是指飞机在纵轴对称平面内相对于气流的运动速度。在无风的情况下，空速与地速相等；在有风的情况下，地速是空速和风速的矢量和。空速主要用

压力法测量，地速可以采用线加速度积分法测量或采用无线电多普勒效应测量。

空速又可分为真实空速和指示空速。飞机的真实空速是空气动压和空气密度的函数；指示空速仅是空气动压的函数，只要测得了动压就可以得到指示空速。在标准海平面状态下指示空速等于真实空速，而在非标准海平面状态下或海平面以上，指示空速将偏离真实空速，高度越高，则偏离越大。迎角一定时，升力和阻力的大小直接取决于动压，因此，指示空速对保证飞行安全、防止失速有重大意义，尤其在起飞和着陆阶段。

空速表通过测量全静压管传来的动压来测量飞机的指示空速，如图 5-5 所示。全静压管中的全压管和静压管分别通过导管连接到空速表的开口膜盒内、外，飞行中膜盒内、外的压力差等于气流的动压。膜盒在动压作用下膨胀，通过传动机构，使指针指出相应的速度值。空气密度一定时，飞行速度越大，动压也越大，

图 5-5　空速表

膜盒膨胀得越厉害，指针指出的速度值就越大。这种根据相对气流由动压测出的速度就是指示空速或表速。

为了使飞行员了解真实空速，在空速表中装有空气密度补偿机构，并另用一根细指示针来指示真实空速值，构成一种组合式空速表，如图 5-6 所示。因为空气密度与空气静压、空气静温有关，所以在飞机上直接测量空气静温是很困难的。一种是通过测量空气总温来得到空气静温的测量值，用这种方法设计的真实空速表结构很复杂。另一种是将空气静温的测量转换为空气静压的测量，由此得到的真实空速是空气动压与空气静压的函数。用这种方法设计的真实空速表称为有局部温度修正的真实空速表，在非标准大气压下测得的是真实空速的近似值。

图 5-6　组合式空速表的构造

1—真空膜盒；2—开口膜盒；3、6、7、13、15—拨杆；4—轴承；5、11—轴齿轮；
8、12—扇形齿轮；9—指示空速指针；10—真实空速指针；14—垫杆

在跨声速和超声速飞行时，飞行员要正确地操纵飞机，不仅要了解指示空速和真实空速，还要了解飞行马赫数的大小（马赫数是真实空速与飞机所在高度上的声速之比）。马

赫数表的工作原理与真实空速表相似，也是通过测量气流的动压和所在高度上的大气压力来指示的。

4）大气数据系统。飞机的飞行控制系统、发动机控制系统、导航系统、火控系统、空中交通管制系统和仪表显示系统等，需要准确的静压、动压、温度、高度、高度变化率、高度偏差、指示空速、真实空速、马赫数、马赫数变化率、空气密度等信息。这些信息只是空气总压、静压、总温的函数，如果靠分立的传感器和测量系统各自提供这些信息，不仅增加体积、质量、成本，而且不便于维护，也不利于提高这些信息的测量精度。

由于大气数据信息可以由静压、动压和总温三个参数计算出来，所以由静压、动压和总温传感器提供的原始信息，再加上一些修正用的传感器（如迎角、侧滑角）信息，经解算装置或计算机的运算而得到的大量大气数据信息的系统就叫作大气数据系统，也叫作大气数据计算机系统。目前，高性能飞机均采用数字式大气数据系统。数字式大气数据系统由总温传感器、总压和静压传感器、迎角传感器、输入接口、数字计算机、输出接口和显示器几部分组成，如图 5-7 所示。为了提高可靠性，在飞机上安装有多套大气数据系统，而气压式高度表、空速表、马赫数表只是作为应急仪表。

图 5-7　数字式大气数据系统

（2）荷载因数（加速度）测量。飞机和人体所能承受的最大荷载是有限度的，飞行过程中必须注意这一限度，否则将产生不良后果。目前，一般歼击机所能允许的最大荷载因数约为 8，人保持坐姿所能允许的最大荷载因数一般为 -4 ~ +8。超过最大荷载因数后，飞机的某些部分受力过大，会产生永久变形，甚至断裂；人体的血液循环系统和神经系统会受到不良影响或产生失调现象。

荷载因数表的用途是测量飞机的加速度和荷载因数（过载），以便于飞行员了解操纵动作是否恰当。还可通过测得的加速度计算得出飞行速度和飞行距离。它的感受元件是一个重锤。重锤和它的转轴所处的平面与飞机的立轴垂直。平飞时，飞机的升力等于本身的重力，沿立轴方向没有加速度。这时重锤的重力向下形成的力矩，正好同弹簧弹力所形成的力矩相等（平衡）。经过传动机构如扇形齿轮等，使指针在刻度盘上指出的荷载因数等于 "+1"，表示飞机是平飞状态，如图 5-8 所示。当飞机做机动飞行时，飞机升力不等于重力，沿立轴产生了加速度，破坏了重锤重力向下形成的力矩和弹簧弹力所形成的力矩的平衡，重锤便绕转轴转动，使指针在刻度盘上指出相应的荷载因数。

（3）飞行姿态与方向测量。测量飞行姿态角（俯仰角、滚转角）和航向角的仪器，包括陀螺地平仪、陀螺方向仪、转弯侧滑仪、磁罗盘等。其中，陀螺仪是测量的重要感受元件。

1）陀螺仪。陀螺仪由陀螺转子（简称转子）和内、外框及基座组成，如图5-9所示。高速旋转的转子通过轴承安装在内框上，内框通过轴承与外框相连接，外框又通过轴承与基座相连接。

图 5-8　荷载因数表

转子相对于基座具有三个角运动自由度，因此称为三自由度陀螺仪。但是，转子实际上只能绕内框轴和外框轴转动，因而又称为双自由度陀螺仪；又因为转子可以自由转向任意方向，也被称为自由转子陀螺仪。

由高速旋转的刚体转子组成的陀螺仪，属于经典陀螺仪。现代陀螺仪这一名称已推广到没有刚体转子而功能与经典陀螺仪等同的仪表，如激光陀螺仪、光导纤维陀螺仪、核子共振陀螺仪等。

陀螺仪有定轴性和进动性两个重要特性。

①定轴性是指高速旋转的转子，具有力图保持其转子轴在惯性空间内方向稳定不变的特性。"地转子"玩具也是一种陀螺，如图5-10所示。当它在地面高速旋转时，就能以本身的"自转轴"为中心，稳定地立在地面上；转得越快，其惯量越大，就越稳定；如不旋转，就倒下来了，这就是"地转子"陀螺的定轴性。利用陀螺仪的定轴性可以测量飞机飞行的姿态角。

图 5-9　陀螺仪结构示意
1—陀螺转子；2—自转轴；3—内框；4—外框；5—内框轴；6—外框轴

图 5-10　"地转子"的旋转和静止
1—自转轴；2—地转子

②进动性是指陀螺仪在外力矩作用下，高速旋转的转子力图使其转子轴沿最短的路径趋向外力矩的作用方向。例如，陀螺仪转子在重力 G 产生的外力矩 M 的作用下，不从支点掉下来，

而以角速度 ω 绕垂线不断转动，这就是进动性。角速度 ω 称为进动角速度，如图 5-11 所示。干扰力矩引起转子的进动角速度称为陀螺的漂移率，是衡量陀螺仪性能的主要指标。

由于陀螺仪的进动性，当内、外框轴上有摩擦力矩作用时，就会破坏陀螺仪的定轴性，使转子轴稳定在惯性空间内的方向改变。同样，利用陀螺仪的进动性，可以在内、外框轴上加外力矩以约束或修正陀螺仪，使陀螺仪的转子轴稳定在惯性空间内的方向不变。

2）陀螺地平仪。陀螺地平仪是利用陀螺仪特性测量飞机俯仰和倾侧姿态角的飞行仪表。它由双自由度陀螺仪、修正器、随动机构、力矩电动机和指示器等部分组成，如图 5-12 所示。

图 5-11　陀螺仪的进动现象

图 5-12　陀螺地平仪的结构

飞机做水平飞行时，陀螺仪的外框轴与飞机的横轴平行。外框轴不直接安装在仪表壳体上，而是安装在随动托架上，随动托架的轴则与飞机的纵轴相一致。随动托架由随动电动机带着左右转动，以便保持外框轴处于水平位置，使陀螺仪的三根轴总是互相垂直。因此，陀螺仪的稳定性（定轴性）就可以不受到飞机倾斜角度的影响。陀螺仪的内框上装有球形刻度盘，其上刻有"子午线""地平线"（又称为水平线）及同"地平线"平行的水平刻度。在仪表壳体前面，还装有一只小飞机标志（指针）和倾斜刻度盘。

由于陀螺仪的定轴性，陀螺仪的自转轴经常和地平面垂直。而球形刻度盘上的地平面总是保持和地面平行。同时，小飞机标志的中心到球形刻度盘中心之间的连线，则总是同飞机的纵轴相一致。飞行时的真实俯仰角和倾斜角，由仪表上小飞机标志与球形刻度盘的"地平线"及"子午线"的相对位置指示出来。

如果飞机做俯仰动作，小飞机标志就在表壳内上、下移动。当小飞机标志处在刻度盘地平线的下面时，表示机头上仰，飞机可能在做爬升，也可能在做接地前的大迎角着陆。当小飞机标志在地面线的上面时，表示飞机在下滑。飞机如果从水平位置开始倾斜，小飞机标志与水平线之间的夹角就表示飞机的真实倾斜角。

3）航向角测量。飞机一般以地理坐标系计算航向，飞机的航向角就是其纵轴与地球北极之间的夹角，又称为真航向角。地球相当于一个大磁铁，但地磁南北极与地理南北极并不重合，有一个偏差角，称为磁偏角（简称磁差）。在专用的导航地图上，标注有各地的磁偏角。

测量航向角的方法有很多，利用磁罗盘测量航向角就是其中的方法之一。磁罗盘用地磁场水平分量作为航向基准来测量飞机的航向角，所测得的航向角称为磁航向角。真航向角是磁航向角和磁偏角的代数和，如图 5-13 所示。

图 5-13　真航向角、磁航向角与磁偏角
N、S—地理北方、南方；NS—地理子午线；ψ—真航向角；N_M、S_M—地磁北极、南极；
$N_M S_M$—地磁子午线；N_K、S_K—磁罗盘北极、南极；$N_K S_K$—磁罗盘子午线

磁罗盘的感受元件是磁棒，它容易受到座舱中带有磁性的钢铁构件的干扰，可以把它制成传感器安装在驾驶舱外离磁性构件很远的地方（如翼尖或尾翼上），再通过电线等传送元件，把它与安装在驾驶舱内的指示器连接起来，这就是远读磁罗盘。

磁罗盘由永久磁棒、浮球、宝石轴承和航向刻度盘等组成，如图 5-14 所示。一对永久磁棒吊挂在浮球下，航向刻度盘装在浮球上，整个活动组件呈下摆式结构，使永久磁棒能保持水平；而浮球由轴尖支承在宝石轴承上，并悬浮在液体（罗盘油）中，以减少支承摩擦，并对活动组件起阻尼作用。

图 5-14　磁罗盘的结构
1—永久磁棒；2—浮球；3—航向刻度盘；4—宝石轴承

当飞机做水平直线等速飞行时，磁罗盘能准确地指示磁航向；但当飞机非等速、转弯或机动飞行时，由于加速度作用在活动组件上，而使永久磁棒偏离水平面，因而受到地磁场垂直分量的作用，会产生较大的加速度误差和转弯误差；飞机航向改变时，由于罗盘油

的阻尼作用而产生滞后误差。另外，磁罗盘不适宜在磁性异常地区和高纬度地区（地磁场垂直分量大）使用。

用陀螺方向仪（或称陀螺半罗盘）测量航向角。陀螺方向仪是利用陀螺的"定轴性"来工作的一种仪表，它可以准确且迅速地指示飞机转弯的角度，经过校准还可以指出飞行的方向。但它不能主动地指出南、北方向，在飞行时还会逐渐产生误差，必须定时调整，因而它不是一个独立的罗盘。

如果把远读磁罗盘与陀螺方向仪结合起来，就可以制成"陀螺磁罗盘"，如图 5-15 所示。它兼有两者的优点，既能准确地指出飞行方向（利用永久磁棒来校正陀螺仪在飞行中产生的误差），又能在转弯时迅速地指出飞机的转弯角度（利用陀螺仪的"定轴性"），所以被广泛应用。另外，指示飞行方向的还有"无线电磁罗盘"和"天文磁罗盘"等。

以陀螺磁罗盘为基础，加上其他航向测量仪器（如天文磁罗盘），就构成飞机的航向系统。它的基本测量构件是陀螺方向仪，用地磁或天文航向传感器校正其输出信息，以获得准确的磁航向或真航向。当飞机进入长时间盘旋或做机动飞行时，可以不用磁修正或天文修正，而单独使用陀螺方向仪测量航向。当飞机进入南、北极飞行时，可以采用天文修正或单独使用陀螺方向仪。航向系统采用能指示各种航向与方位角的综合指示器，便于统一指示和判读，并可以向自动驾驶仪、自动领航仪与电子综合显示器等输送航向信息。

4）航向姿态系统。航向姿态系统由全姿态陀螺仪、磁航向传感器或天文磁罗盘和全姿态指示器组成。它能综合测量、显示飞机的姿态角和航向角。全姿态陀螺仪主要由航向陀螺和垂直陀螺（一种陀螺地平仪）组成，在飞机做机动飞行时既能使航向陀螺的外框轴始终保持在地垂线方向上，又能使垂直陀螺的转子轴和外框轴始终保持正交，因而能提供正确的航向、俯仰和侧倾姿态信息。

全姿态指示器是航向姿态系统的显示器，它综合显示飞机的姿态角和航向角。显示部分主要由球形刻度盘、小飞机标志和刻度指标等组成，如图 5-16 所示。球形刻度盘上有经线和纬线，经线上有航向刻度，纬线上有俯仰刻度。球形刻度盘上半部分涂成浅色，表示天空，下半部分涂成深色，表示地面。上、下半球之间的分界线是人工地平线，小飞机标志固定在表壳上。

图 5-15　陀螺磁罗盘的指示器

图 5-16　全姿态指示器

全姿态陀螺仪输出的航向角和姿态角信号，通过全姿态指示器内的三套伺服系统使球形刻度盘和倾侧指标转动。飞机全姿态以小飞机标志的中点作为判读点，由相对于球形刻度盘经线的位置读取航向角，由相对于球形刻度盘纬线的位置读取俯仰角，根据倾侧指标相对于壳体面板上倾侧刻度的位置读取侧倾角。另外，全姿态指示器还接收速率陀螺输出的飞机转弯速率信号，根据转弯指标相对于转弯刻度的位置判读飞机有无转弯、转弯方向和速率大小，并根据侧滑仪判读飞机有无侧滑。利用面板上的俯仰调整旋钮，可以适当调整球形刻度盘相对小飞机标志的俯仰角度。

2．发动机状态参数测量

发动机状态参数测量仪表的作用是测量发动机的工作状态参数，并指示出发动机的工作状态，进行必要的控制。发动机工作状态参数指的是发动机的压力、温度、转速、功率、燃油量和流量、振动等。

（1）转速表。转速表是用来指示发动机的涡轮轴或曲轴的每分钟转数的仪表。图 5-17 所示是一种电动转速表的原理。它的传感器是一个三相交流发电机，其转子由发动机的涡轮轴或曲轴经传动机构带动，指示器中装有同步电动机、磁铁、涡流片和指针等，磁铁由同步电动机带动，指针则由涡流片带动。

图 5-17　电动转速表原理

当发动机工作时，带动传感器的转子转动，传感器发出三相交流电输入指示器，使同步电动机带着磁铁旋转。因此，涡流片切割磁力线，产生涡流。在涡流磁场与磁铁磁场的相互作用下，涡流片受到旋转力矩，带着指针指示发动机的转速。发动机的转速越大，传感器发出的三相交流电的频率就越高，同步电动机和磁铁的转速也就越大，这时涡流片受到的转矩也越大，因而指针指示的转速就越大。

（2）温度表。温度表包括喷气温度表、气缸头温度表、冷却液温度表和滑油温度表等。根据工作原理的不同，温度表可分为热电偶式温度表和电阻式温度表两种。

喷气温度表用于喷气发动机，气缸头温度表则用于气冷活塞式发动机，这两种温度表都是热电偶式温度表。由电工学可知，用两种不同金属的导线焊接而成的环路，当两焊接端的温度不同时，会产生热电动势。这样的一对金属导线就称为热电偶。喷气温度表和气缸头温度表通过测量热电偶中热电动势的大小，来指示所感受的温度，如图 5-18 所示。

图 5-18　热电偶式温度表的工作原理
1—热电偶；2—电压表；3—导线；4—两种不同的金属导线

喷气温度表的热电偶由镍钴合金（正极）和镍锰铝合金（负极）两种导线组成，靠近热端处嵌在绝缘瓷管内，瓷管再安装在耐热钢管内。热端露在瓷管外面，直接与喷管中的燃气接触；另一端连接在仪表的指示器上。

滑油温度表一般是电阻式温度表。电阻式温度表利用传感器中金属电阻丝的电阻随温度而变化的特性，来改变通过指示器中线圈的电流大小，从而指示出相应的温度值。

（3）压力表。压力表用来测量滑油或燃油的压力。图5-19所示为一种电动式压力表的原理。由电源正极经电阻 R_1、R_2 流过线圈 I、II 的电流，取决于 a、b 两点的电位。这两点的电位，又取决于电刷在电阻上的位置。油压改变时，膜盒膨胀或收缩，带动电刷在电阻上滑动，改变两个线圈中电流的比值，使两个线圈合成磁场的方向随之改变。于是，线圈中的活动磁铁在合成磁场作用下，带动指针指出相应的压力值。

图 5-19　电动式压力表原理

（4）油量表。油量表用来指示油箱的储油量。常用的油量表是电动式的，它的基本工作原理与电动式压力表相似，如图5-20所示。油箱中油平面升降时，传感器的浮子随之上下移动，带动电刷在电阻上滑动，改变指示器中两个线圈电流的比值，使两个线圈合成磁场的方向相应改变。于是，线圈在固定磁铁作用下转动，带动指针指出相应的油量。在储油量较大的飞机上，往往装有若干组油箱，为了测出全系统总的储油量，还装有总油量表。它的工作原理与油量表相似，其中各油箱中油量传感器的电阻是串联的。

图 5-20　油量表原理

3. 电子综合显示器

测量得到的飞行状态参数和发动机状态参数的信息，要以定量或定性的形式在显示器上显示出来。显示器所显示的信息必须准确、可靠、清晰、形象、直观和容易判读，符合人机工效学的要求，方便飞行员观察和判读。

机械式仪表显示方式是利用显示部件间的相对运动来显示被测参数值，如指针—刻度盘、指标—刻度带、标记、图形显示、机械式计数器等。这种显示方式的优点是结构相对简单、显示清晰。指针—刻度盘和指标—刻度带的显示还能反映被测参数的变化趋势。它的缺点是部件之间存在的摩擦影响显示精度，寿命短，容易受振动、冲击的影响，在低亮度环境中需要照明。其主要缺点是不容易实现综合显示，因而大多数机械式仪表是单一功能的仪表。

20世纪30年代，航空仪表已由机械化逐步走向电气化，发展成电气仪表，此时的仪表称为远读式仪表，如远读式磁罗盘、远读式地平仪等。用电气传输代替机械传动，提高了仪表的反应速度、准确度和传输距离。将仪表的指示部分与其他部分分开，减小仪表板上的仪表体积，改善了因仪表数量增多而出现的仪表板拥挤状况。同时，仪表的敏感元件远离驾驶舱，减少了干扰，提高了敏感元件的测量精度。远读式仪表也存在一些缺点，即整套仪表结构复杂、部件增多、质量增加。

20世纪40年代后，由于飞机性能迅速提高，各种系统设备日益增多，所需的指示仪表和监控仪表大量增加，有的飞机上已多达上百种，仪表板和座舱无法安排，驾驶员也目不暇接。随着飞机的飞行速度和机动性能的提高，驾驶员观察仪表的时间相对缩短，容易出错。因此，把功能相同或相关的仪表指示器有机地组合在一起，形成统一指示的综合仪表，已成为航空仪表发展的必然趋势。

20世纪70年代后期，出现了电子综合显示器。它把被测信号转换成显示器上的光信号，显示的信息可以是数字、符号、图形及组合形式，具有显示方式灵活、易于实现综合显示、显示精度高、寿命长、可靠性高等优点，并且符合机载设备数字化的发展方向。

以计算机为核心的电子综合显示器，实质上是一个机载计算机的终端数据图形显示设备，通过变更软件可以实现显示信息的组合和搭配。在不同的飞行阶段中，飞行员所需观察的一组信息，能同时显示在电子综合显示器上。

对于战斗机，可以采用头盔显示器。飞行员向任何方向转动头部，信息都能显示在飞行员眼睛前方的视线中。甚至可以采用大屏幕全景显示仪，将整个仪表板作为一个大显示屏，并采用触敏屏幕。飞行员只要触及屏幕某一位置，就可以相应地改变显示格式，调出更多的数据或提供更详细的情况，也可以发出控制指令使系统执行指定的任务。显示的内容可由飞行员用语言指令来控制，也可以用语言来播报，以调动飞行员的听觉，减轻飞行员的视觉负担。这样，就构成了一个全景座舱控制和显示系统。

课堂讨论：
1. 飞机飞行状态参数有哪些？这些参数分别依靠哪些部件来测量？
2. 航向姿态系统由什么组成？它们各自有哪些功能？
3. 电子综合显示器和机械式仪表的优点、缺点分别有哪些？

■ 二、飞机导航设备

1. 飞机导航的一般概念

导航是指飞机在飞行过程中确定其位置和方向的方法或过程，它包括地面人员和机上人员为确定飞机位置和方向所做的全部工作。飞机导航根据工作原理的不同，可分为目视导航、无线电导航、惯性导航、天文导航、图像匹配导航和复合导航。导航的关键在于确定飞机的瞬时位置，确定飞机的位置有目视定位、航位推算和几何定位三种方法。

小提示 许多民航客机都具有自动驾驶系统，而实现这一功能的重要的组件就是导航系统。

（1）目视定位。由飞行员观察地面标志来判定飞机的位置，这在起飞和着陆的过程中是特别重要的。

（2）航位推算。根据已知前一时刻飞机的位置和测得的导航参数来推算当时飞机的位置。例如，根据测出的真实空速和飞机的航向，在给定风速和风向的条件下，利用航行速度三角形计算出地速，再将地速对时间进行积分，代入起始条件，即可得到当时的飞行位置。

多普勒雷达能直接测出地速，经过积分可以得到飞机的位置。惯性导航，在实质上也是进行航位推算，由惯性元件测得加速度，经过两次积分后得到位置信息。航位推算是近代导航的主要方法，采用这种方法的导航系统，只依靠飞机上的仪器而与外界无关，且不容易受无线电干扰，可进行全球导航。

（3）几何定位。首先，以某导航点为基准来确定飞机相对于导航点的位置，从而定出飞机的位置线（某些几何参数如距离、角度保持不变的航迹）。然后，确定飞机相对于另一导航点的位置，又定出另一条位置线。这两条位置线的交点，就是飞机所在的位置。如图 5-21 所示，表示出三种位置线：第一种是相对方位角为恒值的位置线，是一条通过导航点的直线；第二种是距离为恒值的位置线，是以导航点为中心的圆周；第三种是到两个导航点的距离差为恒值的位置线，其为双曲线。

图 5-21　三种位置线

（a）相对方位角为恒值；（b）距离为恒值；（c）到两个导航点的距离差为恒值

2. 仪表导航

仪表导航是利用导航仪表进行飞机的定位和导航。用磁罗盘、空速表、高度表、导航时钟等仪表获得的空速、航向角和风速、风向，根据航行速度三角形关系即可以计算地速和偏流角，如图 5-22 所示。地速对时间积分即得到距离，也就得到当时飞机的位置，这是航位推算方法的应用。这种导航技术是 20 世纪20 年代发展起来的，精度差，工作量大。

图 5-22　空速、风速和地速偏流角的关系
（航行速度三角形）

3. 无线电导航

通信、广播、电视等利用无线电波传递信息的技术，已在人们的日常生活中得到广泛

应用。利用无线电技术远距离传递信息的过程如图 5-23 所示。

图 5-23　无线电通信原理

　　需要传递的信息（如声音、图像等）通过信息变换器（如话筒、摄像机等）变换成低频的电信号，再在调制器内使高频振荡器产生的被称为载波（频率为 $10^4 \sim 10^{13}$ Hz）电流的电参量（如振幅、频率、相位等）随低频电信号的变化而变化。经过调制的已调高频电流加在发射天线上，在天线的周围激励出同一频率的交变电磁场，并不断向空间扩散，从而形成了无线电（磁）波。无线电（磁）波传播到接收天线时，因接收天线为金属导体，在交变电磁场中将产生感应电动势，从而产生与发射的无线电（磁）波参量相一致的微弱的高频交流电流。这个高频交流电流经过接收机放大、解调（制）后，恢复成低频电信号，再经终端设备变换成人们需要的声、光等信息。

　　无线电导航是借助地面无线电导航台和飞机上的无线电导航设备，利用无线电（磁）波对飞机进行定位和引导。无线电导航很少受气候条件的限制，无论昼夜都能准确无误、简便可靠地确定出飞机的位置坐标及其航行参数（速度、加速度等）。它的优点是作用距离远、精度高、设备简单可靠；缺点是无线电（磁）波易受干扰，需要导航台支持，一旦导航台失效，与之对应的导航设备将无法使用。尤其在夜间或复杂气象条件下，要保证飞机安全着陆，无线电导航设备是必不可少的导航工具。

　　（1）伏尔导航系统。伏尔导航系统是一种近程无线电导航系统，全名为甚高频全向方位导航系统。它由地面导航台向飞机提供以导航台所在点北向子午线为基准的飞机方位信息，以便航路上的飞机可以确定相对于导航台的方位；或者在空中给飞机提供一条"空中道路"，以引导飞机沿着预定的航道飞行。

　　1950 年，伏尔导航系统被规定为国际民航标准导航系统，它由机载甚高频全向信标接收机、显示器和地面甚高频全向方位导航台组成。其采用几何定位的方法，将机载接收机接收到的导航台发出的两个不同相位的正弦波信号进行比较，即可得到飞机相对导航台的方位角，再与测距器配合使用，即得到飞机到导航台的距离，从而得到飞机在空间的位置。

　　（2）多普勒导航系统。在声学中，当发出声波的波动源与声波的接收者之间存在相对运动时，接收到的声波频率与发射的声波频率之间存在着差异。这一频率差称为多普勒频率，这一效应就称为多普勒效应。

　　多普勒效应不仅存在于声波，还存在于无线电波中。多普勒导航系统就是利用多普勒效应实现无线电导航的机载系统，它由脉冲多普勒雷达、航向姿态系统、导航计算机和控制显示器等组成。飞机向地面发射几束不同方向的波束，利用回波频率的差异（多普勒效应）测出地速和偏流角，再用航位推算的方法，通过航行速度三角形计算，从而确定飞机的方向和位置，如图 5-24 所示。20 世纪 70 年代以后，多普勒导航系统已和飞行控制系统、发动机控制系统、火力控制系统等组成综合航空电子系统，统一显示，综合控制。

　　（3）罗兰 C 导航系统。当飞机做远距离飞行，如越洋飞行时，不可能通过不断更换近距离的导航台完成导航定位任务，而需要远程导航设备提供导航定位服务。罗兰 C 导航系统就是远程双曲线无线电导航系统，简称远程导航，作用距离为 2 000 km，采用测距差方式工作。

它由设在地面的一个主台与 2 ～ 3 个副台合成的台链，以及飞机上的接收设备组成。测定主、副台脉冲信号的时间差和相位差，再用几何定位的方法进行计算，即获得飞机到两台的距离差，保持距离差不变的航迹是一条双曲线。再测定主台与另一副台的距离差，又得到一条双曲线，两条双曲线的交点就是飞机在空中的位置，如图 5-25 所示。

图 5-24 多普勒效应

图 5-25 双曲线定位示意

（4）塔康导航系统。这是一种近程极坐标式无线电导航系统，作用距离为 400 ～ 500 km，由飞机上的发射与接收设备、显示器和地面导航台组成。它也是采用几何定位的方法，其测向原理与伏尔导航系统相似，也是测量地面相对飞机的方位角和距离。塔康导航系统属于军用设备，如果将塔康导航系统与伏尔导航系统组合在一起，组成伏尔塔康导航系统，则军、民均可以使用。

（5）欧米茄导航系统。这是一种超远程双曲线无线电导航系统，作用距离可以达到 1 万多千米，在远程测距差系统中得到了广泛的应用。只要设置 8 个地面导航台，就可以覆盖全球。它由飞机上的接收装置、显示器和地面发射台组成，其原理与罗兰 C 导航系统相似，也是采用双曲线几何定位的方法。

4. 惯性导航系统

惯性导航是通过测量飞机的加速度，然后经运算处理后，以获得飞机当时的速度和位置的一门飞机定位的综合性技术。作为飞机上的惯性导航设备，它除了能提供飞机的即时速度和位置外，还能提供飞机的俯仰、滚转、航向角等多种飞行运动参数。

飞机的惯性导航系统有两种工作状态：一种是提供飞机的即时速度、位置及飞行运动等多种信息，并在驾驶舱里显示出主要的参数，飞行员根据这些信息引导飞机沿着规定的航线飞行，从而到达目的地；另一种是提供的信息进入飞行自动控制系统，并与规定的飞行航线进行比较，一旦发现飞机偏离要求的航线，就将形成误差控制指令进入自动驾驶仪，操纵相应的气动舵面偏转，使飞机自动地转入规定的航线上飞行。

惯性导航需要测量飞机的加速度，因此，它的力学基础是牛顿第二定律。牛顿第二定律说明了物体的加速度、质量和所受作用力三者之间的关系。惯性导航中使用一种加速度计仪表，能测量飞机在发动机推力作用下的加速度。

飞机惯性导航系统由惯性测量组件（陀螺仪和加速度计）、惯性导航平台、计算机和显示器组成，利用安装在惯性导航平台上的三个加速度计，测量出飞机沿互相垂直的三个方向上的加速度，再由计算机积分得出三个方向上的速度和位移，从而能连续得到飞机的空间位置。

一般情况下，飞机的俯仰、滚转运动会使加速度计的测量轴也随之俯仰、倾斜；即使飞机在地面不动，也会发生这种情况。这样，在重力作用下，加速度计会有错误信号输出。为了解决这个问题，惯性导航系统中的加速度计就安装在惯性导航平台上，无论飞机做哪种转动，惯性导航平台应该一直处于水平面内并有确定的指向，这样加速度计就可以不受飞机的俯仰、滚转运动的影响，而且始终保持水平，这就是平台式惯性导航系统。

如果不用惯性导航平台，而是将测量组件（陀螺仪和加速度计）直接安装在飞机上，它们的测量轴与三条机体轴一致，因此，两个测量组件测量到的是沿飞机机体轴的直线加速度和转动角速度。为了获得导航参数，各测量值要经过转换后，再输入计算机进行速度、位置和俯仰、滚转、航向角等计算。没有惯性导航平台的惯性导航系统，就是捷联式惯性导航系统。

5. 全球定位系统（GPS）

利用无线电（磁）波实现全球定位的系统有两种。一种是欧米茄导航系统，由于其导航台设置在地面，为了保证它的工作区域能覆盖全球，采用甚低频的地波传播。但相位的变化及测量受各种因素的影响，波长很长时定位精度不够高。另一种是"导航星"全球定位系统，由于人造卫星的出现，导航台可以设置在远离地面的高空，采用甚高频的空间波传播，即可以覆盖很大的空间区域。因此，从 20 世纪 60 年代开始，出现了以子午仪系统（Transit System）和全球定位系统（Global Positioning System，GPS）为代表的卫星导航系统。

GPS 从 20 世纪 70 年代开始研制，至 1993 年年底正式投入使用，它由导航卫星、地面台站和用户定位设备三个部分组成。导航卫星是系统的空间部分，由多颗导航卫星构成空间导航网，"导航星"全球定位系统就是由 18 颗导航卫星组成的导航网，如图 5-26 所示。地面台站用于跟踪、测量和预报卫星轨道，并对卫星上的设备工作进行控制管理，它包括跟踪站、遥测站、计算中心、注入站及时间统一等部分。用户定位设备由接收机、定时器、数据预处理器、计算机和显示器组成，它接收卫星的轨道参数和定时信息，同时测量出距离、距离差等导航参数，经过计算机计算出用户的位置三维坐标和速度矢量。

图 5-26 由 18 颗导航卫星构成的导航网

"导航星"全球定位系统采用时间测距导航定位的方法。用户接收设备的精确测量，由"导航星"全球定位系统中的四颗卫星发来信号的传播时间，然后完成一组包括 4 个方程式的数学模型运算，就可以计算出用户位置的三维坐标（经度、纬度和高度）。

GPS 是一种高精度的导航定位系统，其定位精度一般可达 10 ～ 100 m。如果通过其他一些技术，如在一些已知的地点设置 GPS 接收机，根据 GPS 测量的结果与已知地点坐标的误差，对这个地点附近使用同类 GPS 接收机的用户的测量结果进行修正（差分 GPS 技术），可以使精度提高到几米，可应用于飞机的自动着陆。如果不仅在时间上进行测量，而且在载频的相位上进行测量，则可在很短的距离上测量出相对位置的变化（如在机翼上或机身上），从而可以确定航姿的变化，其测量精度可达零点几度。

在军用航空中，GPS 为保证轰炸机和巡航导弹攻击的准确性，为特种航空的侦察、通信、搜索、救援，以及在指挥控制方面的准确定位，提供了有效手段；在民航中，GPS 的应用为飞机提供高精度定位和导航信息，确保飞行安全、提高运行效率，并优化空中交通管理。GPS 作为近期投入使用的新型导航系统，已在包括航空、航天的各个领域发挥着重要的作用，并可预期在不久的将来，会不断扩展其应用范围，成为重要的无线电导航系统之一。

6．北斗卫星导航系统（BDS）

中国北斗卫星导航系统（BeiDou Navigation Satellite System，BDS）是我国自行研制的全球卫星导航系统，是继美国全球定位系统（GPS）、俄罗斯格洛纳斯卫星导航系统（GLONASS）、欧洲伽利略卫星导航系统（Galileo Satellite Navigation System）之后第四个成熟的卫星导航系统。北斗卫星导航系统（以下简称北斗系统）由空间段、地面段和用户段三部分组成，可在全球范围内全天候、全天时为各类用户提供高精度、高可靠定位、导航、授时服务，并具有短报文通信能力，已经初步具备区域导航、定位和授时能力。2017 年 11 月 5 日，中国第三代导航卫星顺利升空，它标志着中国正式开始建造"北斗"全球卫星导航系统；2020 年 6 月 23 日，成功发射北斗系统第 55 颗导航卫星，即北斗三号最后一颗全球组网卫星，全面建成北斗三号系统；2023 年 5 月 17 日 10 时 49 分，中国在西昌卫星发射中心用长征三号乙运载火箭，成功发射第 56 颗北斗导航卫星。

北斗系统具有以下特点：一是北斗系统空间段采用三种轨道卫星组成的混合星座，与其他卫星导航系统相比高轨卫星更多，抗遮挡能力强，尤其低纬度地区性能特点更为明显；二是北斗系统提供多个频点的导航信号，能够通过多频信号组合使用等方式提高服务精度；三是北斗系统创新融合了导航与通信能力，具有实时导航、快速定位、精确授时、位置报告和短报文通信服务五大功能。

课堂讨论：北斗系统的成功具有什么意义？

■ 三、飞机自动控制设备

1．飞机的自动驾驶和自动驾驶仪

自动驾驶仪操纵飞机（图 5-27）的过程和飞行员操纵飞机的程序是相似的。以俯仰操纵为例，飞行员如果想保持飞机水平飞行，就要保持飞机以一个给定的俯仰角 θ_0 飞行，这时操纵升降舵转一个角度，在这个角度下，机翼有一定的迎角使升力与重力平衡。如果飞机向上仰 $\Delta\theta$，飞机的飞行仰角就增大到 θ，飞行员就会从姿态地平仪上看到迎角增加，于是他的手会向前推驾驶杆使升降舵下偏，飞机产生低头力矩，从而使飞机回到原来的位置，飞行员从地平线上看到仰角的新变化，就把驾驶杆拉回到原来的位置。这样，飞行员和飞机就组成了一个闭环系统。飞行员在操纵飞机并维持平直飞行状

图 5-27　自动驾驶仪操纵飞机

态时，要不断地查看陀螺地平仪的变化，依据它的变化，操纵驾驶杆，不断地调整升降舵面。

当用自动驾驶仪代替飞行员操纵飞机时，它可以模仿飞行员操纵飞机的过程。自动驾驶仪有一个能够检测飞机俯仰角变化的装置，它可以对其传感器输出与俯仰角成比例的电信号，进行功率放大后，使其能驱动升降舵面转动；舵面偏转角的大小与飞机的俯仰角大小成一定的比例。据此，可以利用自动驾驶仪稳定控制飞机的平直飞行，如图 5-28 所示。

图 5-28　用自动驾驶仪控制飞机

自动驾驶仪由传感元件、变化放大装置和执行装置三部分组成，它代替了飞行员。一是，传感元件取代了人眼的功能，这部分用来感受飞机的姿态和参数变化，如陀螺仪、大气数据传感器等，给出姿态发生变化的信号。二是，变化放大装置取代了人脑的作用，在这里首先把来自传感元件的信号放大，然后和给定值进行比较，再把差值变成执行的命令信号输送到执行装置上去。早期的自动驾驶仪的变化放大装置是机、电模拟式的，现在大部分在使用电子放大器和集成电路的处理器。三是，执行装置取代了人手的工作，也称舵机，一般是一个伺服电动机或相应的液压或气压机械，根据来自变化放大装置的命令改变舵面的位置。

这三个部分取代了飞行员的功能，组成了飞机和自动驾驶仪的闭环回路。自动驾驶仪在姿态达到指定状态之前，一直随着偏差的大小发出指令。在姿态达到规定状态后，偏差为零，自动驾驶仪不再发出指令。

2．飞机的飞行轨迹控制

飞行轨迹控制是要求飞机的重心以足够的准确度保持或跟踪给定的飞行轨迹。许多飞机的飞行任务都要求轨迹控制，如空中加油机进行加油作业时、飞机编队飞行时、轰炸机在轰炸时都要保持在预定的高度上飞行。飞机着陆时要沿着一定的下滑道飞行，也属于飞行轨迹控制。

（1）高度稳定与控制。高度稳定与控制是在纵向自动驾驶仪稳定和控制飞机俯仰角运动的基础上，加上高度传感器形成的，如图 5-29 所示。图 5-29 表示出利用控制升降舵面的方法，来稳定和控制飞机的飞行高度。

图 5-29　飞机飞行高度稳定与控制过程

高度传感器包括高度差传感器（给定飞行高度和实际飞行高度之差的传感器）和高度差变化率传感器（飞机上升、下降速度传感器），它们是敏感高度和高度变化的传感器。在现代飞行控制系统中，飞行高度和相应的变化率信号由大气数据计算机提供或无线电高度表提供；在低空或近地飞行时，需要的高度信号可用无线电小高度表提供。高度给定装置是设定预选飞行高度的输入装置，通过它可以预先设置飞行高度。飞行高度控制系统具有高度保持的稳定状态和飞行高度预选的控制状态。

高度的稳定状态是指要求高度控制系统自动保持在给定的高度上飞行。当飞机受到外界干扰时，如上升气流的干扰，使飞机上升到高于预定的高度，这时高度传感器和高度差传感器就会感测到这种改变，输送给综合装置一个相应的电信号，经自动驾驶仪操纵升降舵面后缘向下偏转，形成低头力矩，使飞机下降，返回预定的高度；反之，飞机受到向下气流作用降低高度时，则操纵飞机爬升，返回预定的高度。

高度的控制状态是指要求高度控制系统能自动地改变飞行高度，当达到预定高度后，再保持定高飞行。当飞行员将期望的飞行高度输入高度控制系统后，它输出的电信号经自动驾驶仪操纵升降舵面的后缘做相应的向上（向下）偏转，飞机就自动进入爬升（下降）飞行，飞机接近期望高度后就自动拉平，并保持在这一高度上飞行。

（2）自动着陆控制。着陆是飞机飞行的一个重要阶段。在着陆时，飞行员必须在很短的时间内完成许多高难度的操作，仅靠目视着陆，是难以保证安全飞行的。为了保证飞机能在不良气候条件下和夜间安全着陆，必须对着陆阶段的飞行轨迹进行控制。为此，必须有导航系统向飞行员提供飞机所在的航道与正确的下滑航道之间偏离程度的高精度指示。

为了实现着陆轨迹的控制，目前使用仪表着陆系统（ILS）和微波着陆系统（MLS）来引导飞机进入正确的下滑航道。当飞机处于正确的下滑航道上时，接收机输出的信号为零；若飞机偏离下滑航道，则接收机输出相应极性和幅值的信号，如图 5-30 所示。接收机输出的电信号通过自动驾驶仪操纵舵面（方向舵和升降舵），使飞机进入下滑航道。例如，设飞机处于下滑航道上方，接收机将输出反映下滑航道上方极性的信号，自动驾驶仪使升降舵面后缘向下，产生低头力矩，使飞机飞向下滑航道，接收机的输出逐渐减小，直到飞机进入下滑航道输出为零，升降舵面恢复原来的位置，飞机保持在下滑航道上逐渐降低高度，实现自动着陆。

图 5-30　飞机处于正确下滑航道时接收机的指示

3．电传操纵

一般情况下，飞行员操纵驾驶杆，通过钢索（或杆件）操纵气动舵面偏转来驾驶飞机。电传操纵是指飞行员操纵微型操纵杆，经杆上的传感器发出电指令信号，通过电缆传输到信号处理器后再控制舵机（执行机构），推动气动舵面偏转来驾驶飞机。电传操纵去掉了传统的机械操纵装置，以及与舵机之间相当复杂的机械联动装置，是一种新型的操纵系统（图 5-31）。

图 5-31　飞机微型操纵杆

通过多种飞机的使用，电传操纵显示出了其优越性，新一代的战斗机采用了这种操纵系统，新型的民航飞机也在逐步采用这种操纵系统。电传操纵与机械操纵装置相比具有如下优点：一是结构简单，体积小，质量轻，便于安装和维修；二是因为取消了摇臂、连杆、滑轮和钢索等机械装置，消除了传动中的摩擦，提高了操纵性能；三是由于使用电缆传送电信号，方便与飞机上的其他系统相互沟通和进行综合处理。因此，电传操纵可以把飞机的操纵与实现高性能的飞行控制结合起来，从而使飞机达到更高的飞行性能。

4．现代飞机的综合飞行管理系统

20 世纪 70 年代末期，随着计算机和控制技术的迅速发展，自动驾驶仪的功能迅速扩展，在现代化的大型、中型民航飞机（如波音 757 等）中，所有仪表都更新换代，组成了综合飞行管理系统。

（1）自动驾驶仪导引系统（AFDS）。自动驾驶仪导引系统是自动飞行控制系统的核心部分，它把过去的飞行导引仪和自动驾驶仪两套设备的功能综合起来，飞行导引仪只向飞行员提供姿态的信息和指令，但没有执行机构。自动驾驶仪只能按照原输入的程序去控制飞机，飞行员还要用驾驶杆操纵或改变自动驾驶仪的各种模式去操纵飞机。自动驾驶仪导引系统把两者的功能结合起来，不需要飞行员参与。

（2）推力控制系统。飞机在变速飞行时，飞行员需要操纵油门杆控制发动机来控制推力。推力控制系统使自动驾驶仪和发动机自动控制系统结合起来，使飞机实现姿态、推力控制自动化，不仅减轻了飞行员的劳动强度，而且使推力最优化，节省了燃油。

（3）偏航阻尼系统。飞机在高亚声速范围内飞行时，一般采用比较大的后掠角，侧倾稳定性很好。但垂直尾翼不能增加太大，否则航向稳定性不够好。飞机一遇到干扰，就会不断地发生侧滑和方向摆动。偏航阻尼系统的作用就是在不改变结构（如增加垂尾）的情况下，能够抑制航向摆动。

（4）自动安定面配平系统。由于飞机速度增加，气动中心后移，从而改变了飞机的俯仰稳定状态。对于低速飞机来说，这个影响可以忽略。但是，对于速度变化大的飞机会带来问题：一是飞行员随着飞机速度的变化要不断调整升降舵或水平安定面的倾角，否则飞机会产生向下的（速度增大时）或向上的（速度减小时）力矩；二是升降舵的迎角增大会使飞机的阻力增大，升力减小，从而增大燃油消耗。自动安定面配平系统就是为了解决这样两个问题而设置的。

为解决在控制飞机俯仰时出现的升降舵阻力增大问题，现代大型飞机把水平尾翼的安装角设计成可以调整的。这样，水平安定面和升降舵一起动作，使飞机配平，从而减少了阻力。配平系统由安定面配平、升降舵不对称组件（SAM）和安定面控制配平组件（STCM）组成。

偏航阻尼系统和自动安定面配平系统都是为保证飞机的稳定性而设计的辅助飞行操纵系统，它们和自动控制系统一起控制飞机的飞行。这类系统统称为飞机的增稳系统。偏航阻尼系统是垂直增稳，而自动安定面配平系统是俯仰增稳。由于稳定性和操纵性是有矛盾的，因而在飞机的操纵系统内，稳定系统的操作权限不能过大，只能占人工操纵权限的 $1/10 \sim 1/3$，并且设置有切断开关，一旦出现故障，飞行员便切断增稳系统而使用手动直接操纵。

> 课堂讨论：现代飞机的综合飞行管理系统相比其他自动控制系统有什么优势？

■ 四、其他机载设备

1．通信设备

飞机需要与地面进行信息交流，而要进行这种交流必须借助无线电通信设备。从图5-23中可知无线电技术远距离传递信息的基本知识，而其具体构成因信息内容及数量、信息格式、作用距离、使用的频率、功能等各种技术战术指标的不同而有很大的差异。以民航飞机为例，除某些导航设备（如微波着陆系统和空中交通管理雷达应答器）担负范围有限的通信任务外，还装备有一套或多套的高频无线电通信电台和甚高频无线电通信电台。

当地面通信电台在其服务区域内有多架飞机时，为减少飞机机组人员连续监听的工作负担，可采用类似电话号码的选择呼叫系统。以民航飞机为例，每架飞机在起飞前，便规定一个四个字符组成的代码，并在相应的设备上装定。当地面通信电台需要与某一架飞机通话时，首先发射与这架飞机代码相一致的代码信号。飞机上的通信电台收到呼叫信号后与事先装定的代码比较（译码），两者一致时，就会用声、光信号提醒机组人员及时与地面进行通信联络。

在飞机上通话，多用喉头送话器进行。它贴在飞行员的喉头两侧，说话时，喉头送话器受到声带振动的作用而输出一个电信号加到发射机上，经过发射机的调制后，便从天线发射出去。在通信电台接收时，从地面指挥台或其他飞机上发来的信号经天线到达接收机，经接收机检波后到达飞行员的耳机上，飞行员即能听到声音。

2．雷达设备

雷达（Radar）是无线电检测与定位（Radio Detection and Ranging）的简称。它是利用无线电超短波或微波的反射作用，来探测目标的方向和位置的无线电设备。雷达所用的无线电超短波波长一般为 1 ~ 10 m，频率为 30 ~ 300 MHz；微波波长在 1 m 以下，频率高于 300 MHz。无线电波以直线前进，遇到金属导体能产生强烈的反射波，遇到非导体（如房屋和山峰）有较弱的反射波被反射回来，遇到航路上的云雨、雷电也能有反射波被反射回来。波长越短，天线的方向性越强。

以最简单的脉冲雷达为例，雷达由定时器、发射机、接收机、天线及馈电设备和终端设备组成，如图 5-32 所示。其中，定时器是雷达的时间控制部分。它产生重复频率一定的脉冲序列，分别触发发射机和终端设备中的距离测量部分，目标的回波则由接收机接收。天线收发开关起隔离发射机和接收机的作用，在发射电波期间使天线与接收机断开，而与发射机接通；在发射机不发射信号的时间，则将天线与发射机断开，与接收机接通。这样，收发可以共用一副天线（某些小型雷达也可用两副天线，如雷达高度表）。

图 5-32 雷达的基本组成

一般的地面雷达工作时，发射机发出频率很高的无线电超短波。电波先经过天线转换开关送到定向天线，再由定向天线向某一方向发送出去，电波遇到目标（如飞机或山峰）就被反射回来。接收机再通过天线接收电波，并将微弱的电波放大和检波，送到显示器，在荧光屏上显示。另外，还有定时机构记录时间。由于雷达天线的定向性，因而为了能在一定的空域范围内发现目标，雷达天线必须不停地运动以满足这个要求。因此，不同方位和距离上的目标都可以"同时"在显示器上显示。

由于电波的运动速度是一定的，因而可以计算出目标的距离。当两个目标距离很近时，回波脉冲有可能出现首尾相接的情况，而难于分辨。出现这一情况的距离，称为距离分辨力。分辨力的大小在简单的脉冲雷达中取决于脉冲宽度。雷达天线的方向也是一定的，因而也可以知道目标的方向。显示器可以根据不同的目标，显示出明暗不同的影像，这是因为不同的目标对无线电波反射的强弱有所不同。

雷达是保障飞行安全的重要工具。机载气象雷达可以探测飞机前方的气象状况，从而做出相应的机动飞行。设置在地面空中管理中心的场面监视雷达，可以监视空中管理区域内的飞机数量及分布状况。二次雷达及相应的机载应答器，则可提供航班号、机型、飞行高度等相关信息，并在飞机出现故障等特殊情况时，及时通知空中管理中心以便组织救援。在某些军用野战机场，由于机场条件及机动性方面的限制，难以安装 ILS 或 MLS，也可以使用精密进近雷达（Precision Approach Radar，PAR）引导和指挥飞机在不良的气候条件下安全着陆。

3．飞机电气设备

飞机电气设备包括供电设备和各种用电设备，要求尺寸小、质量轻。飞机电气设备在特殊的环境条件下工作，工作高度、温度和大气湿度变化幅度大。飞机在做机动飞行、着陆等动作时，电气设备所受的冲击大。

供电设备包括发电机和蓄电池。此外，还有电源保护设备，如电压调节器、反流割断器、升压器和变流器等。早期的飞机和现代大多数飞机常采用 28 V 的低压直流发电机，现代民航飞机多用 115/200 V、400 Hz 的三相交流恒频发电机。

发电机是飞机的基本电源，通常依靠飞机发动机或专用的内燃机带动，除向用电设备供电外，还可以给蓄电池充电。直流发电机可与蓄电池并联工作，也可用几台直流发电机并联工作，以加强电源，并提高供电的可靠性。交流发电机的构造比较简单，容易变压，更容易适应现代飞机的许多用电设备。有的发电机与发动机的启动机合并成一个"启动发电机"，以减少飞机的附件。蓄电池是飞机的辅助电源，当发电机不向外供电时，则蓄电池代替发电机供电。

现代飞机上的用电设备有发动机启动、点火和控制系统，飞机舵机操纵、起落架收放和防滑系统，武器及火力系统，生命保障、火警探测和保护系统，照明与信号、防冰加温和旅客生活服务系统，机载多种电子系统与电动设备，如航空仪表、导航设备、雷达、飞行控制器等。

4．高空防护设备

（1）氧气设备。当高度达到 4 000 m 以上时，由于氧气压力降低到生理需要的最小允许值，这时飞机上的人员会发生缺氧症（如困倦、头晕、心脏跳动减弱等）。在 7 000 m 高空处，人员没有防护设备暴露 4～5 min，便会发生意识丧失。氧气设备用以增加吸气中的氧浓度，以便在周围大气压力降低时，使吸入气体中保持必需的氧分压。

图 5-33 所示为一种飞机氧气设备的构成。它由氧气瓶 1、减压器 3、压力表 5 和氧气面罩 7 等组成。当飞机上升到 4 000 m 以上需要使用氧气时，可以打开氧气使用开关，高压氧气经减压器减压后通过调节器进入氧气面罩。调节器前装有应急供氧开关，当飞行人员感觉到氧气不足或调节器的进气阀门不通畅时，可以打开应急供氧开关，使经过减压器减压后的氧气由另一条管路直接从喷嘴进入调节器。

采用高压氧气、液氧或化学氧作为气源时，飞机的最大航程将受所携带氧气量的限制。采用分子筛的吸附、解吸作用从周围大气中提取呼吸用氧的技术，将使飞机不受携氧数量的限制。自 20 世纪 80 年代以来，这项技术已在大多数飞机上采用。

图 5-33　氧气设备的构成

1—氧气瓶；2—氧气使用开关；3—减压器；4—应急供氧开关；5—压力表；6—调节器；
7—氧气面罩；8—降落伞氧气设备；9—链条；10—钢丝插销；11—充氧开关；12—充氧接头

飞行人员高空跳伞时，由降落伞氧气设备供给氧气。降落伞氧气设备放在伞包内，通过转换开关与飞机氧气设备的管路连接。跳伞时，降落伞氧气设备与调节器出口的导管脱离，转换为由降落伞氧气设备向氧气面罩输氧。普通氧气设备只能在 12 000 m 高度以下，保障飞机上人员的安全。当飞行高度升到 12 000 m 以上，大气压力已经很低，普通氧气设备即使供给纯氧，飞行人员的肺泡内氧气分压也难以达到最小值。这时，必须采用能增大人体外部气压的气密座舱或密闭飞行衣（代偿服）。

（2）气密座舱。气密座舱用来增大座舱压力，以保证机上人员体内仍具有必需的氧气分压，避免机上人员由于周围气压过低而发生高空病（关节痛、胃痛等）。此外，气密座舱还便于加温和冷却，使座舱保持适合人体的温度。

采用气密座舱的飞机，在设计时要考虑座舱内、外压力差的作用。像一般的受压容器那样，四壁尽量采用曲面以减轻质量；对于铆接结构，通常在铆缝处安装密封胶带和密封腻子；在飞机的操纵系统，在密封座舱处安装密封盒；活动座舱盖的周边上安放气密带，在关上座舱盖时，气密带内充气，消除座舱内、外可能发生漏气的间隙。抵抗疲劳破坏的能力，也是气密座舱必须重点考虑的问题。

（3）高过载防护设备。战斗机在做机动飞行时，产生的正过载（惯性力方向从头到脚，眼球向下移动）可达 8 ～ 9，超过了飞行员忍受的能力（一般过载可为 4.5 ～ 5）。穿对腹部施加抗压力的抗过载裤，可提高耐过载 1.5 ～ 2.0。20 世纪 70 年代，用改善抗过载裤的加压效果，并辅以代偿加压呼吸来解决高过载（+9）、高持续性（15 s）和高过载增长率情况下，出现的过载诱发的意识丧失（G-Loss of Consciousness）问题。若进一步提高飞机的机动性，则需要提高飞行员选拔标准和体能训练，同时采用后倾座椅，再加上代偿加压呼吸和穿抗过载裤等综合措施来解决。

5．救生设备

（1）弹射救生设备。当飞机失事或在战争中被击坏时，拯救飞行人员便是一项极为重要的任务。在喷气式飞机出现以前，飞行速度一般不超过 500 km/h，飞行人员在空中应急离机时，完全依靠自己的体力离开座舱，然后打开降落伞降落。但在喷气式飞机出现以后，飞机速度增加，飞行人员在被迫跳伞时会遇到高速气流的很大阻力，依靠体力爬出座舱跳伞很困难，即使爬出座舱也会被高速气流吹到尾翼上，与尾翼相撞而造成伤亡。

在高速飞机上，弹射座椅跳伞装置得到了广泛的应用，它由抛盖装置、座椅弹射装置、座椅自动解脱装置和自动开伞器等部分组成。弹射座椅跳伞装置的弹射救生的一般过程如图 5-34 所示。飞行人员决定跳伞时，首先操纵抛盖装置，把座椅上的活动盖抛掉；然后弹射火箭打火，火药爆燃产生的高压气体，把弹射座椅连同飞行员一起弹射出去。弹射离开座舱后的座椅和飞行人员在相对气流的作用下，会很快减速而落后于飞机，由于座椅能迅速上升到一定高度，因而能保证飞行人员不与尾翼相撞。当座椅弹出一定时间后，自动解脱装置解开座椅上的安全带，飞行人员即可与座椅分离，带着伞包下降。当下降到一定高度时，由自动开伞器打开降落伞，飞行人员就能安全着陆。飞机经常在海洋上空飞行，为了保证跳伞降落后的安全性，飞行人员应穿救生衣或气囊背心，必要时伞包内还应带有橡皮救生船，以及应急用品（如电台、信号弹、食品等）。

图 5-34　飞机弹射救生的一般过程

在超声速飞机上弹射救生时，飞行人员前方会产生直激波，作用在人体上的压力过大，容易使飞行人员脸部和肺部受伤。因此，一些超声速飞机能使弹射座椅与活动盖一起离开座舱，并使活动盖罩在飞行员和座椅的前面。当座椅的运动速度大大减小后，再使活动盖与座椅脱离。当飞行速度更大时（$Ma > 3$），减速荷载也更大，高速气流对人体的危害也更大。这样，弹射时可将座椅转平，使座椅与座舱盖组成一个封闭体而弹出，飞行人员在封闭体内，不会受到气流的吹袭。封闭体呈流线型，大大减小了高速气流对它的减速作用，使飞行人员不致受到较大的减速荷载。飞机跳伞的高度主要为 500 ～ 3 000 m，其中最高的安全高度为 5 000 m。

（2）海上救生设备。在海洋上做长途飞行时，飞机上还应有海上救生设备，以便飞机在海上发生事故而做强迫降落时使用。海上救生设备包括个人穿的救生衣和集体使用的救生艇。供个人穿的救生衣自带充气小瓶，以便在使用时向救生衣内充气。还附有哨子、电池和灯泡，作为呼救和夜间被救者的标志。救生艇能容纳 10 ～ 20 人，艇上有食品（如压缩饼干和糖）、海水过滤器、应急电台等。

（3）特种飞行衣。在高空飞行时，气密座舱因故障或战斗中被击坏而突然失密时，座舱内就会突然减压，这叫作爆炸减压。爆炸减压对人体危害很大，会使飞行员失去知觉甚至死亡。为解决这一问题而设计出了特殊的飞行服，这种飞行服可以在座舱失密减压时立即充上一定压力的气体，可以起到一个小气密座舱的作用。这种特殊的飞行服称为高空补偿服或代偿服，如图 5-35 所示。

图 5-35　高空补偿服
1—胶囊；2—电热防冰玻璃；
3—喉头送话器；4—输氧软管；
5—工作服；6—调节绳带；
7—气密面罩；8—气密手套；
9—气密鞋

6．防冰设备

在云层和降雨区域中，有些水滴虽然温度低于 0 ℃，但只要没有强烈的扰动，仍然不会结冰，这种水滴称为"过冷水滴"。当过冷水滴受到飞机的飞行扰动时，便会在机翼和尾翼前缘，或在螺旋桨前缘、进气道前缘及驾驶舱风挡玻璃上结冰。严重时会使飞机飞行发生危险，如机翼和尾翼前缘结冰可能改变翼剖面形状，使升力降低，阻力加大，甚至使飞行操纵困难和飞行不稳定，其他部位结冰也都会带来各种各样的困难。为此，在容易结冰的部位应安装防冰设备。

飞机防冰设备主要有三类：一是利用热空气设备来防冰；二是将冰点很低的防冰液（多为酒精和甘油的混合物）喷洒在易于结冰的部位来防冰，或把冰融化；三是利用电能来防冰，即在易于结冰的部位，如在螺旋桨前缘、风挡玻璃上粘贴电阻丝，电流通过电阻丝时发出热量来把冰融化。此外，还有少数飞机上使用机械式防冰装置，它是一条双层的富有弹性的橡皮带，其中有冷气通道，安装在机翼、尾翼的前缘。结冰时，周期性地通入冷气，使橡皮带交替膨胀和收缩，便可使机翼、尾翼上的结冰开裂而脱落。现代大、中型民用旅客飞机，均用热空气（热空气来源于涡轮喷气发动机的压气机）对机翼、尾翼的前缘进行防冰，而只有部位面积较小的区域（如空速管、风挡玻璃等）才用电加热防冰。

拓展阅读：波音 737 的航空仪表发展

单元二　机场和空中交通管理

一、机场

机场是用于飞机起飞、着陆、停放、维护和组织安全飞行的场所，可分为军用机场和民用机场两大类，大型民用机场又称为航空港。按跑道和其他设施条件及使用特点，机场又可分为永久性机场和临时机场。根据使用的飞机型别、跑道承载能力和设施的完善程度，机场又可分为若干个等级。我国将机场分为一、二、三、四级，其中四级机场只供初级教练机和小型运输机等轻型飞机使用。

飞机最初出现的时候，尚无机场的概念，当时只要能找到一块平坦的土地或草地，能够承受不大的飞机质量，就可以让飞机在上面起飞、降落。1910年，德国出现了第一个机场，这个机场只是一片有专人管理的草地，并有简易的帐篷存放飞机。

1919年后，欧洲开始建立最初的民用航线。随着民用航空运输和军用航空的发展，机场大量建设起来。特别是在1920—1939年，欧美国家的航线大量开通，同时为了和殖民地联系，开辟了跨洲的国际航线，如英国开通了到印度和南非的航线，荷兰开通了由阿姆斯特丹到雅加达的航线。航空技术对机场的要求也越来越高，同时，在机场建设中也出现了各种问题，如航空管理、通信联络的要求，跑道强度的要求，旅客数量对民用机场的要求等。20世纪50年代中期，国际民航组织为全世界的机场和航空港制定了统一的标准和推荐要求。

20世纪60年代末，随着大型喷气式运输飞机的投入使用，飞机日益成为大众化的交通工具，航空运输成为地方经济发展的一个不可缺少的组成部分，民用机场成为城市发展水平的一个重要标志。跑道、滑行道和停机坪都要加固或延长，候机楼、停车场、进出机场的道路、飞机噪声对居民的干扰等问题，使机场的建设成为一个系统工程，应纳入城市发展的总体规划。

机场区域包括地面和空中两部分，即机场本身和为其划定的包括各种飞行空域的空间。机场地面部分主要由飞行场地、技术和生活服务区等组成，空中部分包括起落航线和其他飞行空域。飞行场地由跑道、保险道、滑行道、迫降场和停机坪等组成。机场一般有数条跑道，保证飞机至少能从相反的两个方向起飞和着陆。主跑道一般沿常年的风向修筑，跑道长度一般为1 000～5 000 m，宽度为45～100 m。

多数机场采用硬式道面，即水泥跑道。轻、小型飞机可使用非硬式道面，即土质、草皮、碎石、沥青等道面。跑道的两端和两侧有经平整、碾压、土质坚实的保险道，用以防止飞机在起降时由于某种原因而冲出跑道、提前接地或偏离跑道而造成事故。滑行道用以连接跑道与停机坪。主跑道的一侧设有迫降场，它是经过夯压的土质场地，长度与跑道相同，供应急情况下使用。停机坪是停放、维护飞机和进行地勤技术准备的场所。

技术服务区包括空中交通管制塔台、引导飞机昼夜着陆起飞用的目视助航设备、进场导航设备、精密仪表着陆系统，以及飞机修理厂、机库、储油库、航空器材库、气象站等。为旅客服务的设施有候机楼、能与飞机直接相连的登机桥和登机车，以及行李分拣和传送系统等，大型的民用机场还设有机场旅馆、航空食品公司等。图 5-36 所示为一般机场的地面布置示意。

图 5-36　机场的地面布置示意

二、地面保障

地面保障设备包括机械的、电气的、液压的及特种气体的设备等。为了给飞机添加燃油，有加油线固定的加油装置和机动加油车；有为飞机液压系统补充液压油和对液压系统进行地面试验的液压油车。所谓地面液压试验，是指收放起落架、襟翼和减速板等。机场还设有制冷站、制氧站，冷气和氧气分别由机动的冷气车、氧气车向飞机填充。为了处理可能发生的意外事故，机场还配有消防车、抢救车、救护车和便携式消防器材等。

> 小提示 机场一般配置有专门的勤务人员来进行地面保障，航司则将这部分工作分配给机务、货运、配餐、后勤等部门。

三、空中交通管理

在航空活动的初期，飞机数量少，还没有空中交通的概念。随着飞机数量的增多和商业航空运输的频繁，人们希望飞行活动能按一定的规则进行，空中交通管理便应运而生。空中交通管理是利用通信、导航技术和监控手段，对飞机的飞行活动进行监视和控制，以保证飞机飞行安全和有秩序飞行的技术措施。同时，它是航空运输的重要组成部分，也是为满足飞行安全需要和航空运输发展、空间飞机数量大增而发展起来的技术。空中交通管理也称为航空管理或航空管制。

空中交通管理的主要任务：保证飞机的一切飞行活动随时受地面指挥调度的管理，能够按照原来预定的起飞时间和到场时间飞行，严格按照飞行航路和高度飞行；有效地利用空间，保证空中交通有秩序地进行，防止飞机相撞；提供飞行安全的有效信息，提供迷航遇险飞机的情报，识别进入航管区域飞机的有关数据，及时采取必要的措施。

空中交通管理有两个显著的特点：一是空中交通一旦开始实施或运行，它就不可能无限制地在航路上消磨或延误，中止的方式只能是使飞机降落；二是空中交通国际性特点强，涉及的地区和领域广。

空中交通管理由空中交通服务（ATS）、空域管理（ASM）和空中交通流量管理（ATFM）三部分组成。其中，空中交通服务是最主要的一部分。图 5-37 所示为空中交通管理系统环境中飞机的飞行示意。

图 5-37　空中交通管理系统环境中飞机的飞行示意

1．空中交通服务（ATS）

空中交通服务由空中交通管制服务（ATC）、飞行情报服务（FIS）、告警服务（AS）三部分组成。空中交通服务强调"服务"二字，在分配航路和采取行动时，服务于大多数的空中交通使用者。这样，对一部分使用者可能带来不方便，但最终的结果对大家都有利。

空中交通服务有三个目的。一是采用一切可用的间隔，发布指令，防止空中的飞机相撞；防止飞机和障碍物（可以是地面停放的飞机等）在起飞、降落及其相关区域出现相撞等事故或事件。二是准确地掌握飞行动态，确定飞机之间的相互关系，找出事关飞行冲突调配的主要飞机，实现加速空中交通流量、维持良好运行秩序的目的。三是为了使飞机安全、有序地运行，提供各种建议、情报、信息来避开危险天气及各种限制性空域；提供迷航遇险飞机的情报。

空中交通管制服务是空中交通服务的主要部分，包括区域管制服务（在航路上的管制）、进近管制服务（在飞机离场或到场时的管制）和机场管制服务三个部分。它的任务是为每架飞机提供其他飞机的即时信息和动态（它们将要运动的方向和变化）；由这些信息确定各架飞机之间的相对位置；发出管制许可、使用许可信息来防止飞机相撞，保障空中交通通畅；用管制许可来保证在控制空域内各航班的间隔，从而保证飞行安全；从飞机的飞行运动和发出许可的记录来分析空中交通状况，从而对管制的方法和间隔的使用进行改进，使空中交通的流量提高。

飞行情报服务通常由区域管制服务单位代替完成，但在一些地区，考虑到飞行量大、飞行组成情况复杂等现实情况，可成立专门的机构由专门的人员从事这项工作，最常见的情报提供方式是航路终端自动情报通播（ATIS）。

告警服务是当飞机处于搜寻和救援状态时，涉及向有关单位发出通知，并给予协助的服务。它不是一项孤立的空中交通服务，也不是某一专门机构的业务，而是当紧急状态（如飞机的发动机故障、无线电通信系统失效、座舱失压等情况或遭遇空中非法劫持）时，由当事的管制单位直接提供的一项服务。

2. 空域管理（ASM）

空中交通服务没有考虑对整个空域的利用，以及如何使空中交通更为通畅有效地运行问题。空域管理是将空中交通作为一个整体来考虑，以有效地利用空域空间。空域管理模式应符合本国国情，在和平建设时期，空域的使用应主要保证民航飞机的飞行，同时也可以为军用飞机飞行专设某些空域（远离经济发达地区，避开经济繁忙区）。

空域管理的目标：第一，在给定的空域结构内，通过"实时性"，根据不同空域使用者（民用航空、军用航空等）的短时要求，将空域分隔开（划分成不同块），以求实现对可用空域的最大利用；第二，空域的各使用方在地位上是平等的，建立的空域要有灵活性，若军用航空申请某一划定范围的空域进行临时性的训练，国家级的独立空域管理机构在与有关各方协商后，可以批准这样的申请，在这项任务完成后，各方对这个空域仍有共同的使用权；第三，由于空中管理所具有的国际性特点，各国在建立航线（路）网络时应立足于国际或地区范围内的高度，进行通盘考虑，建立起能够与周边国家航线（路）网络相衔接的航线（路）布局。

国际上，根据对在空域中飞行的飞机是否提供空中交通管制服务，分为管制空域和非管制空域两种。我国的空域体制尚未和国际接轨，原则上是民用航空管制空域只包括机场区和主要航线（路）区。在这些空域之外，全部是军事管制空域，而且是绝对管制空域。

国际民航组织把管制空域分为A、B、C、D、E类。对其中提供的服务等级、飞机速度的限制、飞机之间的距离及无线电通信的要求各有不同。把非管制空域分为F、G两大类。非管制空域是指民用航空或军事当局需要控制区域以外的空域，但并不意味着这些空域不需要控制或没有控制，只是因为这些区域的空中交通不多，把它留给通用航空使用。

3. 空中交通流量管理（ATFM）

空中交通流量管理的目标是在某一划定的空域，当飞行量超过或即将超过空中交通管理系统的可用容量（含机场）时，用这项管理服务来支持现有的空中交通管理系统，以实现最大（佳）的空中交通流通量。

课堂讨论：
1. 机场区域如何划分？为什么要这么划分？
2. 空中交通管制如何进行飞机在空中飞行时的管理？

知识拓展：宋立军：以传承致匠心，用热爱创不凡

思考题与习题

一、选择题

1. 导航的关键在于确定飞机的瞬时位置，确定飞机位置有（   ）三种方法。

A. 仪表导航　　　　　　　　　　B. 目视定位

C. 航位推算　　　　　　　　　　D. 几何定位

2. 现代飞机的高空防护设备，包括（   ）。

A. 救生设备　　　B. 氧气设备　　　C. 气密座舱　　　D. 高过载防护设备

3. 1910 年，（   ）出现了第一个机场，这个机场只是一片有专人管理的草地，并有简易的帐篷存放飞机。

A. 德国　　　　B. 英国　　　　C. 美国　　　　D. 法国

4. 空中交通管理是利用（   ），对飞机的飞行活动进行监视和控制，以保证飞机飞行安全和有秩序飞行的技术措施。

A. 通信　　　　B. 导航技术　　　C. 监控手段　　　D. 航空管制

5. 空中交通管理由（   ）三部分组成，其中空中交通服务是最主要的一部分。

A. 空中交通管制服务　　　　　　B. 空中交通服务

C. 空域管理　　　　　　　　　　D. 空中交通流量管理

6. 空中交通服务由（   ）三部分组成。空中交通服务强调"服务"二字。

A. 空中交通管制服务　　　　　　B. 飞行情报服务

C. 告警服务　　　　　　　　　　D. 区域管制服务

7. 空中交通管制服务是空中交通服务的主要部分，包括（   ）三个部分。

A. 进近管制服务　　　　　　　　B. 机场管制服务

C. 告警服务　　　　　　　　　　D. 区域管制服务

8. 国际上，根据对在空域中飞行的飞机是否提供空中交通管制服务，分为（   ）两种。

A. 管制空域　　　　　　　　　　B. 非管制空域

C. 军事管制空域　　　　　　　　D. 绝对管制空域

二、填空题

1. 飞行状态参数是指飞机飞行时的_____和_____，一般来说有飞行高度、飞行速度和加速度、姿态角和姿态角速度。

2. _____是指飞机重心沿地平面运动的速度分量，测量这个速度是为了执行导航、轰炸、照相等任务。_____是指飞机在纵轴对称平面内相对于气流的运动速度。在无风的情况下，_____与_____相等；有风时，_____是_____和风速的矢量和。

3. 飞机的_____是空气动压和空气密度的函数；而_____仅是空气动压的函数，只要测得了动压就可以得到_____。

4. 为了提高可靠性，在飞机上装有多套_____，而气压式高度表、空速表、马赫数表只是作为应急仪表。

5. 现代飞机的综合飞行管理系统包括_____、_____、_____和_____四个部分。

6. 机场是用于飞机起飞、着陆、停放、维护和组织安全飞行的场所，分为_____和_____两大类，大型民用机场又称为_____。

三、问答题

1. 气压式高度表如何测量绝对高度和相对高度？

2. 陀螺地平仪和陀螺方向仪是如何利用陀螺仪的"定轴性"来测量飞行姿态角的？

3. 发动机状态参数测量仪表的作用是什么？

4. 飞机有哪些导航技术？其中，无线电导航有哪些导航系统？

5. 自动驾驶仪由哪几部分组成？它的功能是什么？

6. 飞机上为什么要有防冰设备？飞机防冰的设备有哪些？

四、讨论题

1. 从模块的案例导入 ARJ21 支线客机的试飞取证过程，我们能学习到什么样的民航精神？

2. 讨论 5·14 川航事件的几种可能的事件致因。

模块六 06 飞行器的发展概况

【学习目标】

1. 了解世界上飞行器的发展历史和发展方向。
2. 理解常见飞行器的分类与主要功能。
3. 掌握各类飞行器的历史发展脉络与原理。
4. 培养从飞行器发展中体现的方法论应用到实际生活的能力。
5. 培育严谨、细致的工作态度，感知航空报国精神。

【案例导入】

2023 年 10 月 26 日 11 时 14 分，搭载"神舟十七号"载人飞船的长征二号 F 遥十七运载火箭在酒泉卫星发射中心点火发射，顺利将汤洪波、唐胜杰、江新林三名航天员送入太空，飞船顺利进入预定轨道。经过 6.5 h 的飞行，17:46，"神舟十七号"载人飞船与空间站组合体完成自主快速交会对接。

在空间站工作生活期间，"神舟十七号"航天员乘组进行了多次出舱活动，开展涉及微重力基础物理、空间材料科学、空间生命科学、航天医学、航天技术等领域的大量空间科学试验，完成舱内外设备安装、调试、维护维修等各项任务。此次任务是我国载人航天工程进入空间站应用与发展阶段的第 2 次载人飞行任务。

案例分析：

案例中所提到的飞船、火箭、空间站分别属于不同类型的飞行器，不同类型飞行器的工作原理与发展过程都不尽相同。

单元一　飞机和直升机

■ 一、军用飞机

1. 战斗机

战斗机又称为歼击机，主要任务首先是与敌方的战斗机进行空战，夺取空中优势（制空权）；其次是拦截敌方的轰炸机、强击机和巡航导弹；还可以携带一定数量的对地攻击武器，执行对地攻击任务。第二次世界大战后，喷气式战斗机普遍代替了活塞式战斗机。至今，喷气式战斗机已经历了四次更新换代。

第一代战斗机均为高亚声速战斗机，出现在 20 世纪 50 年代初期，其飞行速度和垂直机动能力比螺旋桨飞机有了很大的提高。最大飞行速度是声速的 1.3 ~ 1.5 倍，最大升限可以达到 17 000 m，典型的机种主要有苏联的米格 -19 飞机、美国的 F-100 飞机和中国的歼 -6 飞机。这一代战斗机主要依靠机炮进行尾后攻击，并以中空突防为主，以避开地面的高射炮火。

第二代战斗机追求高空高速性能，出现在 20 世纪 60 年代。这一代战斗机的速度和高度都有了很大的提高，最大飞行速度普遍超过了声速的 2 倍，最大飞行高度达到了 20 000 m，典型的机种主要有中国的歼 -7 飞机，苏联的米格 -21、米格 -23 飞机和美国的 F-104、F-105、F-4 等飞机。这一代战斗机主要依靠机炮和红外格斗导弹来实施攻击，并以高空突防为主（当时地空导弹的精度还不太高）。

第三代战斗机是 20 世纪 60 年代末发展的高机动性战斗机，保留了上一代战斗机高空高速的优势，更加强调机动性和低速性能，大量采用了新技术，如电传操纵、脉冲多普勒雷达和红外成像技术等。这一代战斗机以中程半主动导弹和格斗导弹为主要作战武器，以低空突防为主，以便避开地面防空雷达及导弹的攻击。典型的机种主要有中国的歼 -10（图 6-1）、歼 -11、歼 -16 飞机，苏联的米格 -29、苏 -27 飞机，美国的 F-14、F-15、F-16 和 F-18 飞机，法国的"幻影"2000 飞机等。第三代战斗机可以服役到 2020 年，在有些国家，第三代战斗机及其改型估计会使用到 2040 年以后。

第四代战斗机是正在发展中的新一代战斗机，它具有超声速巡航能力、过失速机动能力、隐身能力、多目标跟踪和攻击能力、良好的维护性和短距起落能力。因第四代战斗机的良好性能，世界多国都进行了各自第四代战斗机的研制工作，其中 F-22（美）、苏 -57（俄）、歼 -20（J-20）（中）（图 6-2）和 F-35（美国主导，多国参与）四款战斗机已列装相关国家军队。目前，世界上最典型的第四代战斗机是美国的 F/A-22 "猛禽"飞机，它性能优越，可以以 Ma=1.5 巡航，具有较强的超视距作战能力和近距格斗能力、良好的隐身能力、先进的相控阵雷达和先进中距空空导弹。当时，F-22 飞机先于其他第四代战斗机将近 20 年出现，在航空装备制造上拉大了美国与世界其他国家的差距。

图 6-1 歼 -10 飞机

图 6-2 歼 -20 飞机

2．轰炸机

在第二次世界大战中采用轰炸机轰炸，一直是从空中进攻的主要手段。当时轰炸机的升限约为 10 000 m，航程不到 8 000 km。20 世纪 50 年代以后，高亚声速喷气式轰炸机开始服役。20 世纪 50 年代末到 20 世纪 60 年代初，又有了超声速中程轰炸机。这个时期的轰炸机在战术使用上没有根本性的变化，但是在速度、高度和载弹量方面都有很大的提高。

美国的 B-52 远程战略轰炸机是 1952 年试飞成功的，在机翼下共吊装有 8 台涡轮喷气发动机，可装载多种类型的炸弹与导弹。它采用了一对细而长的后掠机翼，这种机翼在进行高亚声速飞行时，升力大，阻力小。B-52 轰炸机的最新改进型 B-52G、B-52H 轰炸机，目前尚在服役。B-52H 轰炸机可以 1 000 km/h 的速度在万米高空进行跨洲际飞行。

20 世纪 60 年代以后，各种地空导弹和空空导弹日益完善，防空能力提高很快，战术轰炸任务更多地由歼击轰炸机来完成，自卫能力差的轻型轰炸机已不再发展。随着歼击轰炸机航程和载弹量的增大，甚至中型轰炸机的任务也可以由它来完成。

自从出现中、远程弹道式导弹，战略打击力量的重点已转移到弹道式导弹上，战略轰炸机的地位明显下降。但是，远距离超声速轰炸机易于分散隐蔽，不容易受到敌方的核导弹摧毁。同时，使用灵活，当战略轰炸机已起飞去执行轰炸任务时，中途一旦情况有变，可以立即下令返航，不至于造成无法挽回的后果；如果原定目标已被摧毁，还可以改为攻击其他的目标；便于发现和攻击机动目标等。这样，战略轰炸机已成为战略弹道式导弹的重要补充打击力量。

20 世纪 70 年代以后，只有美国和苏联两个国家尚在继续研制远程超声速轰炸机。例如，美、苏冷战期间，两国先后研制并列装了 B-1B（美）、图 -160（苏）等战略轰炸机，两者都是变后掠翼飞机，都可进行超声速跨洲飞行，载弹量巨大。两者都装有先进的自动导航系统、地形跟踪系统和电子对抗设备，攻击武器以空地导弹和巡航导弹为主，能够在复杂的气象条件下隐蔽地进行超低空突防，对目标进行远距离攻击。

1989 年 7 月，美国的 B-2 隐身轰炸机首次试飞，这是一种比 B-1B 轰炸机更先进的远程战略轰炸机。B-2 轰炸机是机翼和机身完全融为一体的飞机，如图 6-3 所示。这种布局十分有利于隐身设计，在气动力和结构效率上均比常规布局的优势大。B-2 轰炸机除采用与 F-22 战斗机相同的隐身措施外，还具有其他一些不同的特点。例如，没有垂直尾翼，这有利于减小总的雷达反射面积；飞翼的平面外形由 12 条直线组成，它们分别平行于左、右机翼前缘，这样能把雷达波从机翼后缘上沿两个方向反射出去，使其偏离飞机的尾后区域；大部分蒙皮采用蜂窝形雷达吸波复合材料结构。这样，B-2 轰炸机的雷达反射截面面积比 B-1B 轰炸机的要小很多，可以达到 0.1 m^2。

图 6-3　B-2 隐身远程战略轰炸机的外形示意

（a）俯视图；（b）内部舱位图

1—分裂式阻力板兼方向舵；2—主升降副翼；3—副升降副翼；4—发动机舱；5—炸弹舱；6—主轮舱

B-2轰炸机没有专门设置方向舵，而是依靠外翼外侧的分裂式阻力板兼方向舵1来产生偏航力矩。这个方向舵可以上、下分裂张开约90°，既可以作为辅助滚转操纵和俯仰操纵之用，又可以作为减速板使用。飞机的俯仰操纵和滚转操纵依靠外翼内侧的主升降副翼2进行，低速飞行时内翼的副升降副翼3参与工作。机身的最后端有一片近似三角形的"海狸尾巴"，上、下偏转时可以产生一定的俯仰力矩，主要用于减弱阵风颠簸效应。两个机内炸弹舱5并列设置于两个发动机舱4之间，其内可以装由石墨纤维、环氧树脂复合材料制成的转筒式挂弹架，每个转筒式挂弹架可以挂8枚核弹或各种不同组合形式的炸弹和导弹。驾驶舱风挡为四片巨大的夹层丙烯玻璃，涂有防反光和增加透光度的涂层，遇到核爆炸时，风挡能够自动瞬时变黑。

3. 预警机

预警机是用于搜索和监视空中、地面或海上目标的活动，并能引导和指挥己方军用飞机对其进行攻击的飞机。图 6-4 所示为预警机与舰载雷达探测范围的示意。从图 6-4 中可以看出，由于地球表面曲率的影响，飞机上的雷达探测距离要比军舰上的雷达探测距离大得多。

图 6-4　预警机与舰载雷达探测范围的示意

美国的 E-3A 预警指挥机是在波音 707-320B 旅客飞机的基础上改制而成的，它最大的特征就是在机背上驮着一个大圆盘。这就是远距离大型搜索雷达旋转天线罩，其直径达 10 m，厚度为 1.8 m。机舱内装有大量电子设备，主要有脉冲多普勒雷达、敌我识别器、计算机、惯导系统、导航设备等。E-3A 飞机能够在万米高空巡航达 10 h 左右，可以探测、跟踪 600 个目标，同时可以引导 100 架飞机对来袭目标进行拦截。

随着电子设备的信息化、智能化、高度集成化发展，预警机的功能更加多样和完善，其主要包括以下五大功能。

（1）预警监测。预警机配备了先进的雷达和电子侦察设备，用于监测空中、海上和地面的情况，包括敌方飞机、舰船、导弹、车辆等，以及友方部队的位置和行动信息。

（2）战场态势感知。通过收集并分析各种情报信息，预警机能够提供实时的战场态势感知，帮助指挥部门了解敌我双方的位置、速度、行动意图等信息。

（3）防御警示。一旦发现潜在危险，预警机可以通过通信系统向友军部队发送警报并提供战术建议，帮助他们采取相应的防御措施。

（4）指挥和控制支持。预警机可以作为指挥平台协助指挥部门进行战术和战略指挥，提供态势分析、目标识别和打击指示等支持。

（5）信息传输和共享。预警机可以通过通信系统将情报信息传输给其他部队和指挥部门，以便快速有效地调整军事行动计划。

总体来说，预警机的功能在于作为一个重要的信息节点提供战场情报、警示和指挥支持，实时处理各种战场态势信息并对上下游指挥部门提供信息和决策。图6-5所示为在长春空军开放日活动中静态展示的空警-500预警机。

图6-5 空警-500预警机

4．其他军用飞机

运输机是一种专门用于运送货物、人员或装备的飞行器。它具有宽大的货舱和乘客舱，能够承载大量的货物和乘客。运输机通常具有较长的航程和较大的载重能力，能够满足长途、大规模的运输需求。运输机的主要功能是快速、高效地将货物和人员从一个地方运送到另一个地方。它们在军事和民用领域都发挥着重要的作用，为各种任务提供了快速、高效的解决方案。军用运输机可以用于战区补给、部队调动、紧急救援等任务，而民用运输机承担着货物运输、人员撤离、国际航班等重要角色。运输机的种类繁多，包括大型的货机、客货混合型运输机及军用的战略运输机等。世界上著名的运输机有美国的C-130（大力神）和C-5（银河）运输机、中国的运-20（鲲鹏）运输机、俄罗斯的An-124运输机等。图6-6所示为在长春空军开放日活动中静态展示的运-20运输机。运-20运输机于2013年1月26日成功首飞，是我国研究制造的新一代军用大型运输机，在部队服役后，多次亮相各类航展现场，在抗击新型冠状病毒感染疫情等重大灾难任务中都承担了重要角色。

空中加油机是一种专门用于在空中为其他飞机进行加油的飞行器。它具有大容量的燃油贮存系统，并配备了高效的燃油传输装置和加油管道。空中加油机能够与被加油飞机接触，通过输油管道传输燃料来为其补充燃油。空中加油机的主要功能是延长飞机的航程和作战时间。它可以在飞行中为其他飞机提供即时的补给，使其能够继续飞行而不必返航或降落。这对于长途飞行、远距离作战及需要持续空中巡航的任务非常重要。空中加油机还具有提高作战效率和灵活性的优势。通过加油，战斗机等作战飞机可以在不返回基地的情况下，在目标区域继续执行任务，从而减少了中途降落加油的需求，提高了整体作战效能。目前，世界上主要的军事强国都拥有自己的空中加油机。例如，美国空军的KC-135和KC-10、中国的运油-20及俄罗斯的IL-78等。如图6-7所示为在长春空军开放日活动中飞行展示的运油-20飞行编队，为其伴飞的是两架歼-20战斗机和两架歼-16战斗机。

图 6-6　运 -20 运输机

图 6-7　运油 -20 飞机编队

■ 二、民用飞机

民用飞机是指非军事用途的飞机，包括用于商业飞行的运输机和通用航空中使用的各种飞机。运输机包括旅客机、货机和客货混装的飞机；通用航空中使用的飞机在性能、质量方面的差异很大，应用领域广泛，其中包括公务飞机、通勤飞机、农业飞机、体育运动机、多用途轻型飞机、娱乐用的超轻型飞机等。

1. 高亚声速旅客机

美国的波音 747 飞机是世界上第一款宽体远程旅客机，它的机翼下吊装有四台大推力的涡轮风扇发动机，如图 6-8 所示。机翼为下单翼，其 1/4 弦线后掠角为 37.5°，展弦比为 7。为了缩短起降滑跑距离，机翼有高效率的增升装置，即每侧机翼前缘有十段前缘襟翼和三段克鲁格襟翼，每侧的后缘有两个三缝襟翼。另外，在机翼后缘还装有外侧低速副翼和内侧高速副翼。在机翼和机身内共装有 7 个整体油箱，机身内有很大的密封客舱，其最大宽度为 6.13 m，最大高度为 2.54 m，长度为 59.39 m。机身为普通半硬壳式铝合金结构，地板为铝合金面板泡沫塑料夹层结构。机翼和尾翼都为铝合金梁式结构，而舵面和副翼为铝合金骨架和玻璃钢蜂窝蒙皮，三缝襟翼为铝合金蜂窝蒙皮骨架结构。五支柱收放式起落架，即前起落架为两轮小车，主起落架为四个四轮小车，两个并列在机身下，另外两个安装在机翼下，为油气式减震器，全部 18 个机轮都是无内胎型。

波音 747 飞机有 747-200M 客货混合型、747-200B 改进型、747-200F 货运型（由 747-200B 改装）等。波音 747-400 飞机是波音 747 飞机的最新改进型，在加长翼尖和加装翼梢小翼后使航程得到增加，发动机油耗得到降低。机翼上使用波音 767 飞机上的先进铝合金材料，用碳－碳复合材料刹车片代替钢制刹车片，使质量得到减轻的同时增加了结构强度，也增加了载客量。

欧洲的空客 A380 飞机是迄今世界上最大的宽体客机，拥有双层客舱，与现有最大机型相比，载客量多出 40%。A380 飞机是名副其实的空中巨无霸。空中客车 A380 采用了更多的复合材料，改进了气动性能，使用新一代的发动机、先进的机翼、起落架，减轻了飞机的结构质量，减少了油耗和排放，每千米油耗及二氧化碳排放更低，同时，也降低了运营成本，A380 飞机舱内的环境更接近自然。客机起飞时的噪声比当前噪声控制标准（ICAO）规定的标准还要低得多。A380 是首架每乘客（座）/ 百千米油耗不到 3 L 的远程飞机（这一比例相当于一辆经济型家用汽车的油耗）。

图 6-8　波音 747 旅客机的宽机身结构

在 20 世纪 90 年代以后的民用客机市场中，基本形成了以波音和空客为两大飞机制造商巨头的局面，中国商飞在积累运 –10 相关经验以后，秉持着运 –10 "永不放弃" 的精神，成功研制出 C919 型客机。2017 年，我国首架具有完全自主知识产权的中短程双发窄体客机 C919 成功首飞，对标波音、空客两巨头，打破了欧美航空制造商对窄体干线商用飞机的垄断，标志着中国制造正式进入世界民航领域。

2. 超声速民航机

第一代超声速民航机是 20 世纪 70 年代中期投入使用的由英、法两国联合研制的 "协和" 号旅客机，以及苏联研制的图 –114 旅客机，它们的外形和技术性能都很接近，在飞机的机翼下共装有四台涡轮喷气发动机。首先，由于耗油率过高，票价是通常机票价格的 4 倍（只够燃料费），每年亏损 4 000 万美元至 5 000 万美元。其次，噪声水平超过标准，30 个国家决定限制其使用，致使许多民航公司纷纷取消了订货。另外，航程不足，不能跨越太平洋，只能勉强飞越大西洋。因此，"协和" 号旅客机只生产了 16 架，于 1979 年停止生产；图 –114 旅客机也由于同样的原因只生产了 13 架，已于 1980 年停止生产。

根据美国对 2000 年后世界的空运及高速民用机市场的调研估计，未来的高速民用机应载 250 ～ 300 人，巡航速度 Ma 为 2 ～ 2.5，航程为 9 000 ～ 11 000 km。为了使第二代超声速民航机具有竞争实力，必须克服 "协和" 号旅客机的缺点才能立于不败之地。在空气动力方面，要求第二代超声速民航机比 "协和" 号旅客机的效率至少提高 35%；由于 "声爆" 限制，在陆地上空只能以 Ma 为 0.9 ～ 0.95 的速度飞行，在起飞着陆时又以低速飞行，因此要求飞机还应具有良好的高亚声速及低速飞行性能；飞机的飞行高度约为 18 000 m，紧靠臭氧层，必须严格限制破坏臭氧层的 NO_2 排放量，研究表明利用新技术很可能将 NO_2 的排放量降低 88%。此外，还应降低起降阶段的噪声水平。在结构方面，需要不断减轻结构质量，机身需要比 "协和" 号旅客机轻 30%；结构材料主要是先进的复合材料和钛合金，蒙皮壁板为复合材料夹层结构或钛合金蜂窝结构。

■ 三、特殊飞机

1. 垂直起落飞机

垂直起落飞机是能垂直或接近垂直起飞和着陆的飞机。垂直起落飞机通常可以短距（在很短的距离内）起落，这时飞机的起飞质量可以增加，因而通常称它为垂直、短距起落飞机。常规作战飞机有一个很致命的弱点，即机场跑道如果被敌方破坏，飞机将无法升空作战；而一旦战争爆发，机场是最容易受到攻击的。垂直起落飞机却没有这一弱点，它既可以像直升机那样起飞和着陆，又具有固定翼飞机的速度和攻击能力，特别适合渡海登陆作战。

图 6-9 所示为英国的"鹞"式战斗机的结构。它是世界上第一种可以垂直起落的战斗机，它装备的涡轮风扇发动机有两对带叶栅的旋转喷口，分别设置在机身两侧的飞机重心前后。前喷口喷出风扇气流，后喷口喷出燃气流，每个喷口都可以转 $0° \sim 98.5°$。飞机垂直起降时，喷口转到朝下方向，发

图 6-9 "鹞"式战斗机的结构

动机向下喷气，产生向上的升力；正常飞行时，喷口转向后方，发动机向后排气，为飞机提供向前的推力。由于垂直起落时飞机的前进速度接近零，舵面无法对飞机的姿态进行控制，因此在机翼翼尖、机尾和机头均装有喷气反作用喷嘴，用于控制飞机的姿态和改进飞机的失速性能。

"鹞"式战斗机的空载质量为 5 782 kg，垂直起飞的最大起飞质量为 8 165 kg，短距起飞的最大起飞质量为 10 433 kg，载弹量为 1.36 ~ 2.27 t，最大平飞速度为 1 186 km/h，垂直起飞的最大作战半径为 92 km，短距起飞的最大作战半径为 600 km。

进入 21 世纪以来，在美国主导、多国参与合作的"联合攻击战斗机"（JSF）开发计划里，计划研制战斗机包括常规起降型 F-35A、短距垂直起降型 F-35B 和舰载型 F-35C 三种机型。其中，F-35B 首架机在 2007 年下线，并随后完成首飞，在 2012 年开始交付美国空军形成战斗力。F-35B 能垂直起降的亮点在于其所使用的 F136 发动机，它能产生大于"鹞"式战斗机近 2 倍的强大动力，而且发动机维修方便，产生废气少，着陆安全性更好，故障率更低。

2. 无人驾驶飞机

无人驾驶飞机是指在飞机上无驾驶员进行操纵的飞机无人机（UAV），它可以进行自动程序控制或无线电遥控。由于无人机的质量轻、尺寸小、成本低，用它执行某些任务可以比有人驾驶的飞机花费更低；飞机上无人，特别适用于执行危险性很大的任务。在军事上可以用作靶机，用于侦察、监视、通信、诱惑、炮兵校正、电子对抗和对地攻击等；在国民经济上可以用于大地测量、气象观测、环境监测、地球资源勘探、森林防火和人工降雨等。

美国波音公司研制的"秃鹰"无人机是一种大高度（升限为 27 360 m）、长续航时间（120 h）的自主式无人驾驶飞机，1989 年进行了 8 次飞行试验。这种飞机可以用于战略侦

察、战略监视、目标探测、反潜战、指挥、通信、大气监测、海关与边防巡逻等，动力装置由两台六缸液冷式活塞螺旋桨发动机组成。它是全复合材料机体结构，具有轻的大展弦比机翼。每边的机翼装有对偶式副翼、襟副翼和阻流副翼，尾翼为全动式水平尾翼、垂直安定面和方向舵。阻流副翼和襟副翼是在方向舵出故障时，作为左侧和右侧的阻力制动器。飞机下方安装有可以抛弃的起落架车，从普通跑道上滑跑起飞；当飞机升起后，起落架车被扔下，飞机用滑橇与机头轮着陆。

随着科学技术的不断发展，无人机的用途越来越广泛，并不断采用新技术。例如，美国已制造出一种反弹道导弹无人机，并进行了飞行验证，主要用于把敌方战区弹道导弹击毁于助推阶段。不少无人机都在不同程度地采用隐身技术，如美国已研制出"暗星"隐身无人驾驶侦察机。

尤其近 10 年，无人机技术迎来了井喷式发展，无人机构型也已不再局限于固定翼无人机，已经发展出垂直起降无人机、直升机无人机、多旋翼无人机等多种类型。在现实中，种类繁多的无人机也为不同的应用场景提供了更加灵活多样的解决方法。在军事上，各大军事强国已着手开始研究超声速隐身无人攻击僚机，此类无人机将应用于新型隐身有人战机带多架无人战机的场景，以应对电磁环境更加复杂的战场。在生活中，更多类型的无人机也应用到生活的方方面面，如外卖无人机、航拍无人机、进行各种勘测测量的无人机等。在无人机研究上，国内研发团队已成功开发出无人机自主编队飞行并进行目标识别跟随等功能，还有团队已研发出了水空两用无人机，可以使无人机在水下潜行或冲出水面进行飞行，应用前景广阔。读者应在无人机发展前景中大胆使用发散性思维及"无人机+某行业应用"的思维去思考各个行业与无人机相结合后，是否可以创新行业的工作方式方法及迎来生产力的提升。

课堂讨论：如何利用功能各异的无人机带动低空经济的发展？

3. 地效飞机

地效飞机是利用地面效应提供支承力而飞行的飞机，又称地效翼机或冲翼艇。地效飞机与气垫船不同，它是必须有前进速度时才能产生地效作用，所以是动升类地效飞行器。地面效应能够增加升力，这是因为机翼后缘接近地面时，机翼下面的气流被逐渐壅塞，流动缓慢，其压力接近滞止值，并作用于机翼的整个下表面，使升力增加。另外，在地面效应的作用下，不存在下洗气流，使诱导阻力变得很小。因此，地面效应大大地提高了飞机的升阻比，使飞行所需要的功率减小，承载质量或航程增大。据说，大型地效飞机所消耗的燃料只是一般旅客机的 1/5。

苏联在地效飞机的研制和使用方面，一直处于世界领先地位。图 6-10 所示为苏联已交付海军使用的一种大型地效飞机示意。这种飞机的体积硕大，在机翼的两端带一对浮筒，可以减小下翼面的高压气流外溢，以提高升阻比。在机身的前部装有可以偏转的前翼，其上并排对称地安装有 8 台喷气发动机。发动机安装在比较高的位置，可以减小海水水花的喷溅。发动机可以随前翼俯仰偏转，当喷口向后下方偏转时，不但可以提供升力、推力，还可以将空气吹入翼下空间，起到加强地面效应的作用，正确地应用了动力冲压技术。水平尾翼位置较高，可以减小地面效应对气动平衡和操纵的影响，同时，可以避开机翼后面的遮蔽区。

这种地效飞机可以在距离水面 3.5 ～ 14 m 的高度上，以 556 km/h 的速度飞行。

4．太阳能飞机

太阳能飞机是以太阳辐射作为推进能源的飞机。如图 6-11 所示为"阳光动力"2 号太阳能飞机。这种飞机动力装置的工作原理是通过太阳能电池，将太阳能转变为电能，带动装有螺旋桨的直流电动机，产生拉（推）力，使飞机前进。由于太阳辐射的能量密度小，为了获得足够的能量，飞机上应有较大的摄取阳光的表面积，以便铺设较多的太阳能电池。

图 6-10 "阿塔卡"级地效飞机示意

图 6-11 "阳光动力"2 号太阳能飞机

美国新近研制的一种"探险者"（Pathfinder）号太阳能飞机，是一种"飞翼"式太阳能无人机。其平均飞行速度较慢、滞空飞行时间长。由于机翼各段局部的质量和气动荷载相互接近平衡，机翼就不需要很强的梁去抵抗弯曲和扭转，再加上采用轻而强的复合材料，使结构大大减轻。

在机翼的上表面铺设有轻而高效的硅太阳能电池板。飞机在白天飞行时，太阳能电池板将太阳能转变为电能，一部分电能直接供电动机和机载设备使用，另一部分电能输入电解池，将其中的水电解成氧气和氢气，分别贮存起来。飞机在夜间飞行时，又将氢气和氧气输入燃料电池，进行化学反应，由化学能直接转变为电能，供电动机工作。这种氢氧再生燃料电池的能量密度可以达到 300 W·h/kg，比先进的锌电池还大 2 倍。同时，采用了没有齿轮箱的新颖电动机。所有这些措施，再加上推进系统中的电路损失及机械摩擦损失，最多可以使收集到的太阳能的 7% 转化为飞机飞行的拉力。

飞机上没有方向舵，偏航姿态的控制是通过电动机的拉力差实现的。例如，需要右转弯时，最左边的一个螺旋桨以高速旋转，顺次向右转速逐渐减小，最右边的螺旋桨转速最小，甚至令其停转。在飞行中，机翼在受到荷载的情况下，会向上弯曲，形成一个上翘的弧形，犹如一个很大的上反角，足够维持其侧滑和滚转的稳定性。

这种太阳能飞机在军事上不仅可以插入敌军后方纵深上空来回盘旋侦察，还准备用它来发现初发射的飞毛腿导弹，在其飞行上升阶段，用 23 kg 的高速火箭弹将其摧毁。在民用方面，可以巡逻国界；在发生地震或森林火灾时，可以替代中断的通信，保持当地与外界联络畅通；也可以在台风上空飞行，跟踪暴风雨，对台风登陆预警。这种太阳能飞机没有吸气式发动机，适合穿越腐蚀性极强的火山灰飞扬空域和到核电站出事故后有大量放射性物质泄漏的大气中采样。

5．扑翼机

扑翼机是指机翼能像鸟和昆虫翅膀那样上下扑动重于空气的航空器，又称为振翼机。

扑动的机翼不仅产生升力，还产生向前的推动力。中国春秋时期就有人试图制造能飞的木鸟。15世纪意大利的达·芬奇绘制过扑翼机的草图。在1991年加拿大多伦多大学对"Flapper"扑翼机模型进行了试飞，成功实现了可控制的持续飞行。2013年，德国Festo公司以海鸥为原型，研制出了可以自主起飞、盘旋和降落的"SmartBird"扑翼机。此外，国内外以其他昆虫为原型而研制的扑翼机还有许多，如美国AeroViroment公司研制的"NanoHummingbird"蜂鸟扑翼机、荷兰戴夫科技大学研制的仿苍蝇和蜻蜓飞行原理的"DelFly"扑翼机、日本东京大学仿蝴蝶扑翼机"BTO"、国内北航等高校研制的仿生扑翼机等，如图6-12所示。

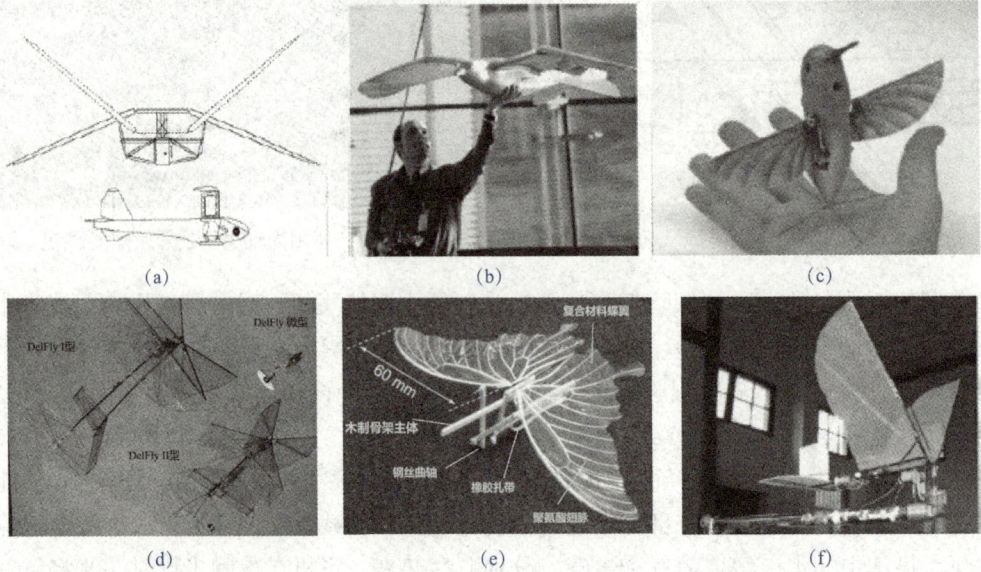

图6-12　各类扑翼机
（a）、（b）Flapper；（c）蜂鸟；（d）DelFly；（e）BTO；（f）国内扑翼机

6. 倾转旋翼机

　　倾转旋翼机是一种具备垂直起降和短距起降能力的飞机。此类飞机兼具固定翼飞机和直升机的性能。倾转旋翼机的代表型号是美国的V-22（"鱼鹰"）。这也是世界上唯一量产并投入大规模使用的倾转旋翼机，如图6-13所示。
　　V-22倾转旋翼机是由美国波音公司和贝尔直升机公司合作在20世纪

图6-13　V-22倾转旋翼机

80年代研发的机型，2006年开始在美军列装服役，至今已生产200余架。它拥有垂直起降和固定翼飞机的特点，可以在狭小的地面场地起降，同时，又具备快速巡航和长续航的能力。V-22倾转旋翼机主要用于美国海军陆战队和美国特种部队的运输突击与救援任务。V-22倾转旋翼机采用独特的轻转旋翼，设计通过旋翼和隐身的转向，能够在垂直或短距起降时像直升机一样操作，而在巡航飞行时，则像传统的固定翼飞机一样飞行，这种设计使 V-22 倾转旋翼机在执行各种任务时具备了灵活性和多样性，也可以在不同的环境下执行不同的任务。

四、直升机

直升机是通过旋转螺旋桨叶片产生升力和推力，这与传统固定翼飞机依靠机翼的气动力的原理截然不同，使直升机成为一种可以垂直起降、悬停和水平飞行的飞行器。直升机通常由机身、旋翼系统、动力系统和控制系统四大部分组成。机身可以容纳乘客、货物和其他设备；旋翼系统由一组旋转的叶片产生升力和推力；动力系统则通常使用燃气轮机或活塞式发动机提供动力；控制系统包括操纵杆、脚蹬和其他操纵装置，用于控制直升机的姿态、方向和速度。直升机在机动性和灵活性上有着其他飞行器无法达到的系统优势，但飞行速度和航程通常较固定翼飞机低，飞行效率也比较低。

直升机可以在狭小的区域内进行垂直起降和悬停，适用于各种特殊环境和任务。这使直升机广泛用于救援、运输、军事、消防、电力维护和旅游等领域，尤其是在不具备固定翼飞机起降跑道的复杂地形区域内更具有优势。图 6-14、图 6-15 所示为中国自主研制的直 -20 直升机和武直 -10 直升机在航展中做飞行表演。

图 6-14　直 -20 直升机　　　　　　图 6-15　武直 -10 直升机

从反装甲实战经验中可以看到，武装直升机是反坦克的最有效武器。美国研制的 AH-64 "阿帕奇" 直升机是当今世界上技术最先进的具有全天候、昼夜作战能力的攻击直升机，被称为 "坦克杀手"。这种直升机为双发单旋翼带翼式直升机，动力强劲，低空机动性强，利用其挂载的各式武器，可对地面装甲目标造成主打威胁。这种直升机的生存能力也很强，采取了一系列抗毁措施，如座舱选用防弹玻璃，地板上铺有防弹装甲；操纵、燃油、液压、动力和传动系统等均装有防护层；旋翼上的四根桨叶被打断两根或打伤三根仍能短期飞行。在作战中，采用依靠地形隐蔽，使用超低空（贴地）、低速和与地面部队保持密切联系的战术。

随着直升机在战场上的频繁出现，为了夺取超低空制空权，必须设法打击敌方的武装直升机。而打击敌方武装直升机最有效的手段依然是直升机，于是出现了专门用于空战的直升机。比较有代表性的机型有美国的 RAH-66 "科曼奇" 直升机、德国和法国联合研制的 PAH-2 直升机、苏联的米 -28 直升机和卡 -41 直升机、英国的 "山猫" -3 直升机等。

其中，RAH-66"科曼奇"直升机是世界上第一种先进的隐身武装直升机，它的外形采用消散雷达反射波设计，并广泛采用了复合材料（占51%）；采用内藏式导弹和可收放式起落架，加装雷达干扰机；运用红外线抑制技术，使其成为世界上第一种"冷"直升机；座舱采用平板玻璃，机体表面涂暗色的无反光涂料等。

1992年，首次亮相的俄罗斯研制的K-50武装直升机，被称为"武装直升机之王"。它一亮相就创下了三项世界第一：第一，采用弹射救生系统，并投入现役使用；第二，单座武装直升机；第三，属于共轴式双旋翼武装直升机。K-50武装直升机的弹射救生系统，可以在零高度、零速度条件下进行弹射救生。其过程：当直升机无法挽救时，飞行员起爆6片旋翼桨叶叶根处的爆炸螺栓，使桨叶脱离桨毂飞散；座舱盖飞离座舱；弹射座椅的弹射火箭点火，飞行员连同座椅一起被弹出座舱。K-50武装直升机的最大飞行速度为350 km/h，作战半径为250 km。

对于单旋翼直升机来说，为了平衡旋翼产生的反扭矩和实现方向操纵，必须安装尾桨。但是，由于尾桨暴露在外面，很不安全，容易造成事故。据美国陆军统计，尾桨造成的事故占直升机事故总数的15%左右。直升机在地面试车时，地面工作人员稍微疏忽大意，就有可能被它伤害。此外，直升机在起飞、着陆和贴地飞行时，尾桨也容易与高压线、树木或其他障碍物相撞，造成严重的事故。

目前，尾桨事故有两种处理办法：一种是将尾桨包覆起来，称为涵道尾桨，也就是将有10多个叶片的尾桨装在圆筒形的涵道内，如图6-16所示。在法国的"小羚羊"直升机、"海豚"直升机，以及苏联的卡-62直升机上都成功地安装了涵道尾桨。但是，它的缺点是悬停时消耗的功率比普通尾桨大。另一种是将尾桨取消，称为环量控制，它是利用机翼产生升力的原理设计的，即在尾梁里面靠前的位置装有一台风扇，可以向后不断鼓气。再在尾梁后部的一侧开1～2条缝隙，风扇鼓气产生的压缩空气就会从缝隙中喷出，与旋翼下洗气流相结合，而使气流速度增大，压力减小。尾梁另一侧的气流速度小而压力大，从而产生推动尾梁的侧向力，来平衡旋翼产生的反作用力矩。另外，在尾梁末端左、右两侧各开几个喷口，其内装有可以控制气流从左侧或右侧喷出的装置，这样就可以对直升机的方向进行操纵。这种利用喷气流取代尾桨的方法，安全性好、振动小、噪声低、操纵效率高，有很大的发展前途。

拓展阅读：中国国产大飞机"三剑客"

图6-16 涵道尾桨

单元二　导　弹

■ 一、有翼导弹

与炮弹相比，有翼导弹的射程远、威力大、准确度高，对目标的摧毁概率要高得多。其飞行原理与构造形式都和飞机比较接近，某些巡航导弹与飞机相差无几，不同之处在于导弹是一次性使用的、无人驾驶的武器。

有翼导弹有四个特点：第一，有复杂的制导系统，而气动外形和构造比较简单。由于弹上无人，就不需要生命保障和生活服务等设施。又由于一次性使用，就不需要降落装置。第二，武器系统概念较强。导弹必须与发射装置、制导站等组成完整的武器系统，才能发挥战斗威力。第三，可以充分发挥高速度、大迎角和大机动的潜力。目前，战斗机的最大 $Ma=3$，使用过载不大于 9（飞行员限制）。而导弹没有这些限制，格斗导弹的法向过载可以达到 $30 \sim 50$。第四，导弹是一次性使用武器，但要长期保存。保存期间不能像飞机那样开车检查，因而对保存环境和检测手段有特殊要求。

1. 空空导弹

从飞机上发射、打击空中目标的导弹，称为空空导弹。其按射程不同可分为近距（＜ 20 km）空空导弹、中距（20 ～ 50 km）空空导弹和远距（＞ 50 km）空空导弹。到目前为止，其发展大致经历了三个阶段。

第一代空空导弹可以在轰炸机自卫武器的射程以外，从歼击机上发射将敌方轰炸机击毁。这一代空空导弹的最大射程为 3.5 ～ 8 km，最大飞行 $Ma=2.5$，最大使用高度为 15 km。其基本上采用尾追攻击，发动机采用单级推力固体火箭发动机，战斗部为破片式，装红外或无线电近炸引信和触发引信。

由于超声速轰炸机的出现，从尾后攻击的空空导弹失去作用，于是出现了第二代空空导弹。这一代空空导弹采用了双推力固体火箭发动机，最大射程为 22 km，最大飞行 $Ma=3$，最大使用高度为 25 km。大多采用比例导引方法，制导方式主要有红外被动制导和雷达半主动制导两种。红外被动制导可以在较远处探测发动机尾流的热辐射；雷达半主动制导能够在中距拦射和全天候使用。

1967 年以后，为了适应近距空战和夺取制空权的需要，便出现了第三代空空导弹。这一代空空导弹包括有先进的中距导弹、远距拦射导弹和近距格斗导弹。中距导弹大多采用雷达半主动制导，使导弹具有下视下射能力，在制导系统中大量应用固体化和微型化技术。射程成倍增加，横向过载可以达到 30。远距拦射导弹一般采用复合制导，具有全高度、全方向和全天候的作战能力。近距格斗导弹采用红外被动制导，最小发射距离短，一般为 300 ～ 500 m；机动能力大，具有离轴截获和跟踪能力。

图 6-17 所示为美国先进的中程空空导弹部位安排。它是第三代空空导弹，采用中段

惯性制导和末段主动雷达制导，具有"发射后不管"的能力，下射、上射、迎头和尾追攻击能力，可以识别并攻击多个目标的能力。

图 6-17　美国先进的中程空空导弹（AIM-120）部位安排

中国在 20 世纪 60 年代，通过引进苏联的 K-3 型空空导弹，开始了中国自己的空空导弹研制之路。在 20 世纪 60—70 年代相继研制出了霹雳 -1、霹雳 -2 等型号空空导弹。在科技日新月异和导弹技术的不断完善中，20 世纪 80 年代，我国又相继研制生产了霹雳 -4、霹雳 -5 等空空格斗导弹。在 20 世纪 90 年代，完善定型的霹雳 -8 空空导弹成为我国重要的空防力量。进入 21 世纪以后，在我国军工科研工作者的不懈努力、不断创新和吸收国外先进空空导弹技术的基础上，又相继研制出多种适用于不同作战环境的霹雳系列空空导弹。截至 2021 年，中国的空空导弹已经发展到霹雳 -15，成为一个型号多样的导弹家族。这些性能优异的空空导弹，不仅打开了国际军售市场，也已然成为中国各类战机保卫祖国领空的重要手段。

2．地空导弹

从地面发射、攻击空中飞行目标的导弹，称为地空导弹。按攻击目标的高度不同可分为中高空（10 ～ 30 km）地空导弹、低空（3 ～ 10 km）地空导弹、超低空地空导弹（3 km 以下）。它的发展也经历了三个时期，一共研制了三代地空导弹。

20 世纪 50 年代发展的第一代地空导弹，大多属于中高空远程导弹，是针对高空远程轰炸机的。一般机动性差，导弹较笨重，地面设备庞大，目前大多退役。

20 世纪 60 年代至 70 年代初是地空导弹的大发展时期，研制出的第二代地空导弹共 40 多种。由于雷达技术的发展，迫使空袭方式从高空向低空转变，促进了中低空和超低空导弹的发展。这个时期的导弹采用无线电、红外、激光等多种制导方式，提高了抗干扰能力，推行固体化（固体和固体火箭冲压发动机、固体电子元件）、小型化（缩小导弹尺寸）和地面设备简化三化措施，提高了导弹系统的自动化程度和可靠性，缩短了反应时间（最短可达 4 s）。其中，不少导弹采用了更先进的单室双推力固体火箭发动机。

从 20 世纪 70 年代中期发展的第三代地空导弹，以多种制导手段并用的方式提高抗干扰能力、全天候作战能力和对不同目标（飞机、空地导弹、弹道式战术导弹等）的适应能力。这个时期的导弹采用了相控阵雷达体制，提高了对付多目标和抗饱和攻击的能力。导弹的型号向标准化、系列化和模块化发展，提高了三军兼用程度。

随着导弹的系统性开发，大多数地空导弹可以实现陆基发射、舰基发射及潜艇发射，大大提高了兼用程度，降低了导弹的研发和维护成本。在我国，地空导弹的代表为红旗系列防空导弹，搭载在舰船上的代号为海红旗系列，已由红旗 -1 发展

到红旗 –26。红旗系列防空导弹在中国的地空防空体系中占有重要地位，各型号导弹既能够独立进行防空作战任务，又能够与其他型号的地空导弹武器混编组网作战。其中，近程防空的有红旗 –7、中程防空的有红旗 –16 和红旗 –12、远程防空的有红旗 –9。

图 6-18 所示为苏联研制的 SA–6 "根弗" 地空导弹示意。它是一种机动式、全天候中近程、中低空地空导弹，采用了固体火箭冲压组合式发动机（简称固冲发动机）。发射导弹时，先点燃助推器药柱，将导弹加速到 $Ma = 1.5$，然后固冲发动机工作，使导弹的飞行速度增加到 $Ma = 2.8$，进行续航飞行。由于采用了固冲这种新型发动机，该导弹的发射质量（550 kg）比同样性能的导弹大大减轻。

图 6-18　苏联研制的 SA–6 "根弗" 地空导弹示意

1—天线罩；2—进气道（4 个）；3—旋转弹翼（4 个）；4—稳定尾翼（4 个）；5—整流罩（2 个）；
6—副翼舵机与尾锥抛射机构；7—信标机发射天线；8—无线电指令接收天线

3. 战术空地导弹

战术空地导弹是指装备战斗轰炸机或直升机，攻击各种地面目标、完成各种战术使命的导弹。它包括反辐射导弹、空地反坦克导弹、一般空地导弹和制导炸弹等。其中，反辐射导弹专门用来攻击地面和舰载各种雷达，以及配备雷达的导弹和高炮阵地等。目前，世界各国的反辐射导弹均采用被动雷达寻的制导，并且不断改进导引头，采用捷联式惯导系统记忆目标位置，提高抗雷达关机能力。一般的空地导弹执行战场压制、遮断及攻击纵深高价值目标的任务。

早期的战术空地导弹采用目视瞄准、有线或无线电传输指令、三点法导引。这种制导方式的命中精度低，载机的机动性受到严重的限制。后来实现了半自动指令制导，提高了命中精度和载机的机动性。20 世纪 70 年代初发展的第三代战术空地导弹，采用电视、红外成像和激光制导，使导弹具有 "发射后不管" 的能力，命中精度有了显著的提高。第四代战术空地导弹的发展重点是从防空区域以外攻击严密设防的机场目标，以及第二、第三梯队的集群目标，能够携带各种子弹头。

图 6-19 所示为 "幼畜" 战术空地导弹的外形结构。它是美国的第三代战术空地导弹，其机动性好、发射距离远、制导精度高和使用维护简便，因而获得广泛的应用。它主要用于攻击坦克、装甲车、导弹发射场、炮兵阵地、钢筋混凝土掩体和工事，以及通信中心等目标。这种导弹共有 A ～ G 型七个型别陆续投产问世，各型的主要区别在于使用了三种不同的导引头和两种不同的战斗部。

图 6-19　美国的"幼畜"战术空地导弹的外形结构

4．反舰导弹

反舰导弹是用于打击水面舰艇的导弹。它可以从舰艇上、空中、岸上、水下等不同的场合发射，目前反舰导弹已发展到第四代。第一代反舰导弹的速度低、尺寸大、设备笨重，导弹发射后发射舰艇或飞机不能退出。第二代反舰导弹是采用火箭发动机推进、自主式制导体制、掠海式弹道飞行和半穿甲爆破型战斗部的小型化导弹。法国的"飞鱼"导弹是比较典型的第二代反舰导弹，它采用惯性加主动雷达末制导，具有"发射后不管"的作战能力。导弹在距离海面 15 m 的高度上水平巡航飞行，实现掠海面飞行。这种导弹的质量轻，可以安装在小型快艇上。但是，射程较近，速度较低。第三代反舰导弹从 20 世纪 70 年代初开始发展，并多为中、远程导弹。它采用小型化涡喷发动机，使射程增加到几百千米，增强了电子对抗能力，采用了一弹多用和模式化的设计方法。

随着反舰导弹的发展，亚声速反舰导弹遇到了严重的突防问题。20 世纪 80 年代初，开始发展的第四代反舰导弹就是为了解决突防的问题。这一代导弹采用冲压发动机（包括整体式火箭冲压发动机）推进和超低空飞行航迹，冲压发动机最适合在 $Ma=2 \sim 4$ 的条件下工作。中国的 C101（又名鹰击 -1，YJ-1）反舰导弹（舰载或机载）和 C301 反舰导弹（海岸防御）均属于这类导弹。图 6-20 所示为鹰击 -18 反舰导弹的外形结构。它采用程序控制加主动雷达寻的制导，接近目标时能够掠海飞行。

图 6-20　中国的鹰击 -18 反舰导弹的外形结构

中国军队所装备的此类反舰导弹大多以鹰击命名。中国的鹰击系列反舰导弹经过 40 多年的服役，先后一共发展了四代，已形成一个庞大的家族。具备超声速飞行、低可探测性、高速机动性、超低空飞行等不同功能的鹰击各类型导弹已经可以应对各种作战环境。

5. 现代巡航导弹

大部分航迹处于"巡航"状态的导弹称为巡航导弹，早期称为飞航式导弹。它的外形与飞机很相像，一般采用空气喷气发动机，其航迹大部分是水平飞行段。现有的反舰导弹和大部分战术空地导弹均属于巡航导弹，但这里主要是指战略巡航导弹和部分远程战术巡航导弹。早期的巡航导弹结构笨重、精度低、容易遭遇拦截，1958 年前后大部分退役。20 世纪70 年代初，美国和苏联都开始加紧研制现代巡航导弹，并于 20 世纪 80 年代装备军队。

现代巡航导弹的特点：第一，起飞质量小，约为 20 世纪 50 年代同样导弹的 1/10。这是由于出现了新型发动机、高能燃料、新型常规弹头，以及采用了复合材料等。第二，命中精度高，采用了主动雷达、红外成像及景象匹配末制导，使命中精度达到 10 m 级。可以利用全球卫星定位系统，实施手术刀式的战斗。第三，突防能力强。导弹的尺寸小，采用吸波的复合材料，缩小了雷达反射面积，能够超低空飞行，避开防空武器拦击。第四，通用性好，能够攻击多种目标。第五，成本低，可以大量部署。

当前巡航导弹的弱点是飞行速度低，如射程 2 000 ～ 3 000 km 的导弹要飞行几个小时；地形匹配定位技术尚有限制，在海洋、平原地区难以使用；数字式景象匹配区域相关器的制导精度虽然很高，但受到夜间、烟雾和恶劣气候条件的限制，不能全天候作战；重新装定临时发现的目标，并予以攻击的能力差。

图 6-21 所示为美国的"战斧"巡航导弹的部位安排。它的弹体为模块式设计，除其战斗部、发动机和制导系统随作战使命不同而改变外，各种导弹的外形尺寸和内部舱段的位置安排均相同。这种导弹为一字形正常式中弹翼平面布局，尾段后串接一无翼式固体助推器，弹身中部装有一对窄梯形可折叠式直弹翼，弹身腹部装有一台涡扇发动机及收放式进气斗，尾部装有十字形可折叠尾翼。

图 6-21 美国的"战斧"巡航导弹的部位安排

平时，弹翼折叠在弹身纵向贮翼槽中，尾翼从根部折叠，进气斗收在弹身内。这样，不仅减小所占舰艇的空间，还可以减小火箭助推器工作时的气动阻力。导弹发射后，尾翼依靠弹簧机构展开并进行滚动控制；火箭助推器熄火后，弹翼由烟火作动器打开，抛掉火箭助推器；进气斗也是依靠弹簧机构弹出，涡扇发动机启动工作。

6. 反坦克导弹

反坦克导弹可以从地面或空中直升机上发射，攻击坦克、装甲车辆、地面防御工事等。反坦克导弹能够穿透很厚的钢甲，这是由于在导弹上装有聚能破甲战斗部。

图 6-22 所示为聚能破甲的原理。战斗部撞击钢甲，引信工作，引爆辅助药柱，从而使主药柱爆炸；爆炸生成物急速地将金属药型罩沿锥形药槽表面的法线方向压向轴线，汇聚碰撞形成一股高温、高速的聚能流和金属射流；金属射流的密度大，对钢甲目标的穿透作用更强。聚能流的最小截面处为焦点，焦点处爆炸生成物的密度和速度最大，穿甲效果最好。在战斗部的头部装有一个风帽，它除保证导弹具有良好的气动外形外，还会使战斗部碰到目标钢甲后，正好使钢甲处在聚能流的焦点上。

反坦克导弹目前已发展到第三代。第一代反坦克导弹采用目视瞄准与跟踪，三点导引，手动操纵，导线传输指令。它的结构简单、质量轻，适用于单兵或兵组作战。但飞行速度低，操作困难，命中率约为 70%。第二代反坦克导弹采用光学瞄准与跟踪，三点导引，红外半自动制导，导线传输指令。这一代导弹中的轻型导弹，适合单兵和兵组作战使用；重型导弹可以在机动车辆和直升机上发射。20 世纪 70 年代以来，第三代坦克采用了新型装甲。为此，导弹进行了增加战斗部威力的改型。例如，增加战斗部质量，更换高性能炸药；或者头部增添前伸杆，增大了炸高等。这一代导弹的飞行速度较高，操作简单，多采用筒式发射，命中率在 90% 以上。第三代反坦克导弹为"发射后不管"的导弹，多采用自主制导系统，制导方式有红外热成像制导、激光半主动制导和主动、被动复合毫米波制导等。这一代反坦克导弹威力大，射程较远，命中精度高，有的导弹还能同时攻击多个目标。

图 6-22　聚能破甲的原理

图 6-23 所示为美国研制的"海尔法"（地狱火，AGM-114A）第三代反坦克导弹的结构示意。它是一种半主动激光制导空地导弹，采用模块式结构设计。导弹的制导过程：飞行员根据收到的

图 6-23　美国研制的"海尔法"（地狱火，AGM-114A）第三代反坦克导弹的结构示意

目标位置信息，用机载（或地面或其他飞机）激光照射器照射目标，当导弹导引头探测到从目标反射回来的激光能量时，就锁定目标，飞行员立即发射导弹；导弹发射后，激光照射器在导弹飞行过程中始终照射目标，直到导弹命中目标；若载机不带有激光照射器，则导弹发射后可以机动飞行。

二、弹道导弹

弹道导弹的飞行轨迹如同炮弹一样，在发动机关机后，按惯性沿着一条椭圆形弹道

飞向目标，因而称为弹道导弹。它按作战使命可分为战术弹道导弹和战略弹道导弹。战术弹道导弹的射程小于 1 000 km；战略弹道导弹按射程的不同可分为近程、中程、远程和洲际四类弹道导弹。近程弹道导弹的射程为 1 000 ～ 2 000 km；中程弹道导弹的射程为 2 000 ～ 5 000 km；远程弹道导弹的射程为 5 000 ～ 8 000 km；洲际弹道导弹的射程为 8 000 ～ 16 000 km。

V-2 弹道导弹是第二次世界大战末期，纳粹德国设计和制造的世界上最早的一种弹道导弹，如图 6-24 所示。它的射程为 296 km；战斗部的质量为 1 t，发射质量为 12.9 t，空载约为 4 t；主动段终点（发动机停止工作点）速度为 1 600 ～ 1 700 m/s；弹径为 1.65 m，弹长为 14 m；制导方式为方案自动控制。

头锥引信
引信管道
弹头
主电气引信
层压隔舱
氮气瓶
结构框架
酒精+水贮箱
液氧贮箱
隔离的酒精供应管道
推力构件
涡轮泵
燃气涡轮
燃烧室
推力室再生冷却的燃料输送管
主燃料阀

制导舱
制导波束和无线电控制设备
玻璃棉隔离层
过氧化氢贮箱
启动阀门的喷流装置
主液氧阀
石墨燃气舵
可控气动翼

图 6-24　V-2 弹道导弹

第二次世界大战结束后，美、苏两个世界强国在借鉴学习纳粹德国的弹道导弹技术先后成功研制出各自的弹道导弹。经过冷战中的军备竞赛，各国的弹道导弹技术也在快速地推陈出新，其中比较有代表性的弹道导弹为美国的"民兵"系列陆基弹道导弹、"三叉戟"系列潜射弹道导弹，俄罗斯的"白杨"系列陆基弹道导弹、"布拉瓦"潜射洲际导弹等。在 20 世纪 50 年代，我国为了打破帝国主义的核威慑，毅然决然开启了"两弹一星"（原子弹、导弹、人造卫星）计划。在钱学森等多位"两弹一星"元勋的带领下，历经艰苦卓绝的奋斗，最终在 1960 年 11 月 5 日成功完成了"东风一号"导弹的首飞任务。随着我国原子弹的成功引爆，在 1966 年 10 月 27 日，由"东风二号"导弹搭载核弹头完成了我国的第一次"两弹"结合试验。在秉持着"热爱祖国、无私奉献，自力更生、艰苦奋斗，大力协同、勇于登攀"的"两弹一星"精神，我国的科研工作者相继完成了各类弹道导弹的研发与制造工作。目前，东风系列弹道导弹已发展成一个种类繁多的导弹家族，其中具有代表性的型号有"东风 41""东风 5B""东风 17""巨浪 2"（潜射弹道导弹）等。

1．导弹头部的分离

V-2 弹道导弹的弹头不分离，整个导弹在返回大气层时要承受相当大的荷载和气动力加热，外壳用钢制成，导弹的结构笨重。随着射程的提高，在被动段返回大气层时，作用在导弹上的外荷载和气动力加热更加严重。如果整个导弹都按被动段的结构进行设计，导弹结构就会重得不堪设想，无法达到所需的射程。为此，便设计出头部可以分离的弹道导弹，如图 6-25 所示。

图 6-25　头部可以分离的弹道导弹的构造示意
1—分离机构；2—安定裙；3—燃烧剂贮箱；4—氧化剂贮箱；5—发动机

因为头部可以分离，所以弹头按被动段的结构设计，而弹体按主动段的结构设计。这样，弹体结构就很轻，若去掉推进剂舱外壳，而将贮箱作成总体受力式的结构，材料选用铝合金，使导弹的质量比减小得比较多，导弹可以达到更大的速度和更远的射程。图 6-26 所示为头部可以分离弹道导弹的飞行过程示意。主动段终点时，头部与弹体自动分离。再进入大气层时，弹头上有安定裙，可以保证飞行稳定；而弹体在重入大气层时烧毁。

图 6-26　头部可以分离弹道导弹的飞行过程示意

2．多弹头

多弹头是弹道导弹突防的有效措施，一般有集束式多弹头、分导式多弹头和机动式多弹头三种情况。

（1）集束式多弹头。集束式多弹头又称为霰弹式多弹头，由母舱（又称母弹头）和子弹头组成。通常，在一个母舱内，集中捆绑了几个子弹头。当它们与弹体分离之后，抛掉母舱上的整流罩，将子弹头释放出去。子弹头的飞行弹道互相靠得比较近，弹着点形成一个几千米到几十千米的散布面，如图6-27所示。集束式多弹头的命中精度差，只适用于打击大城市那样的面目标。对于摧毁导弹发射井之类的定点目标无能为力。

（2）分导式多弹头。分导式多弹头是集束式多弹头的发展，它的母弹头装有推进系统和制导系统，而子弹头上没有。图6-28所示为分导式多弹头的母弹头结构示意。母弹头与弹体分离后，可以做机动飞行，在不同的高度、速度和方位上逐个地释放子弹头。各子弹头可以分别攻击不同的目标，也可以沿着不同的方向去攻击同一个目标，如图6-29所示。分导式多弹头的特点：子弹头的分布空域大，两子弹头之间的落点间距可以达到几百甚至上千千米，同时，还可以投放诱饵，因此突防能力较强；由于每次投放导弹都要对速度和方位进行微调，以修正误差，因此可以提高命中精度。但是，子弹头被释放后，仍沿惯性弹道飞向目标，容易被敌方拦截。

（3）机动式多弹头。机动式多弹头又称为全导式多弹头，它的母弹头和子弹头都装有推进系统和制导系统，都可以做机动飞行，实际上就是在弹头分导的基础上加末制导。子弹头机动飞行的轨迹可以是弹道式的，也可以是平飞滑翔，还可以是突然跃起然后俯冲飞向目标，如图6-30所示。这种子弹头的突防能力很强，敌方的反导弹系统很难对它进行拦截。另外，由于各子弹头加上了精确的末制导系统，能够自动寻找目标和瞄准目标，使命中精度大大提高。

图 6-27　集束式多弹头的飞行弹道示意

图 6-28　分导式多弹头的母弹头结构示意

图 6-29　分导式多弹头的飞行弹道示意

图 6-30　机动式多弹头的飞行弹道示意

3．战略弹道导弹动力装置和制导系统的发展概况

战略弹道导弹在动力装置方面，是从可贮存液体火箭发动机向固体火箭发动机过渡。美国现役战略弹道导弹已全部采用了固体火箭发动机；俄罗斯除较先进的液体火箭发动机的战略弹道导弹继续服役外，SS-13（洲际）、SS-20（中程）、SS-N-17（潜射中程）等战略弹道导弹都采用了固体火箭发动机，特别是最新一代洲际战略弹道导弹 SS-24 和 SS-25 全都采用了固体火箭发动机。固体火箭发动机的壳体材料有一个从钢、钛合金、玻璃纤维、凯芙拉 -49 到石墨纤维 - 环氧树脂的发展过程，最新所用的材料比最初的钢材料减轻壳体质量 76% ~ 79%。固体推进剂的发展是逐步提高比冲，改进力学性能，减少危险性和降低成本等。

美国早期研制的战略弹道导弹的固体火箭发动机都采用四个小喷管，这种喷管的质量大、效率低。单喷管一般是潜入式的，比非潜入式多喷管在入口处的涡流损失要小，比冲可以提高。同时，采用柔性密封接头，使喷管绕转动中心全向摆动 3° ~ 6°，比使用万向铰链式接头的构造简单、响应快、工作可靠、密封性能好，一般称这种喷管为柔性喷管。

图 6-31 所示为美国研制的 MX 洲际导弹第三级发动机喷管可延伸出口锥的构造。在气压作动器的操纵下，两个锥段向后移动，变成一个大喷管，可以使发动机的比冲增加 5.6%。有了可延伸出口锥，2 级到 3 级级间段的长度就可以短得多。20 世纪 70 年代末，美国使用碳 - 碳复合材料制造的活动喷管性能优良，质量可以减轻 35%。

图 6-31　喷管可延伸出口锥的构造
A—潜入式喷管；B—可延伸出口锥；C—气压作动筒

以前战略弹道导弹的固体火箭发动机，为了实现主动段终点推力突然终止，一般是通过在末级发动机壳体上安装反向喷管来实现的。但是，这样会削弱发动机壳体的强度，打开反向喷管时容易出现故障，反向喷出的高温、高压燃气和爆破碎片会冲向弹头等。因此，"三叉戟" I 潜地弹道导弹和 MX 弹道导弹等都采用新研制的总能量管理系统，即由控制系统控制导弹交替地按正、负姿态飞行，使末级发动机的推进剂恰好在主动段终点耗

尽，推力终止。

采用星光惯性制导系统，主要是对弹道中段进行制导，用以补偿潜地导弹和陆基机动导弹，由于发射点位置变化对命中精度的影响，"三叉戟"Ⅰ潜地弹道导弹的命中精度达到了 460 m（射程为 7 400 km）。"三叉戟"Ⅱ潜地弹道导弹采用了一种改进的星光跟踪辅助惯性制导系统 MK6，以及导航卫星全球定位系统信号接收辅助系统，在射程增加到 11 000 km 的情况下，使命中精度提高到122 m。在"潘兴"Ⅱ弹道导弹上采用了惯导系统加雷达相关末制导，使命中精度提高到 30 m（射程为 1 800 km）。

拓展阅读：反弹道导弹系统

> **课堂讨论：**
> 在中华人民共和国成立后，坚持研制导弹的艰难道路，导弹研制成功对现在的我们有什么影响？

单元三　航天器

■ 一、航天器的基本系统

航天器由不同功能的若干分系统组成，一般有专用系统和保障系统。专用系统用于直接执行特定的航天任务；保障系统则用于保障专用系统的正常工作。

（1）专用系统。专用系统随航天器的任务而异，如天文卫星的天文望远镜、光谱仪等；侦察卫星的可见光照相机、电视摄像机、无线电侦察接收机等；通信卫星的转发器和通信天线；空间站上供航天员进行各种试验和观测用的各种专用设备等。

（2）保障系统。各类航天器的保障系统是类似的，一般需配有无线电测控系统和计算机系统外，还包括下列一些分系统。

1）结构系统。结构系统用于支承和固定航天器上的各种仪器设备，并以骨架结构与外壳结构相连接，制成一个密闭的整体，为仪器设备和航天员提供必要的工作与生活环境，也承受地面运输、发射和空间运行时的各种力学与环境荷载。

2）热控制系统。热控制系统用来保障各种仪器设备处于允许的温度环境中，或航天员生活在允许的温度环境中。

3）生命保障系统。生命保障系统用于在载人航天器中维持航天员正常生活所必需的设备和条件，其中包括温度、湿度调节，供水、供氧，空气净化，废物排除和封存，食品制作、保管和水的再生等。

4）电源系统。电源系统用来为航天器所有的仪器设备提供电能。人造地球卫星多采用蓄电池和太阳能电池阵电源，空间探测器采用太阳能电池阵电源系统或空间核电源，载人航天器大多采用氢氧燃料电池或太阳能电池阵电源系统。

5）姿态控制系统。姿态控制系统用来保持或改变航天器的运行姿态。

6）轨道控制系统。轨道控制系统用来保持或改变航天器的运行轨道。由机动发动机提供动力，通过程序控制、装置控制或地面测控站遥控。

7）返回着陆系统。返回着陆系统用以保障返回型航天器的安全，一般由制动火箭、降落伞、着陆装置、标位装置和控制装置等组成。

■ 二、卫星结构

卫星结构形式因其用途而异，但从功能上看，都由承力结构、外壳、安装部件、天线、太阳能电池阵结构、防热结构和分离连接装置等组成。图 6-32 所示为一种应用技术卫星的构造示意。图 6-32 中表示出星体、天线、太阳能电池翼，以及一些仪器和设备。

（1）承力结构。承力结构与运载火箭相连接，承受发射时的火箭推力，因而需要有很高的强度和刚度，一般由铝合金、钛合金或纤维增强复合材料的薄壁圆柱壳、波纹或蜂窝夹层圆柱，以及截锥壳与杆件组成。

图 6-32 应用技术卫星的构造示意

（2）外壳。外壳是卫星的最外层，形成卫星的外表面，也承受一部分外力，起承力构件的作用。外壳的形状可以为球形、多面柱形、锥形或不规则的多面体等。除维持外形外，外壳还应满足容积、热控制、防辐射等要求。其结构形式有半硬壳式结构、蜂窝结构和夹层结构、整体结构和柔性张力表面结构。

（3）安装部件。安装部件是安装仪器设备，并保证安装精度和防振、防磁、密封等要求的结构，可以是仪器舱式结构或盘式结构。

（4）天线结构。天线结构为抛物面形，有固定式和展开式。固定式天线的反射面是一个大面积的薄壁构件。为了防止热变形影响天线的电性能，通常用线膨胀系数很小的石墨纤维复合材料制成。而展开式天线有伞式、花瓣式、渔网式和桁架天线等。

（5）太阳能电池阵。一种是直接粘贴在卫星外表面的一组太阳能电池片。有些卫星外壳做成套筒式伸展结构，卫星发射时缩叠，进入空间轨道后外筒伸展，以增加太阳能电池阵的面积。另外一种是可伸展太阳能电池翼（或称太阳能帆板），进入轨道后可伸展成翼状，加大太阳能电池阵的面积。

■ 三、空间探测器

空间探测器是在人造地球卫星的基础上发展起来的，由于它对月球或更远的星体进行探测，要承受非常严酷的空间环境条件，因此需采用特殊的防护结构。空间探测器根据其目标任务的不同，会搭载不同的任务荷载，如探测气态行星的探测器多会携带气体光谱仪，登陆岩石行星表面的探测器多会携带地震探测仪等。除防护结构和任务荷载外，所有的空间探测器都必须具备能源模块、推进模块、通信模块、控制系统等必备模块。例如，"天问一号"火星探测器所携带的"祝融号"火星车要在火星表面着陆或行走，就要求一些特殊形式的结构。如图 6-33 所示，"天问一号"组合体由火星轨道环行器与着陆舱两部分组成 [图 6-33（a）]，着陆舱在着陆火星表面后将开始开展各类科研工作，它由不可移动的火星着陆器和"祝融号"火星车（巡视器）两部分组成 [图 6-33（b）]。

(a)   (b)

图 6-33 "天问一号"火星探测器

（a）"天问一号"组合体；（b）火星着陆器与"祝融号"火星车

■ 四、载人飞船

载人飞船是载人在外层空间生活、工作，以及执行预定的航天任务并返回地面的航天器。载人飞船一般由轨道舱（又称指挥舱）、服务舱、对接舱、应急舱和返回舱等几部分组成。图 6-34 所示为"联盟号"卫星式载人飞船的示意。

"神舟"载人飞船是中国自行研制的、用于天地往返运输人员和物资的载人航天器，达到或优于国际第三代载人飞船技术，具有完全自主知识产权及鲜明的中国特色。"神舟"系列载人飞船由推进舱、

图 6-34 "联盟号"卫星式载人飞船的示意

1—会合雷达；2—通用天线；3—轨道舱；4—仪器舱；5—对接装置；6—太阳能电池翼；7—服务舱；8—返回舱；9—出口舱门

轨道舱和返回舱三部分构成，是中国可靠性和安全性最高的航天器。自"神舟一号"至"神舟十七号"发射成功，"神舟"系列载人飞船无一次安全事故发生，安全率达到了100%，这是在世界航天史上绝无仅有的壮举。图 6-35 所示为"神舟十七号"载人飞船的示意。

图 6-35 "神舟十七号"载人飞船的示意

1—太阳能帆板；2—推进舱；3—返回舱；4—轨道舱；5—对接舱口；
6—返回舱舷窗；7—通信天线；8—姿态调整发动机

返回舱是飞船的核心部分，是整个飞船的控制中心，供航天员在上升和返回时乘坐。轨道舱是航天员在轨道上的工作场所，里面有各种试验仪器设备。服务舱通常安装推进系统、电源、气源等设备，对飞船起服务保障作用。对接舱是用来与航天站或其他航天器对接的舱段。应急舱具有救生装置，可以保障航天员在危急情况下安全返回地面或转移到其他航天器上。图 6-36 所示为"阿波罗"登月飞船的示意。

图 6-36 "阿波罗"登月飞船的示意

1—登月舱；2—登月舱的过渡段；
3—服务舱主发动机；4—服务舱；
5—姿态控制和稳定系统的发动机组；
6—指挥舱；7—发射逃逸系统；8—防热罩；
9—发射逃逸塔；10—逃逸发动机；
11—分离用火箭发动机；12—空气舱；13—辅助发动机

■ 五、空间站

空间站又称为航天站，是供多名航天员巡访、长期工作的航天器。空间站的基本组成部分与载人飞船类似，但是由于航天员要在空间站内长期工作，所以要有保障航天员能长期生活和工作的设施。图 6-37 所示为"和平号"空间站的结构示意。

图 6-37 "和平号"空间站的结构示意

中国空间站（又称为天宫空间站，英文缩写为 CSS）是中国建成的国家级太空实验室，轨道高度为 400～450 km，倾角为 42°～43°，设计寿命为 10 年，长期驻留 3 人，六舱结合体的质量超过 180 t。中国在 1992 年决定实施载人航天工程，并确定了三步走的发展战略，中国空间站是载人航天工程三步走的收官之作，形成了规模较大的、长期有人驻留的空间应用实验室。中国空间站"天和"核心舱于 2021 年 4 月 29 日发射升空，随后"问天"实验舱和"梦天"实验舱分别在 2022 年 7 月 24 日及 2022 年 10 月 31 日发射，成功与核心舱完成交会对接，并先后与 4 艘天舟货运飞船、6 艘"神舟"载人飞船进行对接，形成中国空间站基础的 T 形架构，如图 6-38 所示。截至 2023 年年底，中国空间站安排进行 110 个空间科学研究与应用项目，成果显著。

图 6-38 中国空间站模型

1—天舟货运飞船；2—"天和"核心舱；3—"梦天"实验舱；4、5—"神舟"载人飞船；
6—"问天"实验舱；7—太阳能电池板；8—空间站出舱口

课堂讨论：

查找资料，对比中国空间站和国际空间站，两者分别有何优点及缺点？

拓展阅读：全球四
大卫星导航系统

单元四　火　箭

火箭是依靠火箭发动机推进的飞行器。它的应用范围十分广泛，从节日烟火用的小火箭到将人送上月球的巨型运载火箭，从火箭炮到洲际弹道导弹等。这里所说的火箭是指探空火箭和运载火箭，而其他以火箭发动机为动力的飞行器往往不用火箭命名。

■ 一、探空火箭

探空火箭是对近地空间进行环境探测、科学研究和技术试验的火箭，按研究对象的不同可分为气象火箭、地球物理火箭、生物火箭、防雹火箭等。它一般是没有控制的，具有结构简单、成本低、发射灵活方便等优点。探空火箭比探空气球飞得高，比低轨道运行的人造卫星飞得低，是在 30 ～ 200 km 高空的唯一探测工具。

中国的探空火箭发展始于 1958 年。在 1958 年，北京航空学院（现名北京航空航天大学）研制了"北京 2 号"G 和 E 两种类型的无控探空火箭，分别以固体火箭发动机和液体火箭发动机为主动力装置，而且都装有相同的固体火箭助推器（作为火箭的第一级）。1958 年 9 月 24 日，"北京 2 号"G 型无控探空火箭在东北白城子草原靶场发射成功；同年 10 月 3 日，"北京 2 号"E 型无控探空火箭又在东北白城子草原靶场发射成功，这是中国首次（也是亚洲首次）发射成功的探空火箭。当时共发射了 6 次，均获得成功。

从 1960 年起，我国又先后研制和发射成功了 T-7 和 T-7A、"和平 2 号"和"和平 6 号"、"织女 1 号"和"织女 3 号"六种型号的探空火箭，同时在 T-7A 探空火箭的基础上改制并发射成功了多种生物试验火箭和技术试验火箭。目前，世界上已有 20 多个国家研制和发射了气象火箭，并建立了 80 多个气象火箭发射场。

■ 二、运载火箭

运载火箭是把人造地球卫星、载人飞船、航天站、空间探测器及航天飞机等有效荷载送入预定轨道的火箭。运载火箭一般是在洲际弹道导弹的基础上发展起来的，两者在各方面都基本相同。但是，两者也各有不同的特点。第一，对于导弹最重要的是提高战斗效率和生存能力；而对于运载火箭最重要的是提高可靠性和各种轨道的运载能力，提高通用性和经济性。第二，导弹要求尽量缩短发射的准备时间，因此最好采用固体推进剂或贮存的液体推进剂；而运载火箭可以采用贮存性差、能量高的冷冻推进剂（如液氢和液氧等）和低价的烃类燃烧剂（如煤油、甲烷、丙烷等）。

目前，使用单级运载火箭很难使航天器进入轨道。但是，多级运载火箭的结构复杂，可靠性低，同时级数过多对减轻运载火箭的起飞质量并不显著。因此，当速度能满足要求时，应尽量减少级数，现在很少采用多于四级的运载火箭发送航天器。

多级火箭的组合有串联式组合、并联式组合和混合式组合三种方式，如图 6-39 所示。

（1）串联式组合。串联式组合就是将几个单级火箭依次同轴配置［图 6-39（a）］。这种多级火箭的气动阻力小，结构紧凑，级间连接简单，分离故障少，发射装置较为简单。但是，火箭长度大，弯曲刚度差，火箭的运输、贮存和起竖等都不够方便。

（2）并联式组合。并联式组合就是各子级火箭的轴线围绕基本级（又称芯级）的纵轴周围配置［图 6-39（b）］，俗称"捆绑式火箭"。这种多级火箭可以利用已有的单级火箭组合在一起，因而加快了火箭的研制过程，火箭的长度短，竖立在发射台上的稳定性也比较好。但是，火箭的径向尺寸大，发射装置比较复杂，级间连接与分离机构也比较复杂，分离时干扰大。

（3）混合式组合。混合式组合是将并联式组合、串联式组合结合在一起的配置［图 6-39（c）］。例如，第一级与第二级为并联式组合，第二级与第三级为串联式组合，这样就组成了三级火箭。

图 6-39　多级火箭组合的示意

（a）串联式组合；（b）并联式组合；（c）混合式组合

1—推进剂箱；2—火箭发动机；3—有效荷载；4—头部整流罩；5—仪器舱；6—级间承力接头

图 6-40 所示为典型的液体运载火箭第一级箭体的结构示意。其他各级的箭体结构与其类似，图中的两个贮箱除贮存推进剂外，还是箭体的承力结构，箭体主要承受轴向荷载、弯矩和内压。为了提高箭体承受内压的能力，一般将贮箱底做成外凸形状。箭体结构的其他部分，如级间段、后过渡段、尾段和仪器舱等，由于没有内压的作用，因此要承受较大的轴压作用，一般将它们设计成半硬壳式结构。由于运载火箭大部分是在大气层之外飞行，因此对气动外形的要求不是十分严格。

从 1957 年世界上第一颗人造地球卫星发射至今，世界各国已研制成功 20 多种运载火箭，主要有美国的"大力神""德尔塔"和"土星"号运载火箭，苏联的"宇宙""联盟"和"质子"号运载火箭，欧洲空间局的"阿里安"号运载火箭，中国的"长征"号运载火箭。

中国的运载火箭是从 1965 年开始研制的，至今共研制成功"长征"号和"风暴 1 号"等 10 多种运载火箭。取名"长征"的含义：不怕任何艰难险阻，不惜付出一切牺牲，独立自主，实事求是，一切从实际出发的长征精神。"长征"之名也充分反映出中华人民共和国成立之初发展航空航天事业的决心和信心，"长征"系列火箭的命名传统因此一直延续至今。"风暴 1 号"火箭与"长征 1 号"火箭接近同时开始研制，并成功制造发射，随着国家战略的调整，

图 6-40 第一级箭体的结构示意

"风暴 1 号"项目被迫叫停，其研究成果并入新型长征系列火箭的研制中。图 6-41 所示为中国长征系列运载火箭的外形。"长征 1 号"（代号 CZ-1，英文代号 LM-1）是中国最早研制成功的运载火箭。1970 年 4 月 24 日，用它成功地发射了我国第一颗人造地球卫星"东方红 1 号"。"长征 2 号"（代号 CZ-2）是二级液体火箭。1975 年 11 月，用它成功地发射了我国第一颗返回式遥感卫星。"长征 3 号"（代号 CZ-3）为三级液体火箭，其第一、二级是以"长征 2 号 C"（代号 CZ-2C）火箭为原型进行了修改设计，第三级采用我国研制的第一台液氢、液氧火箭发动机。1984 年 4 月，用它将我国第一颗试验通信卫星送入预定的地球同步转移轨道。

"长征 2 号 E"是一种二点五级的"捆绑式"运载火箭，它是以经过改进的"长征 2 号 C"火箭做芯级，第一级箭体上并联了 4 个长 15.3 m、直径 2.25 m 的液体助推器，每个助推器上采用了与芯级相同的单台发动机。1992 年 8 月，成功地把美国研制的澳大利亚卫星与其上面级（总质量为 7 659 kg）送入了倾角为 28°、近地点为 202 km、远地点为 1 049 km 的椭圆轨道。

"长征 3 号 A"的第一、二级与"长征 3 号"基本相同，而第三级高能氢氧级火箭是新研制的。改进后的火箭总长为 52 m，起飞质量为 241 t，可以将 2.5 t 的卫星送入地球同步转移轨道。"长征 3 号 B"是以"长征 3 号 A"作为芯级，捆绑 4 个与"长征 2 号 E"

相同的助推器构成。这种火箭总长为 55 m，起飞质量为 425 t，可以将 4.8 t 的卫星送入地球同步转移轨道，可满足国际新一代通信卫星（质量为 2.5～3.5 t）发射的需要。

如图 6-41 所示，从左到右依次为长征 1 号、长征 2 号、长征 2 号 C、长征 2 号 D、长征 2 号 E、长征 2 号 F、长征 3 号、长征 3 号 A、长征 3 号 B、长征 3 号 C、长征 4 号 A、长征 4 号 B、长征 4 号 C、长征 5 号、长征 5 号 B、长征 6 号、长征 7 号、长征 7 号 A、长征 8 号、长征 11 号。

图 6-41　中国长征系列运载火箭的外形

"长征 4 号"（代号 CZ-4）也是一种三级火箭，它的第一、二级是从"长征 3 号"的第一、二级发展而来的，第三级为新研制的。"长征 4 号"系列运载火箭是由"风暴 1 号"火箭的相关技术研发而来，采用三级火箭推进常规液体为推进剂的构型，大部分在太原卫星发射中心发射，主要用于发射太阳同步轨道卫星。1988 年 9 月，用它将我国的第一颗试验气象卫星"风云 1 号"送入太阳同步轨道。

> **小提示**
>
> **统一的火箭直径**
>
> 　　我们都知道，火箭的直径和它的运载能力相关。火箭要运输更大的荷载，就要直径更大、箭体更长。这样的想法在理论上没错，但在现实却受到诸多限制，其中最大的限制就是——运输。我国的火箭发射基地多在西部内陆地区，这就需要火车运输火箭，路上难免会通过一些隧道，隧道的宽度都是参照铁轨的宽度确定的。因此，火箭要通过这些隧道，直径就不能超出隧道的宽度。再考虑到火车晃动、会车等因素，火箭的直径就更受限制了。所以，我国大部分运载火箭最大直径被限制在 3.35 m。随着海南文昌卫星发射基地的落成，火箭箭体通过海路运输，不再受到铁路运输的限制，箭体的直径也在逐步变大。

"长征 5 号"（代号 CZ-5）系列运载火箭是在 20 世纪 80 年代开始进行相关技术论证，在 2006 年正式由国家立项开始研发，2016 年 11 月成功完成首飞。其主要在文昌卫星发射中心用于近地轨道卫星、地球同步转移轨道卫星、空间探测器等各种大型航天器的发射任务。其是一款捆绑 4 个助推器的两级半构型火箭，采用液氢、液氧无毒无污染推进剂。"长征 5 号"的运载能力能达到近地轨道运载能力 25 t，地球同步转移轨道 14 t，其强大的运载能力不仅成功将"天问一号""嫦娥五号"、中国空间站主要舱段等航天器运送到目标轨道，还使中国运载火箭的运载能力跻身世界前列。

"长征 7 号"（代号 CZ-7）系列运载火箭是在 2016 年 6 月成功完成首飞，将多个有效荷载送入目标轨道。在今后"长征 7 号"将逐步取代"长征 2 号""长征 3 号""长征 4 号"

运载火箭的大多数发射任务，成为我国新一代主力运载火箭，并承担中国 80% 左右的航天发射任务。其可发射中国研制的天舟系列货运飞船向中国空间站进行定期补给。在未来技术成熟时，也有可能发展出载人衍生版本用于替代"长征 2 号 F"火箭用于发射新一代载人飞船。

"长征 8 号"（代号 CZ-8）运载火箭是一款中国研制的新一代中型低轨道两级液体捆绑式运载火箭，一子级、二子级以氢氧煤油和三子级以氢氧燃料作为推进剂，于 2020 年 12 月在中国文昌航天发射场成功首飞。"长征 6 号"（代号 CZ-6）和"长征 11 号"（代号 CZ-11）运载火箭均为小型运载火箭，用于灵活发射，其区别在于"长征 6 号"是以低温燃料作为推进剂，"长征 11 号"则以全固体燃料作为推进剂，并在海上进行发射。中国的运载火箭研制依旧没有停下脚步，据有关资料报道，中国已开始"长征 9 号"（代号 CZ-9）和"长征 10 号"（代号 CZ-10）的研制工作，预计运载能力上限达到 100 ～ 150 t，届时强大的运载能力将帮助中国完成登月计划和其他深空行星探索计划。

图 6-42 所示为世界各国参与未来竞争的大型运载火箭的外形示意。"H-2 号"是日本研制的二点五级运载火箭，第一、二级都采用氢氧火箭发动机，助推器为两台大型固体火箭发动机。因此，将用它发射不载人的航天飞机（HOPE）等。

| "H-2号" | "阿利亚娜-44L号" | "大力神-3号" | "阿利亚娜-5号" | "质子号" | "大力神-4号" |
| （日） | （欧） | （美） | （欧） | （俄） | （美） |

图 6-42　世界各国参与未来竞争的大型运载火箭的外形示意

"阿利亚娜"运载火箭是欧洲空间局 11 个成员国联合研制的商用运载火箭。"阿利亚娜 -44L 号"为三点五级运载火箭，其组合方式和各级所采用的推进剂与我国的"长征 3 号 B"运载火箭完全相同。"阿利亚娜 -5 号"是一种全新的二点五级运载火箭，第一级采用大型氢氧火箭发动机，在第一级上捆绑了两枚大型固体火箭助推器，第二级（上面级）采用可贮存推进剂 N_2O_4 和单甲基肼。

"大力神号"运载火箭是美国以"大力神 2"型洲际弹道导弹为基础研制的大型运载

火箭，共有多种型号。"大力神–3号"为二点五级运载火箭，是将"大力神–2号"二级运载火箭的贮箱加长，并在其两侧捆绑了两台大型固体火箭助推器而构成的。两级火箭都选用 N_2O_4 和混肼50作为推进剂，可以为美国空军发射大型地球同步通信卫星和各种重型近地卫星。

"质子号"运载火箭是苏联的重型运载火箭，它可以组成二级、三级和四级运载火箭。第一级由六个液体火箭并联捆绑而成，第二级（芯级）位于中央，第三级和第四级串接于第二级之上。第一、二、三级均采用 N_2O_4、偏二甲肼发动机，第四级采用液氧、煤油发动机。此火箭可以将航天器分别送入月球、金星和火星轨道。已经使用它发射了"礼炮号"空间站和"和平号"空间站，以及多个月球、金星、火星探测器和多种地球静止卫星等。

"土星5号"运载火箭是美国为载人登月研制的巨型运载火箭，是迄今世界上最大、最重的运载火箭。这种火箭为串联三级火箭，第一级为液氧、煤油发动机，第二、三级为氢、氧发动机。"土星5号"运载火箭可以将120 t、60 t、50 t的有效荷载分别送入低地球轨道（LEO）、地球同步转移轨道（GTO）和逃逸轨道（EO）。1969年7月16日，"土星5号"（AS–506）发射了"阿波罗11号"飞船，于同年7月20日首次实现了人类登上月球的理想。但由于"土星"系列火箭发展总成本高，使用维护复杂，在"阿波罗"及其后继计划结束后便停止使用了。

值得注意的是，部分民营航空航天企业已经具备了自主设计、研制运载火箭的能力。其中，美国的SpaceX（太空探索公司）研制的"猎鹰9号"运载火箭（近地轨道荷载22.8 t），能完成一级火箭回收，部分"猎鹰9号"火箭一级火箭已回收使用达到十几次，大大降低了火箭发射成本。SpaceX还在研制实验重型"猎鹰"火箭和星舰载人飞船计划将用于登陆火星，此举必将太空发射和太空探索带入一个全新的高度。此外还有美国的维珍，中国的双曲线、星际荣耀等民营公司在进行火箭及航天器相关的研究。

单元五　航天飞机和空天飞机

一、航天飞机

航天飞机（Space Shuttle）是可以重复使用的、往返于地球表面和近地轨道之间运送有效荷载的航天运载器，也是可以进入近地轨道完成多种任务的航天器。它可以将各种卫星直接送入近地轨道；也可以先送上近地轨道，然后从这个轨道上发射进入高轨道。航天飞机进入近地轨道的部分叫作轨道器。轨道器可以完成包括人造地球卫星、货运飞船、载人飞船，甚至小型航天站的许多功能。另外，轨道器还可以完成一般航天器所没有的功能，如向近地轨道施放卫星，从轨道上捕捉、维修和回收卫星等。

图 6-43 所示为美国航天飞机的总体外形。它由轨道器、外挂贮箱和两个固体助推器组成，是一种垂直发射、水平着陆、两级入轨、部分回收、多用途、全火箭式航天飞机。三台主发动机安装在轨道器上，其所用的液氢、液氧推进剂由外挂贮箱供给。

图 6-43　美国航天飞机的总体外形

当航天飞机垂直发射时，主发动机和助推器一起工作。在到达规定的飞行速度和高度时助推器与外挂贮箱先后与轨道器分离，轨道器在机动轨道上再次开机，对最终的飞行轨道进行微调，在完成任务后可以以较大的迎角飞行，有效地降低过载和气动加热，最终以无动力的滑翔方式水平着陆。

轨道器是航天飞机的核心部分，也是设计最困难和结构最复杂的组成部分，如图 6-44 所示。它所经历的飞行过程及环境比现代飞机要恶劣得多，其气动外形既要适合在大气中做高超声速、超声速、亚声速和水平着陆时的低速飞行，又要有利

图 6-44　轨道器的示意

1—方向舵和减速板；2—轨道机动发动机；
3—后部反作用控制发动机；4—主发动机；
5—发射用脱落插头盖板；6—机身襟翼；
7—升降副翼；8—主着陆架；
9—有效荷载脱落插头盖板；10—侧舱口；
11—头部着陆架；12—前部反作用控制发动机；
13—恒星跟踪器盖；14—乘员舱；15—有效荷载观察窗

272

于防护气动力加热。从构造上来说，轨道器包括机身、机翼、尾翼和着陆架等。其结构形式大多为铝合金蒙皮骨架组成的薄壁结构，升降副翼采用铝蜂窝结构。机身中段的有效荷载舱的容积将近 $300\ m^3$，为了在轨道上布放或回收有效荷载，舱内设有可以遥控的机械臂。

轨道机动系统（OMS）的主要功用是为航天飞机提供入轨机动、轨道修正、变轨、交会和脱离轨道所需要的推力。它有两台液体火箭发动机，分别安装在后机身两侧的两个外吊舱内，如图 6-45 所示。其所用的推进剂为 N_2O_4 和单甲基肼，它们属于可贮存的自燃推进剂，以便长期在空间多次启动。左、右两套轨道机动系统，总共可以为轨道器提供 305 m/s 的速度增量。

图 6-45　左舱内 OMS 和 RCS 的配置

反作用控制系统（RCS）的主要功用是实现轨道器精确的姿态控制和为 3 个轴向移动提供所需要的推力。它共有 38 个主推力室（每个推力为 3 885 N）和 6 个游动推力室（每个推力为 108 N）；前舱系统共有 14 个主推力室和 2 个游动推力室，如图 6-46 所示。尾部的左舱系统、右舱系统各有 12 个主推力室和 2 个游动推力室，游动推力室的作用是对轨道器进行更精确的姿态控制。一般来说，控制航天器的 3 个姿态角，以及 3 个轴移动而不发生相互干扰，仅需要 12 个主推力室，而采用 38 个主推力室，主要是为了提高控制灵活性和备份可靠性。

图 6-46　前舱 RCS 的配置情况

航天飞机的气动加热在再入段比上升段要严重得多，但是与飞船比较起来，其热流要低得多。这是因为航天飞机有大面积的机翼，并以大迎角再入大气层时能够产生较大的阻力，在比较高的空中就开始减速，这样便大大地减少了气动加热。另外，航天飞机为多次重复使用，要求防热材料也能够多次重复使用，而不能采用弹头和飞船那样的烧蚀式防热材料。

■ 二、空天飞机

空天飞机是一种可以重复使用的飞行器，它既能在大气层内飞行，又能在外层空间轨道上飞行，并能在普通跑道上水平起降。它除安装有火箭发动机外，还安装有空气喷气发动机（包括涡轮喷气发动机和冲压喷气发动机）。由于空气喷气发动机工作时所需要的大量氧化剂来自空气，不需要自身携带，因此起飞质量轻。图 6-47 所示为德国正在研究的"桑格尔"空天飞机的示意。它是一种水平起降、两级入轨、一级采用吸气式发动机、完全重复使用的空天飞机，由第一级"载机"和其背上驮着的第二级"轨道器"所组成。载机采用组合式液氢涡轮冲压发动机，轨道器采用氢氧火箭发动机。

图 6-47 正在研究的"桑格尔"空天飞机示意

载机"背着"轨道器从普通机场水平起飞，先以涡轮喷气发动机的工况工作，加速爬升到 20 km 时，转换为冲压喷气发动机的工况工作；加速爬升到高度为 31 km 时，载机与轨道器分离，载机返回机场降落。轨道器在自身火箭发动机的推动下，继续加速爬升，达到 85 km 高度和入轨速度时，进入近地点 85 km、远地点 450 km 高度的椭圆轨道，然后转入 450 km 高度和 28.5° 倾角的圆轨道；轨道器完成任务后，可以像美国的航天飞机那样再入大气层和水平着陆。载机实际上就是一架大型的高超声速飞机，经过改装就可以变成一架高超声速旅客机。

拓展阅读：航天飞机的始终

大国工匠—徐立平：雕刻火药	2023 年中国空间站高燃瞬间	《中国脊梁》："铸剑" 海天 罗阳

思考题与习题

一、选择题

1. 中国第一款第四代隐身战斗机代号为（ ）。

A. F-22　　　　　　　　　　　　B. SU-57

C. F-35　　　　　　　　　　　　D. 歼 -20

拓展阅读：中国航天技术的突破性发展——"北斗"导航卫星系统

2. 2013 年 1 月 26 日成功首飞的（ ）是中国研究制造的新一代军用大型运输机。

A. 运 -10　　　B. 运 -8　　　C. 运 -20　　　D. 运 -7

3. （ ）是用于搜索和监视空中、地面或海上目标的活动，并能引导和指挥己方军用飞机对其进行攻击的飞机。

A. 无人机　　　B. 侦察机　　　C. 直升机　　　D. 预警机

4. 到目前为止，有（ ）个国家部署了反弹道导弹防御武器系统。

A. 1　　　　　B. 2　　　　　C. 3　　　　　D. 4

5. （　　）是载人在外层空间生活、工作，以及执行预定的航天任务并返回地面的航天器。

A. 人造地球卫星　　　　　　　　B. 空间探测器

C. 空间站　　　　　　　　　　　D. 载人飞船

6. 在 1958 年，（　　）研制了"北京 2 号"G 和 E 两种类型的无控探空火箭，分别以固体火箭发动机和液体火箭发动机为主动力装置，而且都装有相同的固体火箭助推器。

A. 南京航空学院　　　　　　　　B. 西北工业大学

C. 北京航空学院　　　　　　　　D. 哈尔滨工业大学

7. 中国的运载火箭是从（　　）年开始研制的，至今共研制成功"长征"号和"风暴 1 号"等八种运载火箭。

A. 1965　　　　　B. 1962　　　　　C. 1976　　　　　D. 1958

8. （　　）系列运载火箭强大的运载能力成功将"天问一号""嫦娥五号"、中国空间站主要舱段等航天器运送到目标轨道。

A. "长征 4 号"　　B. "长征 3 号"　　C. "长征 5 号"　　D. "长征 2 号"

二、填空题

1. 20 世纪 70 年代以后，只有＿＿＿＿和＿＿＿＿两个国家尚在继续研制远程超声速轰炸机。

2. 中国首架具有完全自主知识产权的中短程双发窄体客机＿＿＿＿成功首飞，对标波音空客两巨头，打破了欧美航空制造商对窄体干线商用飞机的垄断，标志着中国制造正式进入世界民航领域。

3. 1992 年首次亮相的俄罗斯研制的＿＿＿＿，被称为"武装直升机之王"。

4. 在钱学森等多位"两弹一星"元勋的带领下，历经艰苦卓绝的奋斗，最终在 1960 年 11 月 5 日成功完成了＿＿＿＿导弹的首飞任务。

5. 反弹道导弹系统是拦截敌方来袭的弹道导弹的武器系统（又称弹道导弹防御系统），包括＿＿＿＿、＿＿＿＿、＿＿＿＿、＿＿＿＿和＿＿＿＿。

6. 航天器由不同功能的若干分系统组成，一般有＿＿＿＿和＿＿＿＿。＿＿＿＿用于直接执行特定的航天任务，＿＿＿＿则用于保障专用系统的正常工作。

7. 我们所说的火箭，一般是指＿＿＿＿和＿＿＿＿，而其他以火箭发动机为动力的飞行器往往不用火箭命名。

8. ＿＿＿＿是把人造地球卫星、载人飞船、航天站、空间探测器及航天飞机等有效荷载送入预定轨道的火箭。

9. 中国＿＿＿＿空间站是由＿＿＿＿核心舱和＿＿＿＿、＿＿＿＿两个实验舱组成的 T 形结构。

10. ＿＿＿＿是一种可以重复使用的飞行器，它既能在大气层内飞行，又能在外层空间轨道上飞行，并能在普通跑道上水平起降。

三、问答题

1. 到目前为止，哪些飞机属于特殊飞机？为什么要发展和研制这些飞机？

2. 有翼导弹具备什么特点？发展了哪些类型的有翼导弹？各种有翼导弹使用在什么

样的场合?

3. 弹道导弹为什么一般要设计成有效荷载（导弹头部）可以分离和受力式贮箱形式?

4. 航天器有哪些种类? 它们各执行什么任务?

5. 多级火箭各级之间的组合方式有几种? 其各有何优点及缺点?

6. 当代大学生应如何理解并传承"热爱祖国、无私奉献，自力更生、艰苦奋斗，大力协同、勇于登攀"的"两弹一星"精神?

7. 中国"长征"系列运载火箭已发展了几种型号? 分别是哪几种?

模块七

07

飞行器有关技术概述

【学习目标】

1．了解飞行器相关先进技术。
2．了解未来航空发展趋势。
3．培育创新思维、独立思考能力。
4．培育职业能力和职业素养。

【案例导入】

2023 年 3 月，深圳航空公司维修工程部与空客中国创新中心、空客天津交付中心共同联合成立了"深航－空客创新工作室"，工作室开发建设了 AR 远程协作平台，实现了技术人员通过 AR 眼镜与远程专家实时通信、实时共享视频、将技术资料投影在 AR 眼镜端等功能。利用 AR 设备第一视角开展"飞机监造"，借助"无形的手"给出实时处理建议及相关风险提示，有效提升了工作效率和维修质量。

案例分析：

数字化、智能化技术或将成为飞机维修业向"飞机智修"转型的重要推手，引领航空维修变革。了解掌握飞行器有关技术，把握未来航空发展趋势，立足现状，明确目标，有利于未来职业发展规划。

单元一　CAD/CAM 技术

一、CAD/CAM 基础知识

计算机辅助设计及制造（CAD/CAM）技术产生于 20 世纪 50 年代后期发达国家的航空和军事工业中，并随着计算机软件、硬件技术和计算机图形学技术的发展而迅速发展起来。1989 年，美国国家工程科学院将 CAD/CAM 技术评为当代（1964—1989 年）10 项最杰出的工程技术成就之一。

目前，计算机辅助设计及制造（CAD/CAM）技术已经取得了令人瞩目的成就，应用范围也迅速扩大。工程设计借助计算机已经可以直接从三维造型开始，实现计算机无纸化设计乃至虚拟产品开发（VPD）。而在制造技术方面，已经完全可以在计算机上实现零件建模、工艺设计、自动生成数控代码，以及与数控机床的数据通信，甚至已经可以实现计算机上的虚拟制造与装配。

（1）CAD的定义。从最广泛的意义上来说，CAD是指利用计算机解决设计问题的任何应用。但一般定义是指用计算机图形显示技术进行产品开发、分析、修改和优化的应用。CAD系统由能够完成特定用户功能的软件和硬件组成。硬件包括计算机主机、图形终端、输入/输出设备和相关的外围设备等；软件由计算机图形系统和应用程序组成。CAD系统主要有几何造型、工程分析、设计评估、自动绘图、零件分类与编码五个任务，并为产品制造提供数据库，而且这个数据库包括设计阶段产生的所有数据，它使产品的设计和制造之间建立了直接联系。

（2）CAM的定义。CAM是通过各种接口用计算机去规划、管理和控制制造工厂的操作。通常CAM可分为两大类：一是计算机监控，即计算机直接联系到制造过程，以监督或控制产品生产，称为直接应用；二是制造支持应用，这时计算机和制造过程中没有直接接口，称为间接应用，如数控编程、计算机辅助工艺过程设计、生产调度及材料需求计划等。

（3）CAD/CAM的研究内容。在飞行器设计阶段，设计者根据少量的总体参数或三面图的外形数据，建立全机外形数学模型，用各种适当的曲面方程来表示飞机各部分的机体表面。此后的设计工作，如气动性能核算、结构强度校验、系统设计的空间协调等，需要用到的一切外形数据都统一用计算机从数学模型上提取；凡是与飞机外形有关的吹风模型加工、模线绘制、工艺装备元件（如钣金模具、标准样件的型面部分和定位基准等）和零件加工等都从数学模型上提取有关的外形数据，如图7-1所示。这样，飞机的设计和制造过程紧密衔接，统一于全机数学模型，形成以计算机为中心手段，以数学模型为基础的设计、制造、检验过程，这就是计算机辅助飞行器几何设计与制造的基本内容。

从CAD/CAM集成系统的角度来看，与CAD相关联的CAM应用，主要包括从生产计划到原材料的合理使用、人员的适当安排、机械设备的有效利用等的生产管理；如何选择加工条件及数控编程；具体生产时的生产技术。如果从最狭义的角度理解CAM，一般是指数控编程。但从根本上说，数控编程在CAM处理的整个对象中只占据很小的一部分。

CAD/CAM软件一般分为三大部分，即CAE（计算机辅助工程）、CAGD（计算机辅助几何设计）、CAM。对于飞机而言，CAE包含飞机性能计算及参数选择、飞机总体方案优化、气动系数计算、气动荷载、有限元结构分析、振动及颤振分析、质量、重心及惯性矩、结构优化、飞机操纵性能、复合材料板件设计等内容；CAGD包含曲线曲面定义、飞机外形设计、机械零件及运动机构机械设计、电器安装及电缆铺设、管路布置、绘图及图样发放等内容；CAM包含数控加工与测量、切削参数自动选择、工装制造、工业过程设计（CAPP）、成组技术（GT）、质量控制和系统安装测试等内容。

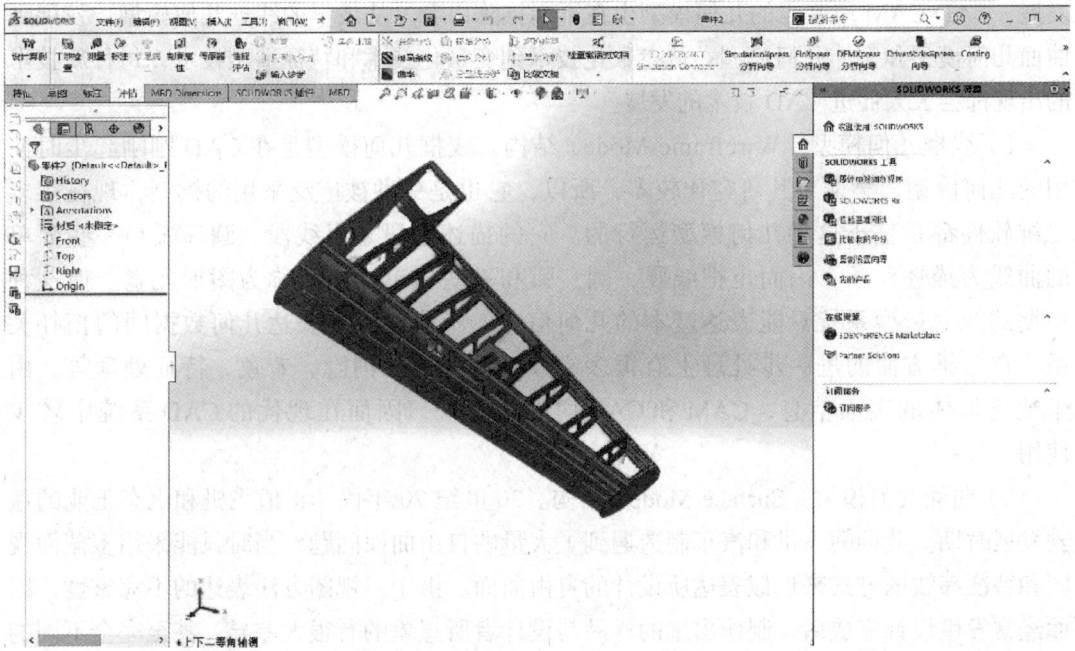

图 7-1　基于 CAD 的飞机设计

随着计算机技术的发展，CAD/CAM 的研究内容也在逐步扩展。按现在惯常的理解，计算机辅助飞机设计、制造、管理的研究内容及相互关系如图 7-2 所示。从图 7-2 中可以看出，CAGD 是 CAD 和 CAM 的连接环节。按照国外的习惯，CAGD 往往也称为 CAD，它主要完成对设计对象的几何形状设计工作。

图 7-2　CAD/CAM 的关系示意

（4）CAD 的几何模型系统。CAD/CAM 技术和应用领域随着全球工业的发展而不断发展，CAD/CAM 所基于的几何模型也在不断推陈出新，从最早的线框几何模型，发展到曲面几何模型和实体几何模型；从参数化技术到变量化技术和特征造型技术，每种新技术的出现都会大大促进 CAD 技术的发展。

1）线框几何模型（Wireframe Mode）结构。线框几何模型是在 CAD 刚刚起步时使用的几何模型，早期对其研究比较多，所以，它也是一种被广泛采用的模型，现在很多二维软件都是基于这种几何模型运行的。它的描述手段是以线段、圆、弧和一些简单的曲线为描述对象，因而也把线段、圆、弧和一些简单的曲线称为图形元素。但这种初期的线框造型系统只能表达基本的几何信息，不能有效地表达几何数据间的拓扑关系。在三维方面的进一步处理上有很多麻烦和困难，如消隐、着色、特征处理等，由于缺乏形体的表面信息，CAM 和 CAE 均无法实现，因而在现代的 CAD 系统中较少使用。

2）曲面几何模型（Surface Mode）结构。20 世纪 70 年代，正值飞机和汽车工业的蓬勃发展时期。此期间飞机和汽车制造遇到了大量的自由曲面问题，当时只能采用多截面视图和特征纬线的方式来近似表达所设计的自由曲面。由于三视图方法表达的不完整性，因而经常发生设计完成后，制作出来的样品与设计者所想象的有很大差异，甚至完全不同的情况。这样，便对更先进设计手段的需求越来越迫切，同时相关的数学理论和方法研究也取得了相当的成果，就促使了曲线曲面几何模型的产生。

曲线造型方法有许多种，如 Hermit Cubic Splines、Bezier Curves、B-Spline Curves、Non-Uniform Rational B-Spline 等。这些曲线都是通过基底函数来合成的，所以能随意构成任何造型的曲线，也能描述圆弧、椭圆、抛物线这些人们熟悉的曲线。

对于曲面形状的描述，一般是通过一组离散点的集合来给定的。这时就需要将一元样条函数拓展成二元样条函数，将一维样条曲线拓展为二维样条曲面。现在应用比较广泛的曲线造型方法是非均匀有理 B 样条（Non-Uniform Rational B-Spline）方法，或简称为 NURBS。在 NURBS 曲线的基础上可以建立 NURBS 曲面，现在很多曲面几何模型的基石是 NURBS 曲面，如 SurfCAM、Alias Studio 等。

曲面几何模型主要应用在航空、船舶和汽车制造业领域，以及对模型的外形要求比较高的软件中。但曲面几何模型也有一些缺点，由于曲面模型技术只能表达形体的表面信息，难以准确表达零件的其他特性，如质量、重心、惯性矩等，对 CAE 十分不利。最大的问题在于分析时的前处理特别困难，在有限元分析、物性计算等方面很难应用。

3）实体几何模型（Solid Mode）结构。实体几何模型理论的发展可以追溯到 1970 年，当时是利用构造几何体（Constructive Solid Geometry，CSG）方法，将所建立的实体首先大致描绘出来，然后将这个实体转换，用边界表示法（Boundary Representation，BR）表示出来。其中，CSG 方法是首先定义一些基本体素，即标准形状的基本实体（如立方体、圆柱体、圆锥体、球体等）和它们的几何尺寸（半径、长度等），然后对这些基本体素进行布尔运算（并、交、差），从而形成复杂的零件形状；BR 方法则是用显式或隐式方程描述实体的边界曲线、曲面方程，并记录其拓扑信息。

这种方法需要事先按一定的顺序建立好大小、位置合适的基本实体，并且不能改变。由于在工程设计中，没有办法保证设计结果不被修改，也因为这种方法操作上确实太过于繁杂，所以当时没能被设计人员接受。基于对 CAD/CAE 一体化技术发展的探索，美国 SDRC 公司于 1979 年发布了世界上第一个完全基于实体造型技术的大型 CAD/CAE 软件，这就是 I-DEAS。由于实体造型技术能够精确表达零件的全部属性，在理论上有助于统一 CAD、CAE、CAM 的模型表达，给设计带来了惊人的方便性，它代表着未来 CAD 技术的发展方向。

4）参数化（Parametric）设计、变量化（Variational）设计和特征（Feature）造型设计。参数化设计一般是指设计对象的结构形状比较定型，可以用一组参数来约定尺寸关系，参数的求解较简单，参数与设计对象的控制尺寸有显式对应关系，设计结果的修改受尺寸驱动。例如，生产中最常用的系列化标准件就属于这一类型。

变量化设计是指设计对象的修改需要更大的自由度，通过求解一组约束方程来确定产品的尺寸和形状。约束方程可以是几何关系，也可以是工程计算条件，设计结果的修改受到约束方程的驱动。变量化设计允许尺寸欠约束的存在，设计者可以采用先形状后尺寸的设计方式，将满足设计要求的几何形状放在第一位而暂时不用考虑尺寸细节，设计过程相对宽松。变量化设计可以用于公差分析、运动机构协调、设计优化、初步方案设计选型等，尤其在做概念设计时更显得得心应手。

特征造型是 CAD 建模方法的一个新里程碑，它是在 CAD/CAM 技术的发展和应用达到一定的水平，要求进一步提高生产组织的集成化和自动化程度的历史进程中孕育成长起来的。过去的 CAD 技术从二维绘图起步，经历了三维线框、曲面和实体造型发展阶段，都着眼于完善产品的几何描述能力，也就是只描述了产品的几何信息；而特征造型着眼于更好地表达产品完整的功能和生产管理信息，为建立产品的集成信息模型服务。

特征在这里作为一个专业术语，兼有形状和功能两种属性，它包括产品的特定几何形状、拓扑关系、典型功能、绘图表示方法、制造技术和公差要求。特征造型使产品的设计工作在更高的层次上进行，设计人员的操作对象不再是原始的线条和体素，而是产品的功能要素。特征的引用直接体现了设计意图，使建立的产品模型更容易为人理解和组织生产，为开发新一代的基于统一产品信息模型的 CAD/CAPP/CAM 集成系统创造了条件。

小提示 建立 CAD 几何模型的基本流程如下。
（1）确定设计需求和目标，包括所要设计的物体、尺寸、材料等。
（2）选择合适的 CAD 软件，如 AutoCAD、CATIA、SolidWorks 等。
（3）在软件中创建一个新的绘图文件，设置好图纸比例和坐标系。
（4）根据设计需求，使用绘图工具绘制出物体的基本形状，如线段、圆弧、多边形等。
（5）对绘制好的图形进行修改和编辑，包括调整大小、位置、旋转角度等。
（6）添加必要的细节和特征，如孔洞、螺纹、表面纹理等。
（7）检查和验证模型的准确性和完整性，确保符合设计要求。
（8）将模型导出为所需的文件格式，如 STL、STEP 等。
（9）如果需要，则可以进行渲染和动画制作，以便更好地展示和演示设计效果。

■ 二、常用的 CAD/CAM 软件

1．AutoCAD 及 MDT

AutoCAD 软件是美国 Autodesk 公司为微机开发的一个交互式绘图软件。它是一个二维工程绘图软件，具有较强的绘图、编辑、剖面线和图案绘制、尺寸标注，以及方便用户的二次开发功能，也具有部分的三维作图造型功能。

MDT（Mechanical Desktop）是 Autodesk 公司在机械行业推出的基于参数化特征实体造型和曲面造型的微机 CAD/CAM 软件，应用也是比较广泛的。

2．Pro/Engineer

Pro/Engineer 是美国参数技术公司（Parametric Technology Corporation，PTC）的产品，1988 年它刚一面世，就以其先进的参数化设计、基于特征设计的实体造型而深受用户的欢迎。此外，Pro/Engineer 系统一开始就建立在工作站上，使系统独立于硬件，便于移植；这个系统的用户界面简洁，概念清晰，符合工程人员的设计思想与习惯。

Pro/Engineer 系统的曲面生成、编辑能力覆盖了曲面造型中的主要问题，一般用于构造表面模型、实体模型，并且可以在实体上生成任意凹下或凸起物等，尤其是可以将特殊的曲面造型实例作为一种特征加入特征库。Pro/Engineer 系统自带的特征库就含有复杂拱形表面、三维扫描外形、复杂的非平行或旋转混合、混合－扫描、管道等特征，它的曲面处理仅适合通用的机械设计中较为常见的曲面造型问题。Pro/Engineer 整个系统建立在统一的数据库上，具有完整且统一的模型，能够将整个设计至生产过程集成在一起，共有 20 多个模块可以供用户选择。

Creo 是美国 PTC 公司于 2010 年 10 月推出 CAD 设计软件包。Creo 是整合了 PTC 公司的 Pro/Engineer 的参数化技术、CoCreate 的直接建模技术和 ProductView 的三维可视化技术的新型 CAD 设计软件包，是 PTC 公司闪电计划所推出的第一个产品，从此 Pro/Engineer 的名称将变为 Creo。

3．I-DEAS Master Series

I-DEAS Master Series 是美国 SDRC（Structural Dynamics Research Corporation，结构动力学研究公司）于 1993 年推出的新一代机械设计自动化软件，也是 SDRC 公司在 CAD/CAE/CAM 领域的旗舰产品，并以其高度一体化、功能强大、易学易用等特点而著称。该软件采用了超变量化（VGX）技术，用户可以直观、实时地进行三维产品的设计和修改。

VGX 的优点：第一，不必要求模型"全约束"，在全约束及非全约束的情况下均可以顺利地完成造型；第二，模型修改不必拘泥于造型历史树，修改可以基于造型历史树，也可以超越造型历史树；第三，可以直接编辑任意 3D 实体特征，没有必要回到生成这种特征的 2D 线框初始状态；第四，可以就地以拖动方式随意修改 3D 实体模型，而没有必要仅以"尺寸驱动"一种方式来修改模型；第五，模型修改允许形状及拓扑关系发生变化，而并非像参数技术那样仅仅是尺寸的数据发生变化；第六，所有操作均为"拖—放"方式，操作简便。

这个软件的 Master Surface 模块是建立复杂雕塑曲面的快捷工具，它基于双精度 NURBS，与实体模型完全集成。它支持各种曲线、曲面的造型方法，如拉伸、旋转、放样、

扫掠、网格、点云等，强大的变量扫掠支持变截面、多轨迹线及尺寸驱动。它的结果是一个曲面集合成具有拓扑关系的曲面实体模型，这个模型可以参与全部几何造型的操作、干涉检查、物性计算等。

I-DEAS 提供了独特的变量成型工具，它基于最小能量法，使用先进的高层次操作，较完整地解决了主要的曲面造型问题。例如，对直观的几何形状进行推挤、弯扭、相斥、吸引等，使底层的曲面、曲线成型；也可以对真实的几何体直接进行交互修改，从而得到光顺的形状，而不像传统的那样对控制点、权、节点进行交互操作。

4．CATIA

CATIA 是法国达索（Dassault）飞机公司 Dassault Systems 工程部开发的产品。这个系统是在 CADAM 系统（原由美国洛克希德公司开发，后并入美国 IBM 公司）的基础上扩充开发的，在 CAD 方面购买了原 CADAM 系统的源程序，在加工方面则购买了有名的 APT 系统的源程序，并经过几年的努力，形成了商品化的系统。CATIA 系统如今已发展为集成化的 CAD/CAE/CAM 系统，如图 7-3 所示，它具有统一的用户界面、数据管理及兼容的数据库和应用程序接口，并拥有 20 多个独立的模块，美国波音飞机公司研制的波音 777 飞机便是其杰作之一。

图 7-3　CATIA 软件操作界面

5．FreeCAD

FreeCAD 是一个基于 OpenCASCADE 的开源 CAD/CAE 工具。OpenCASCADE 是一套开源的 CAD/CAM/CAE 几何模型核心，来自法国 Matra Datavision 公司，是著名的 CAD 软件 EUCLID 的开发平台。该软件提供了一系列专业的工具箱，以满足不同的设计需要，如 2D 草图绘制、3D 实体建模、分析、渲染，以及文件和模型的导入 / 导出等。如图 7-4 所示，在细分的工作空间中，FreeCAD 提供了特定的工具和环境布局，如机械设计、建筑信息建模（BIM）和电子布板设计（EDA）等。此外，它还支持使用 Python 脚本来扩展功能或实现自动化。

图 7-4　FreeCAD 活塞式发动机建模

6．Unigraphics（UG）

Unigraphics（UG）是起源于美国麦道（MD）公司的产品，1991 年 11 月并入美国通用汽车公司 EDS 分部，Unigraphics（UG）由其独立子公司 Unigraphics Solutions 开发。Unigraphics（UG）是一个集 CAD、CAE 和 CAM 于一体的机械工程辅助系统，适用于航空航天器、汽车、通用机械，以及模具等的设计、分析和制造工程。

UG 以 Parasolid 几何造型核心为基础，采用基于约束的特征建模和传统的几何建模为一体的复合建模技术。它的曲面功能包含在 Freeform Modeling 模块之中，采用了 NURBS、B 样条、Bezier 数学基础，同时保留了解析几何实体造型方法，造型能力较强。它的曲面建模完全集成在实体建模之中，并可以独立生成自由形状形体以备实体设计时使用。而许多曲面建模操作可以直接产生或修改实体模型，曲面壳体、实体与定义它们的几何体完全相关。UG 软件实现了面与体的完美集成，可以将没有厚度的曲面壳缝合到实体上。总体来说，UG 的实体化曲面处理能力是其主要特征和优势。

UG 具有尺寸驱动编辑功能和统一的数据库，实现了 CAD、CAE、CAM 之间无数据交换的自由切换。它具有很强的数控加工能力，可以进行 2 轴、2.5 轴、3 轴、4 轴、5 轴联动的复杂曲面的加工和镗铣。UG 还提供了二次开发工具 GRIP、UFUNG、ITK 等，允许用户扩展 UG 的功能。

7．SolidWorks

SolidWorks 是一套基于 Windows 的 CAD/CAE/CAM/PDM 桌面集成系统，是由美国的 SolidWorks 公司于 1995 年 11 月研制开发的。这个软件采用自顶向下的设计方法，可以动态模拟装配过程。它采用基于特征的实体建模，自称 100% 的参数化设计和 100% 的可修改性，具有先进的特征树结构，使操作更加简便和直观。由于它是直接基于 Windows 平台开发的，因此较好地利用了 Windows 的系统资源。

知识拓展：全国
CAD 技能等级考试

单元二　主动控制与综合控制技术

■ 一、主动控制技术

主动控制技术（Active Control Technology，ACT）是指在飞行器设计的初始阶段就主动地考虑飞行控制系统的作用，利用控制系统来改变飞行器的静态性能和动态性能，以达到总体设计的目标，放宽气动、结构和推进等方面的要求，提高飞行器的整体性能水平。

主动控制技术是由美国率先提出的一种飞行器设计和控制技术。从飞行器设计的角度来说，主动控制技术就是在飞行器设计的初始阶段就考虑到飞行控制系统对总体设计的影响，充分发挥飞行控制系统潜力的一种飞行控制技术。

采用主动控制技术的飞行器设计方法不同于常规的设计方法。常规飞行器设计方法的过程是根据任务要求，考虑气动力、结构强度和发动机三大因素，并在它们之间进行折中以满足任务要求。这样，为获得某一方面的性能，就必须在其他方面做出让步或牺牲。例如，为了实现更好的飞行器气动稳定性，就必须在尾翼的质量和阻力方面付出代价。折中之后确定飞行器的构型，再经过风洞吹风后，对飞行器的各分系统（其中包括飞行控制系统）提出设计要求。这里的飞行控制系统与其他分系统相同，处于被动地位。

而采用主动控制技术的设计方法打破了这一格局，把飞行控制系统提高到和气动力、结构强度、发动机三大因素同等重要的地位，成为选型必须考虑的四大因素之一，并起到积极的作用。在飞行器的初步设计阶段就考虑全时间、全权限的飞行控制系统的作用，综合选型，选型后再对飞行控制系统以外的其他分系统提出设计要求。这样，就可以放宽对气动力、结构强度和发动机方面的限制，依靠控制系统主动提供人工补偿，于是飞行控制系统由原来的被动地位变为主动地位，充分发挥了飞行控制系统的主动性和潜力，因而称这种技术为主动控制技术。采用主动控制技术的飞行器设计方法示意如图 7-5 所示。

图 7-5　采用主动控制技术的飞行器设计方法示意

由于采用主动控制技术的设计方法，在选型和布局的过程中都将控制系统作为一个主要因素来考虑，所以这种技术又被称为随控布局技术（Control Configured Vehicle）。目前，主动控制技术的功能包括放宽静稳定性（Reduced Static Stability，RSS）、边界控制（Boundary Control，BC）、直接力控制（Direct Force Control，DFC）、机动荷载控制（Maneuvering Load Control，MLC）和主动颤振抑制等。

（1）放宽静稳定性（Reduced Static Stability，RSS）。在飞机设计中，传统的设计要求是保证焦点（F）在质心（C_G）之后，如图 7-6 所示。这样，就可以保证飞机的纵向静稳定性，如图 7-7 所示。放宽静稳定性，可以减小飞机的配平阻力，并由此减少燃料消耗量，增加有效航程，于是增加了飞机的加速性，增加了飞机的爬升速度与升限；同时，可以减少平尾与垂尾的面积和质量，增加有用升力，并由此增加法向加速度和飞机的机动能力。

图 7-6　传统飞机设计中飞机的焦点与质心的关系

图 7-7　不放宽、放宽静稳定性时飞机纵向配平关系
（a）亚声速，不放宽；（b）亚声速，放宽；（c）超声速，不放宽；（d）超声速，放宽

（2）边界控制（Boundary Control，BC）。边界控制的目的：其一，减少飞行员由于操作失误、无意识超出包线而导致的飞行安全问题，提高飞行过程的安全性，进而实现"无忧操纵"；其二，避免飞机在不可测、不可控的外界风干扰下，发生飞行状态的突变而超出安全边界，以及在超出安全边界后能够通过自动控制指令迅速改变，减小飞行员的操纵负担。常见的边界控制有迎角限制、侧滑角限制、过载限制、马赫数限制和空速限制。

（3）直接力控制（Direct Force Control，DFC）。直接改变升力、侧力而不需要先改变姿态，或者改变力矩而不影响升力、侧力（轨迹）。纵向和侧向一般都包括直接力控制、指向控制和平移控制三种模态，如图 7-8 所示。

(1) 单纯直接升力控制   (1) 单纯直接侧力控制

(2) 单纯俯仰转动   (2) 单纯偏航运动

(3) 垂直平移   (3) 侧向平移

(a)   (b)

图 7-8 直接力控制的示意
（a）纵向非常规机动；（b）侧向非常规机动

直接力控制所带来的好处：一是直接力控制可以减少飞机着陆时的危险性，如图 7-9 所示。普通侧风着陆时，必须侧航或带坡度侧滑，在接近跑道时均容易出现危险 [图 7-9（a）]。使用直接侧力可以保证机身水平、航向对正，同时抵消侧风影响 [图 7-9（b）]。二是直接力控制可以在攻击中使用机身指向控制，提高瞄准速度，增加持续攻击时间，如图 7-10 所示。

图 7-9 直接力控制减少飞机着陆危险性的示意
（a）普通侧风着陆；（b）使用直接侧力进行侧风着陆

图 7-10　直接力控制在攻击中的示意

（4）机动荷载控制（Maneuvering Load Control，MLC）。根据飞机的机动状态，调节机翼的荷载分布来达到所要求的性能，如图 7-11 所示。例如，大型飞机如果能使机翼不同部位的控制面偏转，重新分布机翼荷载，使翼根附近荷载增加，而使翼根弯矩减小，从而可以减轻机翼结构质量［图 7-11（a）］；小型飞机可以通过控制机动时的升力分布来提高升阻比，进而改善机动性能［图 7-11（b）］。

图 7-11　机动荷载控制的示意
（a）重新分布荷载；（b）控制升力分布

（5）主动颤振抑制。利用控制系统，根据颤振模态，产生相应的控制力，主动地抑制颤振，如图 7-12 所示。它的功能是感受颤振模态，产生校正反馈信号，从而产生控制力。

图 7-12　主动颤振控制机构原理

■ 二、综合控制技术

综合控制技术（Integrated Control System，ICS）是指通过飞机各系统之间的交互协调、信息共享、自动协作等提高飞机的性能，扩展飞机的功能，增强飞机的任务能力。例如，将火力控制和飞行控制综合（Integrated Fire and Flight Control，IFFC）耦合起来，可以自动根据火力控制系统解算出的信息，向飞行控制系统提供合适的控制信号，操纵攻击机按要求的方向飞行，实现快速、精确而持续的瞄准攻击，并可以完成一些由人工无法完成的机动攻击，如图 7-13 所示。

攻击轨迹控制
· 机动过载
· 机动平面
· 速度

攻击初始
状态控制
· 位置
· 速度
· 时间

武器投射控制
· 射程
· 高度
· 弹着模式
  或攻击方位
· 武器约束

目标获取控制
· 高度
· 时间
· 传感器
 —SAR
 —FLIR

增强作战有限性和生存性

图 7-13　IFFC 空地攻击任务过程的示意

又如，将飞行控制和推进控制综合（Integrated Flight and Propulsion Control，IFPC）耦合起来，可以增强航迹、姿态控制能力，提高飞行性能。按不同的任务要求可以快速调节推力，也可以节省燃油，增大航程，延长发动机寿命。同时，也可以与任务、导航等系统综合实现自动、自主飞行。IFPC 导致的飞行包线扩展示意如图 7-14 所示。

高度
(1 000 ft)

矢量推力/反推力
产生的收益

推进系统
改善产生
的收益

变几何进
气道产生
的收益

常规
飞行
包线

马赫数

图 7-14　IFPC 导致的飞行包线扩展示意

289

F-22 飞机在设计的初始阶段就融入了 IFPC 的概念，推进作为飞行控制的一部分，飞行员操纵时不区别矢量推力与常规舵面，由飞行控制系统根据飞行条件协调使用矢量喷管和气动舵面，并适当调节推进系统的推力。

再者，火力—飞行—推进控制综合（Integrated Fire-Flight-Propulsion Control，IFFPC）可以实现多种自动、自主飞行及自动、自主攻击，目前已在很多有人驾驶飞机和无人作战飞机上得到应用。通过飞行推进综合构建完善的飞机运动控制系统，然后与综合火控系统耦合，根据火控攻击要求自动操纵飞机，实现自动机动攻击，如图 7-15 所示。

图 7-15　典型任务飞行过程和在目标区典型自动机动攻击过程的示意

综合控制技术能够自动协调控制所有飞行控制舵面及发动机工作状态，实现飞行或攻击需要用到的运动状态。结合任务、导航、战术等系统可以构建自动、自主飞行及自动、自主攻击系统，完成任务飞行的大部分工作。美国计划中的无人作战飞机（Uninhabited Combat Air Vehicle，UCAV）即使在与操纵员的联系被切断的情况下，也可以完全自主地完成任务规划、自动飞行、目标搜索、攻击决策、机动攻击等工作。其研制水平代表了目前综合化、自动化、智能化发展的水平，也显示了未来航空武器系统的发展方向。

课堂讨论：结合航空科技的发展，预测主动控制技术的发展趋势及应用前景。

单元三　隐身技术

■ 一、隐身技术的一般概念

隐身技术是在飞机研制过程中设法降低它的可探测性，使之不容易被敌方发现、跟踪和攻击的专门技术。当前，研究的重点是雷达隐身技术和红外隐身技术。简而言之，隐身就是使敌方的各种探测系统（如雷达等）发现不了我方的飞机，从而无法实施拦截和攻击。

隐身技术在飞机上的应用并不是近些年才出现的。早在第一次世界大战的时候，德国空军就曾经用透明材料制造过飞机，使地面人员难以发现它们。1912 年 5、6 月间，有一名奥匈帝国的飞行员驾驶过一架 Etrich Taube 单翼飞机，这架飞机的机身蒙着一种称为 Emaillit 的从赛璐珞中提炼出的透明材料。根据历史资料记载，当这架飞机在 800 m 以上飞行时，地面的观测员不能发现它；当它在 640 m 飞行时，观测员只能"模糊可见"。1935 年，苏联研制出一种名叫 Rodoid 的透明材料，它首先应用在雅克 −4 飞机上。飞机的内部结构涂上一层银白色涂料，地面的观测人员仅能听到它的声音而不能确定飞机的位置。因此，它曾取得了小小的成功，在 800 m 之外，观测人员仅通过透明表面看到飞机的白色构件。

但是，隐身技术真正得到重视是在雷达发明以后，第二次世界大战中美国和德国都曾把几种雷达波吸收材料应用到飞机上，使雷达难以发现它们。1945 年，美国研制出一种吸收雷达波的涂料，代号为 MX-40，据说使用效果很好。但是，这种涂料用到飞机上以后，使飞机的质量大大增加，严重影响了飞机的性能。

第二次世界大战以后，各国都把隐身技术视为绝密军事技术。在美国，它被视为与核技术、星球大战计划并列的国防三大高技术之一；在苏联它也被列为最高机密，至今没有透露它的内容。20 世纪 80 年代末，美国开始向外界公开一些隐身计划的内容，世人这才对它有了一点了解。现在人们都已对美国的全隐身飞机 F-117 战斗轰炸机、B-2 战略轰炸机非常熟悉了。其实，在这之前美国已经在其他一些飞机上运用隐身技术了，如 U-2 高空侦察机、TR-1 高空侦察机、SB-71 高空侦察机和 B-1B 战略轰炸机。

真正的全隐身飞机是美国现在已经投入使用的 F-117A 战斗轰炸机及 B-2 战略轰炸机。从 20 世纪 70 年代初到 1988 年，F-117A 战斗轰炸机对于军事分析家来说一直是一个谜。一些专家发现，在美国战斗机序列里有 F-16 飞机、F-18 飞机和 F-20 飞机，唯独没有 F-17 飞机和 F-19 飞机，于是猜测 F-17 飞机和 F-19 飞机就是神秘的隐身飞机。

1988 年 11 月，美国军方宣布了长期处于保密状态的最新式 F-117A 战斗轰炸机和 B-2 战略轰炸机的有关资料，人们才明白隐身飞机的内情。被怀疑的 F-19 飞机就是 F-117A 战斗轰炸机，它是 1978 年由美国卡特政府批准研制的隐身战斗轰炸机。1981 年第一架原型机开始试飞，1983 年 10 月装备军队。

B-2 战略轰炸机是由美国诺思罗普公司研制的，它是一种全隐身战略轰炸机，采用了新型的飞翼气动外形，也就是一种没有平尾、翼身融合的布局形式，整个飞机的外形呈光滑曲线以求达到最佳的隐身效果。B-2 战略轰炸机除飞翼布局外，还大量采用石墨碳纤维材料、锯齿状雷达散射结构、蜂窝状雷达吸波结构、雷达吸波材料涂层，进一步缩小了雷达反射截面面积。

■ 二、隐身技术原理

在现代战争中，探测飞机最主要的手段就是雷达。雷达是利用无线电波发现目标，并测定其位置的设备。由于无线电波具有恒速、定向传播的规律，所以当雷达波碰到飞行目标（飞机、导弹等）时，一部分雷达波便会反射回来，根据反射雷达波的时间和方位便可以计算出飞行目标的位置。

由此可见，飞机要想不被雷达发现，除超低空飞行避开雷达波的探测范围外，就要想办法降低对雷达波的反射，使反射雷达波弱到敌方无法辨别的地步。我们知道，雷达散射截面面积（Radar Cross-Section，RCS）是一个衡量飞行器雷达回波强弱的物理量，它是指飞行器对雷达波的有效反射面积，雷达隐身的方法便是采用各种手段来减小飞行器的雷达散射截面面积。例如，美国的 B-52 轰炸机的 RCS 大于 100 m²，很容易被雷达发现；而与其同类的采用了隐身技术的 B-2 轰炸机的 RCS 约为 0.1 m²，一般雷达很难探测到它。

需要明确的有两点：一点是所说的"反射"一词，其实是一个简化的概念，雷达发出的能量并不会像皮球撞上墙那样反弹回来，而是目标中感应出电磁流，通过这些电磁流的流动，又产生出电磁波，这正是电磁波被雷达看作反射的回波。由此也可以看出，不导电的非金属物体是不会反射雷达波的。另一点是，对于一个目标（如一架飞机），它的雷达散射截面面积并不是固定的，随着观测角度的变化，雷达散射截面面积可能会发生很大的变化，如图 7-16 所示。

从广义上说，雷达隐身技术包括电子干扰技术、战术机动飞行（如超低空突防）和减小飞行器雷达回波强度的雷达散射截面面积减缩技术。目前，减小雷达散射截面面积的主要技术途径：第一，改变飞行器的外形和结构，避免设计出在雷达

图 7-16　RCS 随角度变化的示意

方向上产生强反射的外形；第二，使用非金属材料；第三，采用吸收雷达波的涂敷材料和结构材料；第四，遮掩或消除剩余的反射。另外，采用阻抗加载技术也可以适当减小雷达散射截面面积。

一般来说，飞机上的强散射源主要有能产生镜面反射的表面、产生角反射器效应的部位、飞机各部件的边缘和尖端、机体上的凸出物和外挂物、发动机的进气道和尾喷口。除此之外，像一般机载雷达的天线、飞机表面的缝隙和开口、金属和非金属表面的交接处等，也会形成一定强度的散射源。因此，相应减小雷达散射截面面积的措施有以下几点。

（1）改善飞机的总体布局。图 7-17 所示为相关飞机的外形尺寸与雷达散射截面面积的示意。对于隐身飞机而言，以飞翼的形式或近似飞翼的形式最为有利，如 B-2 战略轰炸机。这种飞机形式不仅没有单独的机身，甚至取消了尾翼。随着机体部件的减少，整个

292

飞机的强散射源必然大为减少。除此之外，还要注意在机体表面尽量避免凸起、凹陷、缝隙和台阶，使飞机表面尽量光滑和"干净"，最终使飞机上的散射源减少到最低限度。

图 7-17　飞机的外形尺寸与雷达散射截面面积的示意

（2）采用小的展弦比和适当的后掠角机翼。从测试和计算得知，三角形机翼的雷达散射截面面积比一般大展弦比的直机翼要小得多。

（3）消除和避免产生角反射器效应。例如，在机翼和机身的连接处会产生二面角反射的情况，应该采用翼身融合体将其消除。垂直尾翼与水平尾翼（或机翼）也构成了二面角，也需要采用双垂尾使其向内（或向外）倾斜。

（4）对强散射源进行遮挡。飞机上有一些强散射源是无法避免的。例如，发动机进气道口和尾喷口、飞行员的座舱等都是强散射源，又都是飞机上必要的。因此，需要考虑利用飞机机体的其他部件对它们进行遮挡，使雷达波在飞机的主要姿态角上，不能直接照射到这些强散射源上。例如，F-117A 攻击机的进气道安置在背部，并且进气道和尾喷口都采用了具有屏蔽作用的格栅式设计。座舱的散射波则是由于雷达波透过玻璃座舱盖，照射在杂乱的座舱内部而产生的。防止这种情况发生的方法之一，就是在玻璃座舱盖上镀一层很薄的金属膜，使座舱盖和机体形成一个连续导体，遮挡住座舱内部。

（5）控制回波的方向。一般来说，地面雷达和机载雷达的探测角大多处于飞机轴平面的 ±30° 范围内，应该避免在这个范围内出现强反射。例如，F-117A 攻击机大部分表面的倾角都设计成大于 30°，可以将雷达波偏转出去，而避开散射源。F-117A 攻击机的机身表面和转折处设计成使反射波集中于水平面内的几个窄波束，而不是像常规飞机那样全向散射。这样，就能使两波束之间的"微弱信号"与背景噪声难以区别。

（6）取消外挂物。将武器等收藏到机身（或机翼）内部，尽量保证"干净"的外形。除雷达隐身外，飞机躲避红外线、光学、声学探测的能力也很重要。实战中，不是单独用一种方法，就能保证隐身飞机具有躲避探测的能力。需要适当综合应用雷达、红外线、可见光与声学信号的减弱技术，借助主动和被动电子对抗，才能做到完美隐身。

三、反隐身技术

目前隐身技术发展很快，美国在发展隐身飞机的同时，也正在着手研制隐身导弹。美国在已经投入使用的巡航导弹身上，大量地采用了隐身技术。例如，"战斧"巡航导弹的雷达散射截面面积就很小，而且发动机产生的红外辐射也很小。随着隐身技术的发展，反隐身技术也在发展，正所谓有矛就有盾。当前常用的反隐身技术如下所述。

（1）合理地部署雷达网。这是因为无论怎样改变飞行器的外形，都只能使飞行器在部分方向上反射的雷达波很弱。因此，采用雷达网从多方位同时探测多个目标，有可能收到良好的效果。

（2）增加雷达储备功率。在探测隐身目标时，动用雷达储备功率。这样，对隐身飞行器的探测距离可以增大一些。

（3）采用过低或过高频率的雷达。这是因为隐身涂料和非金属材料的隐身效果与雷达工作的频率有关，当采用过高或过低频率的雷达时，隐身材料的隐身效果将会降低，从而有利于探测到目标。

（4）使用被动跟踪、定位系统。对于发射电磁波的隐身飞行器，可以采用单站被动式雷达定向、多站雷达系统定位。

（5）采用激光或电视技术。隐身技术主要是针对无线电波和红外线采取隐身措施，它们对于可见光没有明显的隐身效果，这样就可以采用激光或电视技术对付它。

知识拓展：隐身材料概述

单元四　系统工程

目前，系统工程还没有完全统一的定义，一般倾向于这样的说明：系统工程是以研究大规模复杂系统为对象的一门交叉学科。它是把自然科学和社会科学的某些思想、理论、方法、策略和手段等，根据总体协调的需要而有机地联系起来，把人们的生产、科研或经济活动有效地组织起来。应用定量分析和定性分析相结合的方法和计算机仿真等工具，对系统的构成要素、组织结构、信息交换和反馈控制等功能进行分析、设计、制造与服务，从而达到最优设计、最优控制和最优管理的目的，以便最充分地发挥人力、物力的潜力，通过各种组织管理技术，使局部和整体之间的关系协调配合，以实现系统的综合最优化。

一般来说，系统工程是建立在一般系统论、大系统理论、经济控制论和运筹学的理论基础之上的。可以根据军用飞行器的特点，对飞行器概念设计和决策方面的系统工程问题进行初步了解。现代飞行器设计中所涉及的主要概念及关系如图 7-18 所示。

图 7-18 现代飞行器设计中所涉及的主要概念及关系

■ 一、飞行器的可用性（Availability）

（1）可靠性（Reliability）：是指系统在规定的条件下和规定的时间内，无故障完成规定功能的能力。它是系统的设计特性，主要考虑在平时的自然环境下可能出现的所有故障的影响，用于度量系统无须保障的工作能力。它的概率度量为可靠度，常用的可靠度指标是"平均无故障工作时间"（MTBF）。MTBF 是指在规定的条件与时间内，系统的寿命单位总数与故障总次数之比。对于飞行器系统来说，还可以用"平均故障间隔飞行小时"（MFHBF）度量。

（2）维修性（Maintainability）：是指系统在规定的条件下和规定的时间内，按规定的程序和方法进行维修时，保持或恢复其规定状态的能力。它是可靠性的重要补充，指的是系统维修的难易程度，是设计决定的质量特性。它的概率度量为维修度，常用的维修度指标是"平均修复时间"（MTTR）（MTTR 指的是使系统由故障状态修复到具有完成规定功能状态所需时间的平均值），以及每飞行小时维修工时（MMH/FH）和维修工时率（M_1）。

（3）保障性（Supportability）：是指系统的设计特性和计划的保障资源，满足平时和战时使用要求的能力。保障性包含两个不同性质的内容，即设计特性和保障资源。这里的设计特性是指与保障有关的设计特性，如与可靠性和维修性等有关的，以及保障资源要求系统所具有的设计特性。而保障资源本身并不是设计特性，它是保障系统平时和战时使用的人力和物力。因此，保障性可以说是可靠性、维修性和保障条件的函数。由于装备各不相同，保障性的度量比较复杂，主要有保障性资源参数、保障性设计参数和保障性综合参数三种。每种参数可以用许多指标衡量，其中飞机武器系统较常使用的参数有"再次出动准备时间"（TAT）和"平均后勤延误时间"（MLDT）。

（4）可用性（Availability）：是指系统在任一随机时刻需要和开始执行任务时一样，处于可工作或可使用状态的程度。它是将飞机系统 R&M&S（可靠性、维修性、保障性）特性变换成效能的一个综合参数，它表征了系统的这样一个特性，即在规定的条件下，当需要的时候，系统是否可以用。也就是说，系统在任一时刻投入战斗的能力，是影响系统作战能力的主要特征，它的概率度量称为可用度。根据相关文献可知，可用度按时间可分为瞬时可用度、平均可用度、稳态可用度三种。其中，稳态可用度如下：

1）固有可用度，其计算公式为

$$A_1 = \frac{\mathrm{MTBF}}{\mathrm{MTBF} + \mathrm{MTTR}} \tag{7-1}$$

2）可达可用度，其计算公式为

$$A_a = \frac{T_0}{T_0 + T_{\mathrm{CM}} + T_{\mathrm{PM}}} \tag{7-2}$$

式中，T_0 为工作时间（h）；T_{CM} 为修复性维修时间（h）；T_{PM} 为预防性维修时间（h）。

3）使用可用度，其计算公式为

$$A_0 = \frac{\mathrm{MTBF}}{\mathrm{MTBF} + \mathrm{MTTR} + \mathrm{MLDT}} \tag{7-3}$$

此外，常用的还有飞机出动架次率（SGR）和任务成功率（MCR）。如果从飞行器系统的整个服役期来看，单纯的可靠性设计是不完善的，必须同时考虑它的维修特性和保障特性。维修性是可靠性必需的重要补充，而保障性通过与可靠性、维修性综合，保证了飞行器系统的设计特性与现有的或要求的保障资源完美地结合起来。三者相辅相成，使飞行器系统的可用性与战略完好性能达到最佳的状态。从式（7-3）也不难看出，可用性是影响系统作战能力的主要特性，它把系统的可靠性、维修性和保障性综合起来，是确定系统 R&M&S 参数，并对这些参数进行权衡分析的重要依据。

图 7-19 所示为 TAT、MTTR、MTBF 和 SGR 的关系曲线。从图中不难看出，当提高可靠性（MTBF 升高）、维修性（MTTR 降低）和保障性（TAT 降低）时，飞行器的出动架次率显著提高。可用性与飞机作战效能的关系曲线如图 7-20 所示。

图 7-19　TAT、MTTR、MTBF 和 SGR 的关系曲线　　图 7-20　可用性与飞机作战效能的关系曲线

二、飞行器的可信性（Dependability）

（1）任务可靠性（Reliability）：是指系统在规定的任务剖面内完成规定功能的能力。它反映了系统对任务成功性的要求，是在平时的自然环境中和战时的敌对环境中，不考虑人为敌对因素的情况下系统完成任务的能力，它仅考虑能够导致任务失败的故障。它的概率度量为任务可靠度（MR），常用的还有任务中断（BR）等。

（2）生存性（Survivability）：是指飞行器系统避开或承受人为敌对环境的能力。也就是飞行器在敌对环境下作战时能避免被敌方发现，或者虽然被敌方发现但能避开其攻击，或者虽然受到攻击并被击中但能承受这一打击，并能够保持一定飞行状态的能力。

生存性又包括敏感性、易损性和战伤修复特性等主要概念。敏感性是系统不能避免被敌方发现或击中的可能性，易损性是系统被击中后不能承受这个攻击而被杀伤的可能性，战伤修复特性是飞行器在作战过程中受损后能够快速修复、恢复其战斗力的特性。经常所说的隐身问题，就是敏感性中的一个关键问题，相比较而言，目前对易损性和战伤修复特性的重视还不够。但要达到完全的隐身是非常困难的，代价也是非常大的，而对易损性的减缩同样能够增强飞行器系统的生存能力。

在海湾战争中，美国空军的飞机共出动了 3 020 架次，有 38 架战伤严重的飞机飞回基地，其中有 4 架 F/A-18 飞机和 3 架 A-10 飞机是直接被导弹击中的，这是单纯的敏感性减缩无法实现的。因此，应该从生存性的角度对敏感性和易损性加以全面、综合考虑。生存性的概率度量称为生存力（P_s），常用的还有易损面积（A_v）等。

（3）可信性（Dependability）：是指整个任务期间，飞行器系统持续工作的能力。它综合了飞行器的生存性及任务可靠性，是反映系统实战能力的重要特性。前面说的飞行器的可用性是指在纯自然环境中（无人为敌对威胁）正常使用时，飞行器处于可以执行任务状态的能力，它评估的是系统的质量特性及设计特性。而可信性是指系统在自然环境中状态良好的情况下，由于执行作战任务，受到人为的敌对威胁，可能出现故障或杀伤时，其执行各项功能的能力。可信性的好坏直接受到飞行器生存性及其任务可靠性的影响，它是这两者的函数。它的概率度量是可信度。

三、能力（Capability）

能力是指飞行器在自然使用环境及敌对环境下均正常连续工作时，飞行器能否完成任务（如摧毁目标），它给出的是理想任务状态下可能的结果，代表系统纯粹的作战能力。

它受到系统的机动性、武器的精度、作用距离、杀伤力，以及其他设备的性能影响。

■ 四、有效性（Effectiveness）

飞行器系统的有效性是其可用性、可信性及能力的综合反映，它是系统实战能力的最终量度。有效性可以写成 $E = A \cdot D \cdot C$，式中 E 为系统效能；A 为系统可用度在任务开始时的矢量阵，$A = \{a_i, i = 1, 2, \cdots, n\}$，$a_i$ 为任务开始时系统处于 i 状态的概率，n 为系统可能的状态数；$D = \{d_{ij}, i, j = 1, 2, \cdots, n\}$ 为系统可信度在某一时间间隔内的条件概率矩阵，d_{ij} 为系统在任务开始时处于 i 状态，在预期的时间间隔内处于 j 状态的概率；$C = \{c_j, j = 1, 2, \cdots, n\}$ 为性能，也就是系统在给定的状态下完成任务要求的概率阵，c_j 为系统处于 j 状态时满足任务要求的概率。正如前面所说，飞行器的可用性、可信性和能力是在作战任务的不同环境及不同时期中起作用的，三者是互相依托的。如果可用性不高，则在任务初期就只有很低的出动架次率，那么成功完成任务的可能性显然很小。类似地，可用性高但可信性不高，或者可用性、可信性均高而能力不高等，都会对任务的完成有很大的影响。

可用性是影响系统有效性的主要因素，它们保证了己方随时具备足够战斗力（飞行器数目），并在这个基础上取得应有的战果。图 7-19 就有效地说明了这一点，图 7-20 更是直接地从累积击毁目标数与 TAT、MTTR、MTBF 的关系曲线反映出这一关系。由图可见，随着可靠性、维修性及保障性的提高（MTBF 升高，TAT 与 MTTR 降低），累积击毁目标数显著提高。

飞行器的可信性（生存性与任务可靠性）也是影响系统有效性的主要因素。因为飞行器先于目标被击毁或中断任务，不能完成战斗任务，当然不会是有效的武器系统。而且，如果飞行器在完成任务后能安全返航，从而直接或经修理后执行下一任务，对战斗力的保持是很关键的。图 7-21 所示为可信性与效能的关系曲线。图中给出在有无战伤修理和是否考虑生存性设计的情况下，72 架飞机经 10 天战斗后的可作战飞机数。从图 7-21 中可见，损失率由 2% 降到 1%，可用飞机数将增加 1.3 倍。

图 7-21　可信性与效能的关系曲线

能力对有效性有最直接的影响。能力直接决定了能否完成作战任务，如果可用性与可信性均较高但能力不好，那么作战飞行无疑成了战地旅游。

五、全寿命周期费用（LCC）

费用问题是飞行器设计和使用中的一个很重要的因素。随着设计技术与设计要求的提高，各项费用均大幅度提高。费用或者说是飞行器系统的全寿命周期费用，是指在系统的寿命周期内为系统的论证、研制、生产、使用与保障，以及直到退役所付出的一切费用之和。由于论证与退役费用所占比例很小，在效费分析时可以略去不计。

研制费用又称研究设计和发展费用，也就是从系统立项开始到系统研制完成（定型、生产）为止所需的费用之和；生产费用是指系统投入批生产后，所需的重复性和非重复性生产费用，以及其他生产阶段所需费用之和；使用与保障费用是系统投入使用后所需的使用费用和维修保障费用之和，它在全寿命周期费用（LCC）中所占的比例最大（约为60%），并以每年3%左右的速率持续增长。图7-22所示为研制、生产、使用与保障费用在全寿命周期费用中所占的比例关系。

图 7-22 全寿命周期费用的比例关系

小提示 在不断飞行中，飞机也逐渐"衰老"，每一次飞行都会重复受到荷载的作用，久而久之就会形成慢性的损伤，这也称为飞机的结构疲劳。当飞机使用到一定期限，结构上存在疲劳薄弱部位时，就比较容易产生裂纹。随着时间的慢慢积累，飞机也就到了"退休"的年龄，现在常用的三类寿命指标如下。

（1）按照飞机的实际飞行时间来计算飞机的寿命。目前大部分飞机的飞行小时寿命都在 60 000 h 左右，一些机型可以达到 80 000 h。

（2）以飞机的一个起落为单位来计算飞机的寿命。通常干线飞机的飞行起落寿命在 40 000 个左右，支线飞机则可以达到 60 000 个。

（3）飞行年限寿命。一般情况下常见机型的使用年限为 25 ～ 30 年。

单元五 微机电系统

微机电系统（Micro Electron Mechanic Systems，MEMS）就是利用制造技术将机械零

件、传感器、作动器与电子元器件集成到一个共用的硅片上，集微传感器、微执行器、微机械结构、微电源和微能源、信号处理和控制电路、高性能电子集成器件、接口、通信等于一体的微型器件或独立的智能系统。

MEMS 具有以下几个基本特点。

（1）微型化：MEMS 器件体积小、质量轻、耗能低、惯性小、谐振频率高、响应时间短。

（2）以硅为主要材料，机械电气性能优良：硅的强度、硬度和弹性模量与铁相当，密度类似铝，热导率接近钼和钨。

（3）批量生产：利用微加工工艺在一片硅片上可同时制造成百上千个微型机电装置或完整的 MEMS。批量生产可大大降低生产成本。

（4）集成化：可以把不同功能、不同敏感方向或致动方向的多个传感器或执行器集成于一体，或形成微传感器阵列、微执行器阵列，甚至把多种功能的器件集成在一起，形成复杂的微系统。微传感器、微执行器和微电子器件的集成可制造出可靠性、稳定性很高的MEMS。

（5）多学科交叉：MEMS 涉及电子、机械、材料、制造、信息与自动控制、物理、化学和生物等多种学科，并集成了当今科学技术发展的许多尖端成果。

■ 一、MEMS 在航空领域的应用

MEMS 在航空领域最常见的应用是各种 MEMS 传感器，它们具有不同的特点，适应于不同的场合。

1．MEMS 传感器介绍

MEMS 传感器是采用微电子和微机械加工技术制造出来的新型传感器。与传统的传感器相比，它具有体积小、质量轻、成本低、可靠性高、适用于批量化生产、易于集成和实现智能化的特点。同时，微米量级的特征尺寸使它可以完成某些传统机械传感器所不能实现的功能。

（1）MEMS 压力传感器。压力传感器在飞行器飞行、发动机测试、结构强度检测、风洞试验、飞行器试飞及设备的设计制造过程中应用十分普遍。压力测试的特点是被测压力种类多、范围广、测试点多、测量要求精度高。微机械压力传感器是最早开始研制的微机械产品，也是微机械技术中最成熟、最早开始产业化的产品。常用的压力传感器有压阻式、压电式、电容式、谐振式及光探测式等。MEMS 压力传感器的先进特性：用于绝对压力检测的封闭真空腔、集成的遥测接口、闭环控制、对污染物不敏感、在恶劣环境或高温条件下可使用非硅薄膜材料（如陶瓷、金刚石）。

压阻式压力传感器具有较高的测量精度、较低的功耗、极低的成本。惠斯顿电桥的压阻式压力传感器，如无压力变化，其输出为零，耗电极少。电容式压力传感器属于极距变化型电容式压力传感器，可分为单电容式压力传感器和差动电容式压力传感器。电容式压力传感器主要由参考电容、敏感电容及电子电路组成。参考电容电容值不变，敏感电容在被测压力作用下电容值发生改变，通过测量电路即可输出与被测压力成一定关系的电信

号。根据输出信号，可得到被测压力值。

（2）MEMS 加速度传感器。

1）压阻式加速度传感器。压阻式加速度传感器具有体积小、功耗低等特点，易于集成在各种模拟和数字电路中。

2）压电式加速度传感器。压电式加速度传感器又称为压电式加速度计，属于惯性式传感器。压电式加速度传感器的原理是利用压电陶瓷或石英晶体的压电效应，在加速度计受振时，质量块加在压电元件上的力也随之变化。当被测振动频率远低于加速度计的固有频率时，则力的变化与被测加速度成正比。

3）电容式加速度传感器。电容式加速度传感器是基于电容原理的极距变化型的电容传感器。

除以上介绍的三种加速度传感器外，还有谐振式加速度传感器、热电偶式加速度传感器等。谐振式加速度传感器输出准数字量，可直接用于复杂的数字电路，从而免去了其他类型传感器在信号传递方面的诸多不便；热电偶式加速度传感器多应用于低成本的传感器领域，既可以测量动态加速度，也可以测量静态加速度。

（3）MEMS 陀螺仪。MEMS 陀螺仪是指用高速回转体的动量矩敏感壳体相对惯性空间绕正交于自转轴的一个或两个轴的角运动检测装置。利用其他原理制成的角运动检测装置起同样功能的也称为陀螺仪。陀螺仪的种类很多，按用途来分，可分为传感陀螺仪和指示陀螺仪。传感陀螺仪用于飞行体运动的自动控制系统中，作为水平、垂直、俯仰、航向和角速度传感器。指示陀螺仪主要用于飞行状态的指示，作为驾驶和领航仪表使用。按结构来分，陀螺仪可分为压电陀螺仪、微机械陀螺仪、光纤陀螺仪和激光陀螺仪，它们都是电子式的，并且它们可以和加速度计、磁阻芯片、GPS 组合做成惯性导航控制系统。

除上面介绍的几种传感器外，还有流量传感器、气体传感器和温度传感器等。

2．MEMS 在航空领域的发展

由于 MEMS 传感器具有独特优势，其在航空领域广泛应用。美国空军早在 20 世纪末就展开了 MEMS 传感器在飞机上应用的可行性研究，进行了大量的地面和空中试验。2004 年，北大西洋公约组织（NATO）就针对 MEMS 技术在航空航天中的应用开展了一系列研究。随着现代微机电系统的飞速发展，硅微陀螺（俗称芯片陀螺）的研制工作进展很快，美国已开始小量生产由硅微陀螺和硅加速度计构成的微型惯性测量装置，由于其具有成本低、功耗低及体积小、质量轻的特点，故被最先应用于战术导弹和无人机。

早在 JSF 研制的初期，洛克希德·马丁公司就着手研究 MEMS 技术在军用飞机上应用的可行性，同时考虑在现役的 F-16 战斗机中采用 MEMS 技术。据报道，JSF 战斗机的智能轮胎内嵌入 MEMS 轮胎压力传感器，可以对轮胎的膨胀压力和温度进行感应和传输，并跟踪轮胎序列号帮助监控轮胎寿命。美国海军的 H-46 型直升机适用于 MEMS 传感器嵌入轮胎内部，使维修停飞期缩短了 50%，减少故障 30%，每年节约维修费用数千万美元。采用 MEMS 技术可以将机电系统的状态检测设计成分布式结构，大大降低了系统的复杂程度，并增加了系统的灵活性和可靠性。

波音公司研制了基于 MEMS 技术的压力带，用于飞行荷载检测，压力带采用模块化、多芯片模块（MCM）的设计思路，将整个压力带分成若干个段，一般有 127 个段，每段有一个包含 6 个压力传感器的智能模块。智能模块包含有敏感部分，如信号调节和处理电路、校准机构和通信接口。压力传感器首先用在波音 757-300 飞机上，对飞机的起落架性能进行检测。之后又用于测量飞机机翼表面的空气动力分布，利用 MEMS 技术研制的压力带，可提高安装效率 5 倍，提高精度 10 倍。压力带样机在波音 757-300、737-BBJ、767-400 和 F-18E 飞机上进行了充分的飞行试验，并在波音 737-900 飞机上进行了产品的飞行试验。

目前，MEMS 传感器在航空的应用主要包括阻力感知和控制、检测和控制、飞机结构和发动机健康状态监控、惯性导航、监视和跟踪目标、使用智能墙纸进行噪声抑制等。

> 小提示 MEMS 技术在航空航天领域的应用优势如下：
> （1）小的质量和体积，低发射质量。
> （2）低功耗。大部分器件处于电静态。
> （3）小的热常数。可用较低功率来维持温度。
> （4）抗振动、抗冲击和抗辐射机械装置。如开关可以抗辐射加固，低惯性质量使 MEMS 可抗振动 / 冲击。
> （5）高集成度。在一个芯片上集成了多种功能，大大简化了系统的结构。
> （6）批量制造低成本。大批量生产。

■ 二、MEMS 在微纳卫星领域的应用

随着微电子技术的发展，特别是近年来以微机电系统（MEMS）和微型光机电系统 MOEMS 为代表的微米、纳米技术的发展，使微型卫星、纳型卫星和皮型卫星等微小卫星的实现成为可能。由于 MEMS 加工技术本身的特点，MEMS 器件很容易将传感器、执行器及控制电路集成在硅基底上，极大地减少了系统的组件个数，使卫星的体积和质量大大减小。纳型、皮型卫星是以 MEMS 技术和由数个 MEMS 组成的专用集成微型仪器 ASM 为基础的一种全新概念卫星，是 MEMS 应用于航天领域的重要成果。

纳型、皮型卫星及其星座和编队飞行的发展同时对星上推进、姿控、电源等系统提出了包括体积、质量、功耗、成本和可靠性等在内的更高要求。按照传统加工方法已无法使推进系统和星务管理、电源等系统在保证功能的同时满足纳型、皮型卫星或者将来更小型卫星的质量、体积和功耗要求。

只有通过采用 MEMS 技术，使卫星分系统和部件微型化，再使这些分系统和部件高度集成，研制出有较强功能的微型卫星，然后发展分布式空间系统结构，以最终实现超小型的纳米卫星。基于 MEMS 技术的微型元器件及微型姿控、推进分系统就是以此为契机迅速发展起来的。

（1）微推进系统。为满足微型、纳型卫星的发展，必然要求有与其相适应的微推进技术，除对小冲量和小推力的要求更为苛刻外，还包括对质量、体积和功率等的苛刻要求。利用 MEMS 加工技术，能将推进系统的贮箱、喷嘴、阀门、推进剂进给系统甚至控制电路都集成在一个或几个硅片上，再通过装配技术将这些 MEMS 器件组装在一起，形成功能完善、稳定性高的集成微推进系统。现在比较适用于微小卫星的推进技术是数字阵列微

推力器和微压力传感器。

（2）微惯性测量组合。通过集成三轴 MEMS 陀螺仪和加速度计，构成一个结构灵巧、价格低的惯性测量器件，可取代传统的惯性装置，用于姿态调节。我国清华大学研制的 NS-1 试验了新型 MIMU 装置——微型惯性测量组合，拥有三个陀螺仪，可以精确测量卫星的运动轨迹，短期精度比较高，主要用于三轴稳定姿态控制，如图 7-23 所示。MIMU 对卫星的机动能力具有重大意义，结合液氨微推进技术，使小卫星具有很强的精确变轨能力。

图 7-23　装备 MIMU 装置的 NS-1 卫星

（3）海量数据存储。在硅片上制造的基于并行原子力分辨率的数据存储系统，将显著降低存储系统的尺寸、质量、存取等待时间、失效率和成本，且存储数据量大，存储密度达到 $1 \sim 100 \, \text{Gb/cm}^2$，远远高于目前的磁存储和光存储。

（4）微型高能能源。目前开发的微型能源有太阳能电池、燃料电池和新型电池。微型能源可以突破成本和质量的限制，提供高能动力保障，其能量密度要比现有的最好电池高出几十倍。微蓄电池的开发也在微能源的研究中占有重要地位，目前实际使用中以锂电池居多。锂电池有较高的比能量（$100 \sim 200 \, \text{A·h/kg}$）和优良的循环使用性能。可以利用各种沉积技术，制成各种二维形状的电池，能够方便地与微机电器件集成在一起，或者利用集成电路的制造工艺，大批量单独制造或者与集成电路同时制造微型锂蓄电池。

（5）热控。在空间运行的卫星约有一半时间受到太阳光直射，而剩余时间处在地球的阴影中，卫星周期性地受到照射、高温，以及进入阴影、低温，若不采取适当的措施，会影响卫星的正常工作和寿命。得克萨斯仪器公司开发的微镜薄窗板覆盖卫星表面，对卫星实行热量或温度控制。窗板由硅衬底上的制动柱和铰链支撑，其铝金属的盖板反射热和光，硅衬底表面涂有高辐射率的材料。当需将热量从卫星散走时，电动铰链打开面对太阳的窗板，露出高辐射率的涂层。因为硅对红外线透明，在涂层下的热源会向外辐射红外线，使仪器温度下降。也可在硅衬底表面腐蚀出小沟道，然后用薄膜封住形成小管道，将甲醇泵进这些小管道，将热量从卫星的一处带到另一处。

总体来说，在航空航天领域，MEMS 主要有以下五种用途。

（1）提供有关航空、航天器的工作信息，进行故障诊断；

（2）判断各分系统的工作协调性，验证设计方案；

（3）提供全系统自检所需的信息，给指挥员提供决策依据；

（4）提供各分系统及整机内部检测参数，验证设计的正确性；

（5）检测飞行器内、外部环境，为飞行员提供所需生存条件，保证正常飞行参数。

MEMS 技术是一种多学科交叉的前沿高新技术，随着其在航空、航天领域的应用发展，MEMS 技术将体现更多的优势，未来将在航空、航天领域得到更广泛的应用。

课堂讨论：结合我国"嫦娥"探月计划，讨论其中是否用到了 MEMS 技术。如果有，请说明用在了哪些地方。

数字化和智能化的蓬勃发展正在强力推动航空领域技术变革和跃升。基于传统 IT 架构的信息设施体系无法适应这种新需求的变化，整个基础设施体系只有应用数字技术从传统模式切换到新型数字模式，才能从根本上解决这个问题。原有的运营平台需要利用云、5G、物联网等新技术实现数字化，使传统 IT 基础设施加速向云化基础设施转变，应用平台沉淀跨专业、高价值、低成本、可复用的能力，打通各种数据，实现连接、协同和共享，驱动业务从单体、垂直转向全局、水平，实现多个系统集成、多个业务协同和多维数据贯通，发挥"数字航空"集约化、平台化的优势，实现统一、整体的数字化转型目标。航空智能化是指利用人工智能、物联网、大数据等技术，提高飞机的性能、安全性、舒适性和效率，实现飞机与人、环境和系统的智能交互。

■ 一、数字孪生

数字孪生是一种虚拟对应物，是综合运用感知、计算、建模等信息技术，通过软件定义对物理空间进行描述、诊断、预测、决策，进而实现物理空间与赛博空间的交互映射。数字孪生使用实时数据、3D 建模和动画、逻辑和架构复制（如视觉和物理特征、环境条件、操作数据和响应）开发。该技术方法模拟物理对象、环境或完整系统在数字空间中重建的行为和性能。

数字孪生在航空发动机制造过程中，通过物理空间中发动机各项数据的测量、积累和反馈，精准孪生模型的参数，更新孪生模型的算法，提供数据分析基础；通过孪生模型的仿真、计算和数据应用，优化设计、制造、运行中的各项决策与控制，预测、分析产品状态，实现提高发动机产品质量、降低研制成本、保障发动机运行状态的目的，如图 7-24 所示。

图 7-24　航空发动机数字孪生模型

■ 二、VR/AR 技术

VR 是虚拟现实（Virtual Reality）的缩写，是通过计算机生成三维图像、视频、声音等方式，模拟出的一种虚拟环境。用户可以通过头戴式显示器（HMD）、手柄、数据手套等设备与虚拟环境进行交互，如在虚拟环境中行走、观察、操作等。同时，VR 技术还可以通过传感器、跟踪器等技术，实现用户的身体动作捕捉和跟踪，从而使用户在虚拟环境中的动作和行为更加自然和流畅。AR 是增强现实（Augmented Reality）的缩写，可以将数字信息与实际场景结合在一起，为用户提供更丰富、更交互式的体验。与虚拟现实（VR）不同，AR 不是完全将用户置身于一个虚拟的环境，而是在用户的视野中添加数字信息，以增强对实际环境的感知。

在航空领域，VR 可用于提升乘客的乘机体验，新加坡航空公司就为每位机组人员配备了一副 VR 眼镜，能够方便地识别每位乘客的身份信息，包括旅程终点、同伴旅客、餐饮喜好、过敏史或其他健康信息等。另外，VR 技术也可以应用到航空公司的飞行训练和飞机维修培训，参加培训的飞行员和维修人员可以直接看到发动机各部件在实际工作时是如何运转工作的。

> **课堂讨论：** 结合 AR/VR 技术发展趋势，讨论未来这项技术还能应用到航空航天领域的哪些方面。

VR 版绕机检查虚拟仿真（1）	VR 版绕机检查虚拟仿真（2）	发动机高压燃油泵拆装仿真

■ 三、人工智能技术

人工智能是一种通过计算机系统模拟、拓展人类智能过程的技术。其核心能力建立在对复杂数据的处理、数据驱动的机器学习算法和大规模算力基础上，可以完成过去只有依靠人类智能才可处置的学习、推理与决策任务。当前，以大语言模型为代表的生成式通用人工智能技术正飞速提升其多模态数据综合判断推理能力，其解决问题的手段和效率在部分领域已达到甚至超过人类水平。人工智能技术推动着整个航空体系的重大变革，开启了以航空智能化为代表的新一轮航空工业革命序幕。

实在智能通过全国产、全自研的"AI+RPA"产品，为深圳航空提供一站式的自动化和智能化解决方案，如图 7-25 所示，帮助财务人员高效处理规则性强、重复性高的工作，提升财务效率，降低运营成本，优化工作流程，全方位助力深圳航空增收节支，降本增效，实现数字化升级。该方案涵盖机器人流程自动化（RPA）、自然语言处理（NLP）、智能字符识别（OCR）等人工智能技术，在开展端到端数字化流程重构、促进智能自动化能力与业务深度融合、支撑数智化转型业务开展等方面，与深圳航空数智化特点高度契合。

图 7-25　AI+RPA 解决方案

标签内容：
- RPA文件创建者
- 文件阅读者
- RPA收/发器
- Excel处理
- 网络爬虫
- 文件分析器
- 文本分类
- 情绪分析
- 预制机器学习
- 图像分类
- RPA
- Intelligent Automation
- AI/ML

单元七　3D 打印技术

　　3D 打印也称为增材制造，是通过材料逐渐累加的方法制造实体物件的技术。相对于传统的材料去除——切削加工技术（减材制造），3D 打印是一种"自下而上"的制造方法。计算机控制的增材制造技术最早出现于 20 世纪 80 年代。3D 打印技术有广泛的应用领域，包括航天、医药、国防、定制生产、原型制造、艺术、工艺设计和教育等。

　　增材制造技术在军用飞机领域已获得多个型号的装机应用。2000 年，美国 AeroMet 公司采用激光定向能量沉积技术制造的钛合金零件在 F-22 和 F/A-18E/F 飞机上获得应用。2013 年，美国 Sciaky 公司采用 EBF3 技术及与锻件结合的组合制造技术为 Lockheed Martin（洛克希德·马丁）公司制造了垂尾、襟翼副梁等零件，成本降低 30% 以上，F-35 飞机装配 Sciaky 公司生产的 EBF3 钛合金零件并试飞成功。北京航空航天大学王华明团队突破了飞机钛合金大型主承力构件激光熔化沉积增材制造的关键工艺技术，实现了大型复杂飞机钛合金加强框及超高强度钢起落架等主承力关键构件的装机应用。

　　典型的 3D 打印技术有以下七种。

　　（1）熔融沉积成型工艺（Fused Deposition Modeling，FDM）。熔融沉积成型工艺是将丝状的热熔性材料（通常为 ABS 或 PLA 材料）进行加热熔化，通过带有微细喷嘴的挤出机将材料挤出来，熔融的丝材被挤出后随即会和前一层材料粘合在一起。如图 7-26 所示，一层材料沉积后工作台将按预定的增量下降一个厚度，然后重复以上的步骤直到工件完全成型。该技术由 Scott Crump 于 1988 年发明，随后其创立了 Stratasys 公司。1992 年，Stratasys 公司推出了世界上第一台基于 FDM 技术的 3D 打印机——"3D 造型者"（3D Modeler），这也标志着 FDM 技术步入商用阶段。该技术的优点是整个系统构造原理和操作简单，维护成本低，系统运行安全；可以使用无毒的原材料，设备系统可在办公环境中安装使用；工艺干净、简单，易于操作且不产生垃圾；独有的水溶性支撑技术，使去除支撑结构简单易行，可以快速构建瓶状或中空零件，以及一次成型的装配结构件；原材料以材料卷的形式提供，易于搬运和快速更换；可以选用多种材料，如各种色彩的工程塑料 ABS、PC、PPSF 及医用 ABS 等。其缺点是成型精度相对 SLA 工艺较低，精度为 0.178 mm。成型表面粗糙度指标不如 SLA 工艺，成型速度相对较慢。

图 7-26 FDM 技术原理

（2）激光扫描立体光固化成型技术（SLA）。激光扫描立体光固化成型技术以光敏树脂作为材料，在系统控制下利用紫外激光对液态的光敏树脂进行扫描，从而让其逐层凝固成型。面对不同波长的光线，SLA 要使用对应波长的树脂耗材，避免影响打印成型质量。该技术的基本原理：利用紫外激光（355 nm 或 405 nm）为光源，并用振镜系统来控制激光光斑扫描，激光束在液态树脂表面勾画出物体的第一层形状，然后制作平台下降一定的距离（0.05 ~ 0.025 mm），再让固化层浸入液态树脂，如此反复，最终完成实体打印，如图 7-27 所示。它在国内有多种翻译叫法，如立体光刻、立体印刷、光造型等。

（a）

图 7-27 SLA 技术原理
（a）SLA 打印原理

(b)

图 7-27　SLA 技术原理（续）

（b）打印模型

（3）数字光处理（Digital Light Processing，DLP）。数字光处理是在 SLA 技术出现的 10 余年后才出现的，该技术也是业界公认的第二代光固化成型技术，距今已有数十年的发展历史了。DLP 技术主要是通过投影仪来逐层固化光敏聚合物液体，从而创建出 3D 打印对象的一种快速成型技术。这种成型技术首先利用切片软件将模型切薄片，投影机播放幻灯片，每一层图像在树脂层很薄的区域产生光聚合反应固化，形成零件的一个薄层，然后成型台移动一层，投影机继续播放下一张幻灯片，继续加工下一层，如此循环，直到打印结束，如图 7-28 所示。这种技术不但成型精度高，而且打印速度非常快。

图 7-28　DLP 技术原理

（4）选择性区域透光固化技术（Liquid Crystal Display，LCD）。选择性区域透光固化技术于2013年出现，特点是技术开源的核心零部件的价格相对较低，但核心部件属于易耗品。成型原理与DLP成型技术基本相似，如图7-29所示，以DLP为基础研究开发，最简单的理解就是DLP技术的光源用LCD来代替，精度媲美DLP，其他基本差不多，使用紫外线照射固化树脂作为成型方式。

图7-29　LCD技术原理

（5）选择性激光烧结工艺（Selective Laser Sintering，SLS）。选择性激光烧结工艺使用的是粉末状材料，激光器在计算机的操控下对粉末进行扫描照射而实现材料的烧结粘合，就这样材料层层堆积实现成型。先采用压辊将一层粉末平铺到已成型工件的上表面，数控系统操控激光束按照该层截面轮廓在粉层上进行扫描照射而使粉末的温度升至熔化点，从而进行烧结并与下面已成型的部分实现粘合，如图7-30所示。由于不怕会破损，受力和耐冲击性能都非常优良。

图7-30　SLS技术原理

（6）三维印刷工艺（3DP）。三维印刷工艺的工作原理类似喷墨打印机，与SLS工艺也有着类似的地方，采用的都是粉末状的材料，如陶瓷、金属、塑料，但与其不同的是3DP使用的粉末并不是通过激光烧结粘合在一起的，而是通过喷头喷射胶粘剂将工件的截面"打印"出来并一层层堆积成型的，如图 7-31 所示。

图 7-31　3DP 技术原理

（7）激光选区熔化技术（Selective Laser Melting，SLM）。激光选区熔化技术是利用金属粉末在激光束的热作用下快速熔化、快速凝固的一种技术。为了完全熔化金属粉末，要求激光能量密度超过 106 W/cm^2。

课堂讨论：我国 C919 大飞机上系统零部件是否用到 3D 打印技术？如果有，那么用到的是哪种 3D 打印方法？

数字孪生机队是什么？看人工智能如何为航空"保驾护航"	高频次迅捷无人航空器区域组网遥感观测技术	3D 打印技术课程
人工智能大会上感受 AI 生活	航空百问：飞机是怎么隐身的	YLC-8E 反隐身雷达：采用大型天线阵面 反隐身能力出色
南昌：这个 VR 产品让飞机维修培训实现智能化	国家最高科学技术奖获得者顾诵芬：新中国飞机设计大师	

思考题与习题

拓展阅读：高端制造的利器——3D 打印

一、选择题

1. （　　）年，美国国家工程科学院将 CAD/CAM 技术评为当代 10 项最杰出的工程技术成就之一。

A. 1959　　　　B. 1969　　　　C. 1979　　　　D. 1989

2. （　　）是一个集 CAD、CAE 和 CAM 于一体的机械工程辅助系统，适用于航空航天器、汽车、通用机械及模具等的设计、分析和制造工程。

A. Pro/Engineer　　　　　　　　B. Unigraphics（UG）

C. SolidWorks　　　　　　　　　D. AutoCAD

3. 主动控制技术是由（　　）率先提出的一种飞行器设计和控制技术。

A. 英国　　　　B. 德国　　　　C. 美国　　　　D 法国

4. 综合控制技术（ICS）是指通过飞机各系统之间的（　　）等提高飞机的性能，扩展飞机的功能，增强飞机的任务能力。

A. 延长寿命　　B. 交互协调　　C. 信息共享　　D. 自动协作

5. （　　）是指系统在任一随机时刻需要和开始执行任务时一样，处于可工作或可使用状态的程度。

A. 可靠性　　　B. 维修性　　　C. 保障性　　　D. 可用性

6. （　　）是指整个任务期间，飞行器系统持续工作的能力。

A. 任务可靠性　　B. 可信性　　　C. 生存性　　　D. 有效性

二、填空题

1. 计算机辅助设计及制造（CAD/CAM）技术，产生于 20 世纪 50 年代后期发达国家的_____和_____工业中，随着计算机软硬件技术和计算机图形学技术的发展而迅速发展起来。

2. CAD/CAM 技术和应用领域随着全球工业的发展而不断发展，CAD/CAM 所基于的几何模型也不断推陈出新，从最早的_____模型，发展到_____模型和_____模型；从_____技术到_____技术和_____技术，每一种新技术的出现都会大大促进 CAD 技术的发展。

3. 主动控制技术的设计方法则是把飞行控制系统提高到和_____、_____、_____三大因素同等重要的地位，成为选型必须考虑的四大因素之一，并起积极的作用。

4. 1988 年 11 月，美国军方宣布了长期处于保密状态的最新式_____飞机和_____飞机的有关资料，人们才明白隐身飞机的内情。

5. 广义上说，雷达隐身技术包括_____、_____和减小飞行器雷达回波强度的_____。

6. _____受到系统的机动性、武器的精度、作用距离、杀伤力，以及其他设备的性能影响。

7. 飞行器系统的_____是其可用性、可信性及能力的综合反映，它是系统实战能力的最终量度。

8. 飞行器的_____、_____和_____是在作战任务的不同环境及不同时期中起作用的，三者是互相依托的。

三、问答题

1. 常用的 CAD/CAM 软件有哪些？这些软件各有什么特点？

2. 什么是飞行器主动控制技术（ACT）？主动控制技术（ACT）对飞行器设计的影响是什么？

3. 主动控制技术（ACT）有哪些功能？这些功能会给飞行器设计带来什么好处？

4. 综合控制技术有哪些种类？它们的主要作用是什么？

5. 什么是隐身技术？当前隐身技术研究的重点是什么？

6. 飞机上的强散射源主要有哪些？相应减缩雷达散射截面面积的措施有哪些？

7. 当前常用的反隐身技术有哪些？

8. 系统工程的一般定义是什么？它是建立在哪些理论基础之上的？

9. C919 大飞机上有哪些 3D 打印应用成果？未来飞机上还有哪些部件能够应用 3D 打印制造？

四、思考题

深圳航空打造智能航空新模式，建成"AI+RPA"超级平台及一站式的自动化和智能化解决方案，结合案例阐述人工智能在航空未来发展的趋势。

参 考 文 献

［1］何庆芝. 航空航天概论［M］. 北京：北京航空航天大学出版社，1997.

［2］宋静波. 飞机构造基础［M］. 北京：航空工业出版社，2004.

［3］刘大响，陈光，等. 航空发动机：飞机的心脏［M］. 北京：航空工业出版社，2015.

［4］王细洋. 航空概论［M］. 北京：航空工业出版社，2006.

［5］杨华保. 飞机原理与构造［M］. 西安：西北工业大学出版社，2002.

［6］姜长英. 中国航空史［M］. 北京：清华大学出版社，2000.

［7］宋笔锋. 航空航天技术概论［M］. 北京：国防工业出版社，2006.

［8］史超礼. 航空概论［M］. 北京：北京航空学院出版社，1955.

［9］方振平. 飞机飞行动力学［M］. 北京：北京航空航天大学出版社，2005.

［10］李成智，李小宁，田大山. 飞行之梦：航空航天发展史概论［M］. 北京：北京航空航天大学出版社，2004.

［11］顾诵芬，史超礼. 世界航空发展史［M］. 郑州：河南科学技术出版社，1998.

［12］廖家璞，毛明久. 航空概论［M］. 北京：航空工业出版社，1999.

［13］邹家华. 中国大百科全书（航空航天卷）［M］. 北京：中国大百科全书出版社，1985.

［14］卢成文，王道荫，魏志祥，等. 世界飞机手册［M］. 北京：航空工业出版社，1988.

［15］徐德康. 航空百年故事集锦［M］. 北京：航空工业出版社，2002.

［16］方昌德. 航空发动机的发展历程［M］. 北京：航空工业出版社，2007.

［17］李业惠. 飞机发展历程［M］. 北京：航空工业出版社，2007.

［18］程昭武，沈美珍，孟鹊鸣. 中国名机珍藏［M］. 北京：中国民航出版社，1998.

［19］程昭武，沈美珍，孟鹊鸣. 世界飞机100年［M］. 北京：国防工业出版社，2002.